面向“十二五”教学课程改革立项教材
计算机类校企合作、任务驱动项目教材

SQL Server
数据库案例与实训教程

（项目化教学）

SQL Server
SHUJUKU ANLI
YU SHIXUN JIAOCHENG

◎主编 王丽晖
参编 温 铂 阿 伦 勾智楠
刘文红 唐玉琦 刘志中
王 江 刘 扬

U0838481

中国商业出版社

图书在版编目(CIP)数据

SQL Server 数据库案例与实训教程/王丽晖主编.
—北京:中国商业出版社, 2015.8
ISBN 978-7-5044-7974-7

Ⅰ.①S… Ⅱ.①王… Ⅲ.①关系数据库系统-高等学校-教材 Ⅳ.①TP311.138

中国版本图书馆 CIP 数据核字(2013)第 019908 号

责任编辑:许延平

中国商业出版社出版发行
010-63180647 www.c-chook.com
(100053 北京广安门内报国寺 1 号)
新华书店总店北京发行所经销
北京市梨园彩印厂印刷

* * * * *

787×1092 毫米 开本:1/16 印张:14.25 字数:300 千字
2015 年 8 月第 1 版 2015 年 8 月第 1 次印刷

定价:35.00 元

* * * *

(如有印装质量问题可更换)

目　录

任务1　设计数据库

日常生活和工作中，人们对数据处理的需求无处不在，需要计算机处理的数据量越来越巨大，数据类型越来越多样化，处理数据的方法越来越复杂化，数据库技术应用越来越广泛。一个好的数据库，需要经过严格的设计，才能满足人们对数据处理的各种需要。

1.1　子任务:认识数据库

1.1.1 为什么学习数据库技术

现实生活中存在着海量信息，大多数信息是无序、杂乱无章的。比如:与我们密切相关的学籍管理信息、图书信息、教师信息、银行的用户信息等。如果不进行数据管理，信息的检索、更新、维护等工作量是相当大的，工作效率也会很低。

数据库技术主要用于科学的组织和管理数据，便于我们收集、存储、检索、维护和加工数据，使我们更加高效的使用数据，最大限度地提高工作效率。

数据库技术管理数据的功能主要体现在:

(1)可以以一定组织结构存储大量数据信息，方便用户访问和检索;

(2)可以保证数据信息的一致性、安全性和完整性，降低数据冗余;

(3)可以满足多用户和多个应用程序的同时访问，具有共享性;

(4)可以从中挖掘出规律性的信息，对相关工作决策具有指导作用。

1.1.2 数据库的几个概念

1. 什么是数据库

简单的说，数据库 DataBase，DB(DataBase，DB)是一个存储在存储介质上的数据集合。在这个集合中，相关联的数据以一定的组织方式存储在一起，统一管理，能够为多个用户共享，并且独立于各个应用程序。

在日常管理工作中，常常需要把某些相关的数据放进这样的“仓库”，并根据管理的需要进行相应的处理。例如，学校图书馆常常要把图书的基本情况(图书编号、ISBN、图书名称、图书类型、出版社、出版日期、作者、单价等)存放在表中，这张表就可以看成是一个数据库。有了这个“数据仓库”，我们就可以根据需要随时查询某本图书的基本情况，也可以查询某本图书的借阅情况等。这些工作如果都能在计算机上自动进行，那我们的管理工作就可以达到极高的水平。此外，在人事、财务、仓库、生产管理中也需要建立众多这样的“数据库”，使其可以利用计算机实现人事、财务、仓库、生产的自动化管理。

2. 数据库管理系统

为了更加科学地组织和管理数据库中的数据，我们需要一类系统管理软件——数据库管理系统(DataBase Management System，DBMS)，数据库管理系统负责建立、使用和维护数据库，对数据库进行统一的管理、控制，以保证数据库的安全性和完整性。可以同时允许多个应用程序和用户用不同的方法在同时或不同时刻访问数据，修改、维护和查询数据库。

3. 数据库应用系统

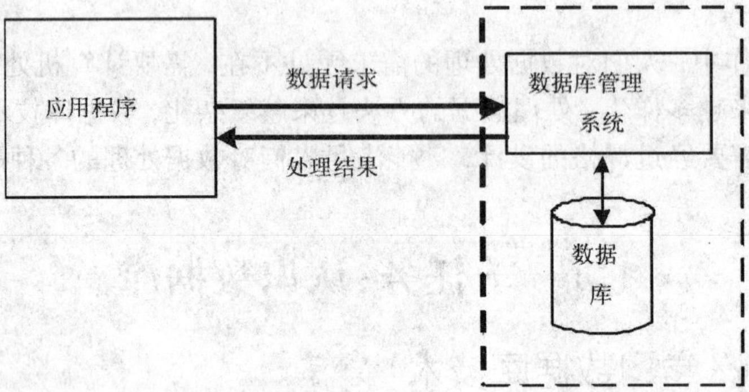

图 1－1　数据库应用系统各组成部分之间的关系

如图 1－1 所示，数据库应用系统(DataBase Application System,DBAS)是在数据库管理系统(DBMS)支持下建立的计算机应用(软件)系统，主要由数据库、数据库管理系统和应用程序三部分组成。

例如，以数据库为基础的学生管理系统、人事管理系统、图书管理系统等，都是以数据库为基础和核心的计算机应用系统。

4. 数据库系统

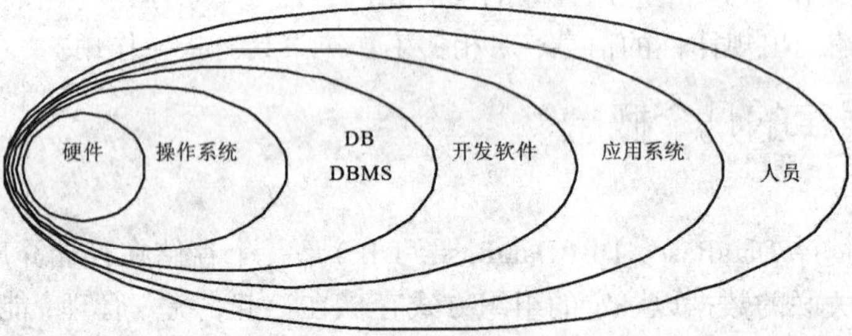

图 1－2　数据库系统(DBS)中各组成部分层次结构关系示意图

图 1－2 反映了数据库系统(DataBase System,DBS)的层次结构关系，DBS 是由计算机硬件、操作系统(如 Windows)、数据库、数据库管理系统(如 SQL Server)、开发软件(如 Vb. net)、数据库应用系统及用户(普通用户或者数据库管理员)构成的一个完整系统。一般，在不引起混淆的情况下，常常把数据库系统简称为数据库。

1.2　子任务:描述数据库

作为存储在存储介质(如磁盘等)上的相关联数据集合，为便于统一管理和用户共享，数据库中数据的组织方式需要统一的描述方法，我们称为模型。

1.2.1 实体-联系模型

1. 实体

在数据库中，我们把现实生活中客观存在的、可以被描述的事物称为实体。例如，一台计算机、一本图书、一个学生，学生的一次选课，读者的一次借阅等，都可以称为实体。

为了清晰地描述一个实体，需要描述它所具有的主要特征。例如“学生”这个实体，可以用学号、姓名、性别、年龄、系别、联系电话等特征来描述;“课程”这个实体，可以用课程编号、课程名、课程类型编号、学时、学分等特征来描述;而“选课”这个实体，可以用学号、课程编号、成绩、学期等特征描述。虽然描述具有统一格式，但是，具体到每一个学生，每一门课程，每一次选课，所描述的特征数据是不一样的。也就是说，不同的特征数据对应不同的实体个体。如表1-1所示，表中每行对应一个学生实体。

表1-1　学生基本情况表

学号	姓名	性别	年龄	系别	联系电话
20110803001	李丽	女	19	信息工程系	13150652313
20110803002	余姚远	男	18	信息工程系	13986453208
20110803003	张雪峰	男	19	信息工程系	13877658799
20110803004	杜子娟	女	19	信息工程系	13006677882

2. 属性

实体所具有的特征称为属性。例如表1-1“学生基本情况表”中，学生实体就具有学号、姓名、性别、年龄、系别、联系电话等属性。

3. 域

实体属性的取值范围称为该属性的域。例如，学生实体属性“性别”的域为(男，女)。

4. 实体联系

两个不同类型实体集之间常有一定的联系，如图1-3所示，常见实体之间的联系分为三种类型:

(1)一对一联系(1:1);

(2)一对多联系(1:n);

(3)多对多联系(m:n)。

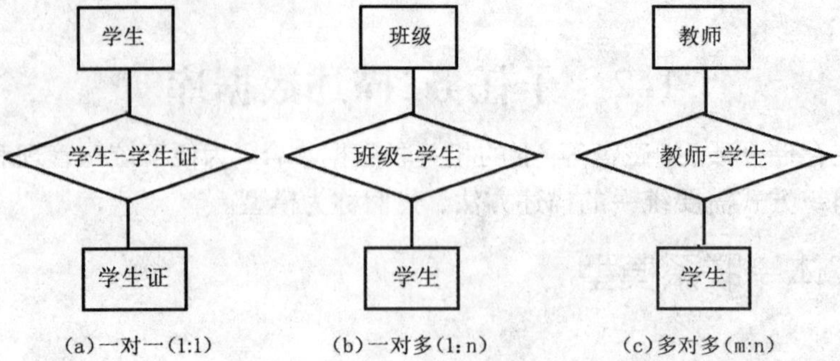

图 1－3　常见的实体联系

5. 实体－联系模型

利用实体内部的联系和实体间的联系来描述客观事物及其联系，称实体－联系模型，简称E－R模型，也称为E－R图。实体－联系模型是一种概念模型。

与机械行业需要机械制图，建筑行业需要施工图纸一样，数据库设计描述也需要图形化的表达式，即E－R图。例如，图1－2中三种不同类型的实体联系对应的E－R模型图如图1－4、1－5、1－6所示。

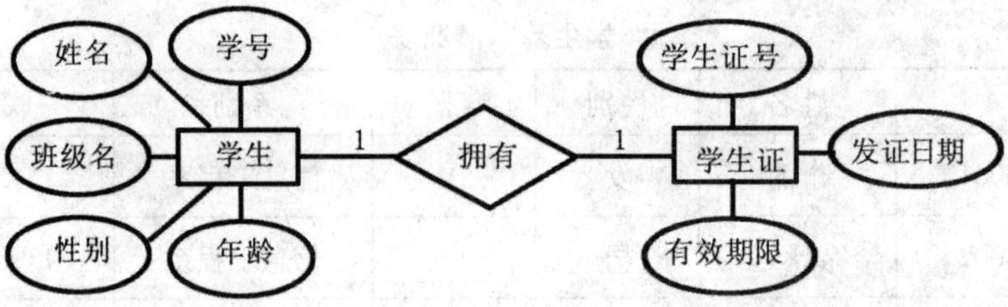

图 1－4　一对一(1:1)实体联系模型(E－R图)

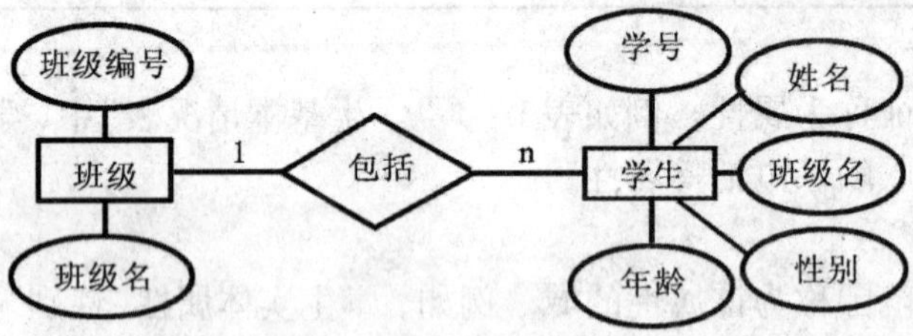

图 1－5　一对多(1:n)实体联系模型(E－R图)

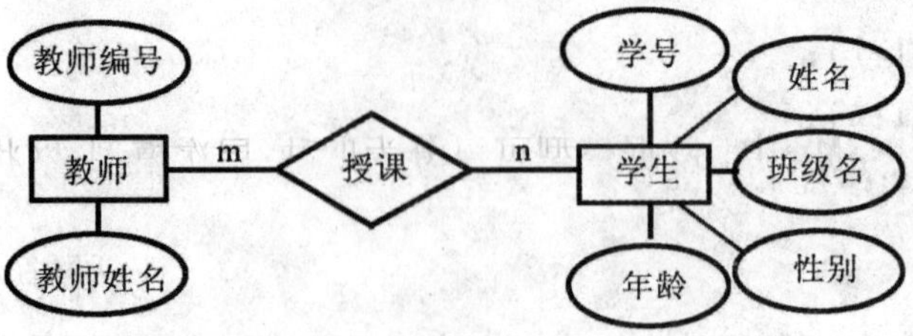

图 1－6　多对多(m:n)实体联系模型(E－R图)

可见，E－R模型是由实体集、属性和联系集构成，其表示方法如下：

（1）实体集用矩形框表示，矩形框内写上实体名。

（2）实体的属性用椭圆框表示，框内写上属性名，并用无向边与其实体集相连。

（3）实体间的联系用菱形框表示，联系以适当的含义命名，名字写在菱形框中，用无向连线将参加联系的实体矩形框分别与菱形框相连，并在连线上标明联系的类型，即1:1、1:n或m:n。

【例1－1】画出学生和课程实体通过选课关系发生联系的E－R模型图。

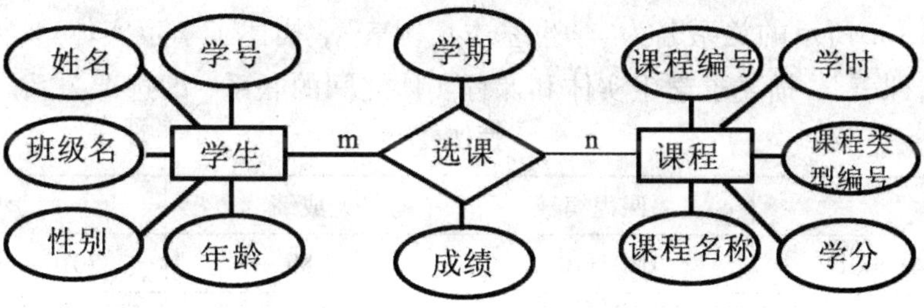

图1－7　学生选课实体联系模型(E－R图)

【注意】实体间一旦发生联系，就有可能产生一些属性，例如，一旦学生开始选课，就会产生选课成绩、选课学期等属性。

【例1－2】画出“学生”、“课程”、“课程类型”和“选课”实体集的E－R图。

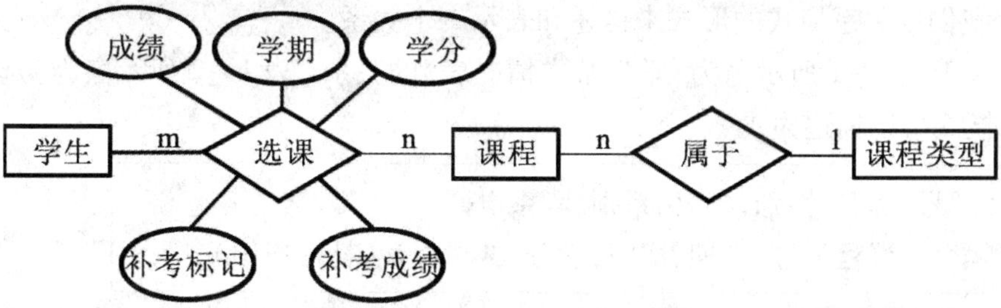

图1－8　实体集联系模型(E－R图)

1.2.2 数据模型

1. 数据模型

数据库中，按照数据之间的逻辑关系来组织数据的结构称为数据模型。数据模型是一种数据存储的逻辑结构，也称逻辑模型。

2. 数据模型分类

在数据库管理系统DBMS中，数据模型可以分为四种：层次模型、网状模型、关系模型和面向对象模型。四种数据模型中，应用最广泛的就是关系模型。目前常用的数据库管理系统如SQL Server、Oracle、DB2等都是关系型DBMS。

1.2.3 关系模型

1. 关系模型

如图1-1所示，用二维表形式来表示实体集和实体间联系的数据模型就是关系模型。关系模型中，实体和实体间的联系（可以是一对一，一对多或者多对多的联系）都用二维表表示，一张二维表称为一个关系，每个关系都有一个关系名。采用关系模型表示的数据库就是关系型数据库。一个关系型数据库可以包含多个二维表，简单地说，关系数据库就是表的集合。

例如，表1-1所示的关系名为“学生基本情况表”，描述了学生实体集合，表1-2所示的关系名为“选课表”，描述了学生实体和课程实体之间的联系，即选课关系。

表1-2 选课表

学号	课程编号	成绩	学期
20110803001	080411051	89	2010-2011(1)
20110803002	080411051	94	2010-2011(1)
20110803003	080411051	73	2010-2011(1)
20110803004	080411051	90	2010-2011(1)

2. 关系的相关术语

(1)关系模式

习惯上我们用关系模式的形式来描述和表示一个关系。

例如，对于表1-1所示名为“学生基本情况表”的关系，表1-2所示名为“选课表”的关系，用关系模式可以描述为：

学生(学号,姓名,性别,年龄,系别,联系电话)
选课(学号,课程编号,学期,成绩,学分,补考标记,补考成绩)

(2)记录和字段

一个二维表(关系)中，每行对应一个实体，数据库中把二维表的每一行称为一条记录(元组)，所有记录就构成了数据库中的一个表(Table)。每一列对应实体的一个属性特征，称为字段(属性，或者数据项)，一条记录中每个字段的值称为字段值。

(3)主关键字和候选关键字

主关键字是表中能够惟一区分一条记录的字段(或属性)，简称主键。一个表也可以没有主键，但是一般情况下，一个表应当设置一个主键。

一个表中如果有多个字段都可以惟一标识一条记录，则把这多个字段都称为候选关键字，简称候选键。

我们可以根据实体描述的主要信息内容，选取其中一个候选键作为主键。例如，学生基本情况表中，若有“身份证号”这个字段，则“学号”和“身份证号”都可以惟一标识一条学生记录，都是候选键。可是学生基本情况表反映的主要是学生信息，而不是公民信息，所以可以选取“学号”作为主键。

【注意】主键不一定是一个字段，可能多个字段的组合才能惟一标识一条记录，这样的主键称为组合键。例如，表1－2所示的“选课表”，学号和课程编号组合才能惟一标识出某个学生某门课程的成绩。

(4)外关键字

在表1－1“学生基本情况表”中，“学号”是主键，在表1－2“选课表”中，“学号”不是主键，主键是“学号”和“课程编号”的组合。“选课表”中“学号”的取值就是“学生基本情况表”中“学号”的取值。我们就称“学号”为“选课表”的外关键字，简称外键。

也就是说，假设存在两个表A和B,如果表A的主键在表B中存在，但不是表B的主键，仅仅作为表B的一个字段，则称此字段为表B的外键。

(5)数据完整性

所谓数据完整性，是指“存储在数据库中的所有数据字段值都是正确的”。如果数据库中存储有不正确的数据字段值，我们就称该数据库不具有数据完整性。

在设计数据库表的过程中，通过设计一些约束条件，可以实现数据完整性。

【例1－3】数据库不具有数据完整性的几个实例。

实例1:“学生基本情况表”中，如果对所输入的记录信息不加任何限制，就有可能出现两条，甚至多条“学号”(主关键字)相同的记录，这是错误的，不允许的。

实例2:“学生基本情况表”中，如果不对表中学生记录的“性别”字段值加以限制，则学生的性别可能就会出现不只是“男”或“女”这两种取值情况，对应数据库不具有数据完整性。

实例3:“学生基本情况表”中，如果不对学生记录的“年龄”字段值加以限制，则有可能出现负数的年龄。对应数据库也不具有数据完整性。

(6)数据完整性约束条件

为了实现数据完整性，设计数据库时，需要对表中的行和列的数据进行检查，看它是否符合实际要求。为此，SQL Server2005提供了下列四种约束。

①实体完整性约束:实体完整性的约束对象是表中的记录(行)，目的是使表中不存在两条完全相同的记录。

例如，“学生基本情况表”中，作为主关键字，每个学生的学号是惟一的，并且不能为空。学号为“0803001”的记录只能是惟一的。

可见，实体完整性约束是通过定义主关键字段的惟一性和不为空来实现的。

②域完整性约束:域完整性的约束对象是表中的字段(列)，目的是使字段的取值在有效范围内。

例如，“选课表”中，成绩字段的取值范围应该大于等于0，小于等于100，这个取值范围以外的字段值，都不符合域完整性约束。

③参照完整性约束:参照完整性也称引用(外键)完整性，它的约束对象是表与表之间的关系，目的是确保主关键字和外关键字的值在所有表中是一致的。如果一个关键字值发生变化，则在整个数据库中，对该关键字的所有引用都要进行一致的修改。

例如，在“学生基本情况表”中，“学号”字段是主键，在“选课表”中，“学号”字段是外键。输入“选课表”中的“学号”字段时，必须检查验证“学生基本情况表”中是否存在此学号对应的学生记录;在“学生基本情况表”中删除一条学生记录时，还要删除“选课表”中相同学号的所有选课记录。

④用户自定义完整性约束:SQL Server 允许数据库用户自己根据应用的需要，编写规则、默认值约束条件、存储过程、触发器等，目的也是保证数据的完整性，这些就是所谓用户自定义完整性。规则、默认值、存储过程、触发器相关知识将在后续章节详细介绍。

1.3　子任务:设计关系数据库结构

实体 - 联系模型是反映用户需求的一种概念模型，与数据库的具体实现无关。而数据库的设计需要描述数据的逻辑结构，即数据库赖以实现的数据模型。我们现在常用的数据模型都是关系模型，因此，需要把实体 - 联系模型转换为关系模型。

把实体 - 联系模型转换为关系模型，实际上就是要把 E - R 图中的实体、实体的属性和实体之间的联系等转换为若干个关系，并确定这些关系的属性、关键字和约束条件。

1.3.1 实体 - 联系模型转换为关系模型

1. 实体的转换

E - R 图中的每个实体转换为关系模型中的一个关系模式。关系模式中的属性就是实体的属性，主关键字就是实体的标识符，用下划线表示。

通常，E - R 图中的实体和属性都使用汉字命名方式，但是，在转换得到的关系模式中，关系名和属性名一般采用英文或者拼音字母方式命名，以方便应用程序的编写。

【例 1 - 4】对于表 1 - 1 所示名为“学生基本情况表”的关系，关系模式可以表示为:

学生(学号，姓名，性别，年龄，系别，联系电话)

2. 联系的转换

(1)1:1 联系的转换方法

【例 1 - 5】将图 1 - 4 中学生与学生证的 E - R 图转换为关系。

学生(学号,姓名,性别,年龄,系别,联系电话,学生证号)
学生证(学生证号,发证日期,有效期限)

方案一

1:1 联系的转换方法为:

第一步，把其中一个实体转换为关系，用一个关系模式表示。

第二步，把另一个实体也转换为关系，用一个关系模式表示。

第三步，把两个实体之间联系的属性合并到其中一个关系中。如果联系本身没有属性，只需要在一个实体关系中增加另一个实体关系的主键即可。

图 1 - 4 中，联系“拥有”本身没有属性，因此，例 1 - 3 实际有两种方案。第二种方案如下:

学生(学号,姓名,性别,年龄,系别,联系电话)
学生证(学生证号,发证日期,有效期限,学号)

方案二

(2)1:n 联系的转换方法

【例1-6】将图1-5中学生与班级的E-R图转换为关系。

学生(学号,姓名,性别,年龄,系别,联系电话,班级编号)
班级(班级编号,班级名)

图1-5所示E-R图中，实体间是1:n联系，其中1端对应的实体是"班级"，n端对应的实体是"学生"。联系"包括"本身没有属性。

1:n 联系的转换方法为：

第一步，把所有实体转换为关系，用关系模式表示。

第二步，把1:n联系中n端对应的实体与联系合并，即：在n端对应实体关系中加入联系本身的属性。

第三步，把1:n联系中1端对应实体的主键加入n端对应实体关系中，作为外键，n端对应实体关系的主键不变。

两个实体之间联系的属性合并到其中一个关系中。如果联系本身没有属性，只需要在一个实体关系中增加另一个实体关系的主键即可。

(3)m:n 联系的转换方法

【例1-7】将图1-8中实体集的E-R图转换为关系。

学生(学号,姓名,性别,年龄,系别,联系电话)
课程(课程编号,课程名,学时,学分)
选课(学号,课程编号,成绩,学期)
课程类型(课程类型编号,课程类型)

图1-8所示E-R图中，实体间是m:n联系，其中联系"选课"本身有5个属性："学期"、"成绩"、"学分"、"补考标记"和"补考成绩"。

m:n 联系的转换方法为：

第一步，把所有实体转换为关系，用关系模式表示。

第二步，把和m:n联系相连的各个实体的主键，以及联系本身的属性合并，形成一个新的关系。新关系的主键由相连各个实体的主键组成(多属性构成的组合键)。

1.3.2 确定表结构

实体-联系模型转换为关系模型之后，实际上就已经确定了数据库中各个表的结构。每个实体对应一张二维表，实体的属性对应二维表的字段。

【例1-8】例1-7中的"学生"、"课程"、"选课"、"课程类型"四个关系模式对应的二维表结构见表1-3、1-4、1-5和表1-6所示：

表 1－3　　student(学生表)

字段名	字段含义	数据类型	长度	备注
Stu_id	学号	char	8	主键
Stu_name	姓名	varchar	8	非空
Stu_sex	性别	char	2	默认值和检查约束
Stu_age	年龄	int		＞＝0，检查约束
Stu_depart	系别	varchar	20	
Stu_tel	联系电话	varchar	20	

表 1－4　　course(课程表)

字段名	字段含义	数据类型	长度	备注
Course_id	课程编号	char	8	主键
Course_name	课程名	varchar	30	非空
Course_typeid	课程类型编号	char	8	外键
Course_typeid	学时	Int		＞＝0，检查约束
Course_credit	学分	int		＞＝0，检查约束

表 1－5　　coursechoice(选课表)

字段名	字段含义	数据类型	长度	备注
Stu_id	学号	char	8	主键
Course_id	课程编号	char	8	主键
Stu_mark	成绩	int		＞＝0，检查约束
Stu_term	学期	int		＞＝0，检查约束

表 1－6　　coursetype(课程类型表)

字段名	字段含义	数据类型	长度	备注
Course_typeid	课程类型编号	char	8	主键
Course_type	课程类型	varchar	30	非空

需要注意的是，对于没有主键的表，需要添加 ID 编号列，它没有实际的含义，只是用来作主键或外键。此外，还要按照实际情况，考虑到对每张表的数据完整性约束条件。

1.3.3 规范化数据

一般来说，如果数据库系统的数据存储量比较大，涉及的表比较多，表与表之间的联系较为复杂，就需要进行数据库结构的规范化设计，以合理规划数据库中的各个数据对象和它们之间的联系。

1. 什么是“规范化数据”

【例 1－9】假设有如下关系模式：

学生(学号，姓名，性别，年龄，系别，课程编号，课程名，成绩，学时，学分)

对应的关系见表1－7所示。

表1－7 student(学生表)

学号	姓名	性别	年龄	系别	课程编号	课程名	成绩	学时	学分
001	王楠	男	18	计算机	080321001	Vb. net 程序设计	87	108	4
001	王楠	男	18	计算机	080321002	网页设计	92	72	2
001	王楠	男	18	计算机	080321003	数据库应用	90	72	3
002	张一凡	男	19	计算机	080321001	Vb. net 程序设计	76	108	4
002	张一凡	男	19	计算机	080321002	网页设计	89	72	2
002	张一凡	男	19	计算机	080321003	数据库应用	78	72	3
003	李丽	女	19	计算机	080321001	Vb. net 程序设计	92	108	4
003	李丽	女	19	计算机	080321002	网页设计	94	72	2
003	李丽	女	19	计算机	080321003	数据库应用	78	72	3

……

我们分析一下就会发现，这个关系模式存在以下问题：

(1)数据有冗余

例如，表中的(学号，姓名，性别，课程编号，课程名)几个字段存在严重的数据冗余，主关键字段“学号”字段值相同的记录不止一条，不惟一。该表不具有实体完整性。

(2)插入数据异常

例如，如果有一门新课，不允许出现数据冗余的情况下，就不能保存课程信息。

(3)删除数据异常

例如，如果删除一门课程，这门课程的信息也将一同被删除，课程信息也就丢失了。

(4)数据不一致

例如，如果修改一条记录的课程名，就可能造成表中数据的不一致。

分析说明，在数据库设计过程中，为了避免数据库结构设计不合理，出现数据冗余、无法插入数据、无法删除数据、无法修改数据、数据不一致等问题，需要对关系模式(即表结构)进行规范化分析和处理，把原关系模式分解为多个关系模式，这个过程就是规范化数据。

2. 怎样“规范化数据”

【例1－10】规范化例题1.9中的关系模式：

学生(学号，姓名，性别，年龄，系别，课程编号，课程名，成绩，学时，学分)

规范化过程如下。

(1)找出学生表中各个字段之间的依赖关系

我们不难发现：

①学生表中，“学号”字段值一旦确定，对应学生的“姓名”、“性别”、“年龄”、“系别”字段值也就惟一确定了，表中不可能出现“学号”相同而“姓名”等不相同的记录；

②“课程编号”字段值确定后，“课程名”、“学时”、“学分”的字段值也惟一确定，表中不可能出现“课程编号”相同而“课程名”等不相同的记录；

③“学号”和“课程编号”两个字段值确定后，“成绩”字段的值也就可以惟一确定了，表中不可能出现“学号”和“课程编号”一致而“成绩”不同的记录。

以上现象表明，学生表中各个字段之间存在一定的依赖关系，我们称为函数依赖。正是由于这些数据之间的依赖关系存在于同一张表中，造成了数据冗余等问题。

(2)拆分具有依赖关系的不规范表

把关系模式:学生(学号，姓名，性别，年龄，系别，课程编号，课程名，成绩，学时，学分)拆分成三个关系模式:

如此拆分后，数据冗余、数据不一致、插入异常、删除异常问题基本解决。

3. 范式规范化(范式分析)

所谓范式，就是满足一定约束条件的关系模式。

范式规范化也称为范式分析，就是把一个存在有数据冗余、插入异常、删除异常问题的关系模式进行分解，使之满足一定约束条件，得到多个不存在数据冗余、插入异常、删除异常问题的关系模式的过程。

按照约束条件由低到高，范式一般可以分为三种:

(1)表中记录的每一个字段分量都必须是不可分割的数据项。

【例 1-11】关系模式:学生(学号，姓名，性别，年龄，系部编号，系部名，系部电话)

范式分析:

关系中各个字段不可再分割，满足第一范式。

(2)不仅满足第一范式，而且表中所有非主关键字段完全依赖于其主关键字段。

【例 1-12】关系模式:学生(学号，姓名，性别，年龄，系部编号，系部名，系部电话)

范式分析:

关系中非主关键字段“姓名”、“性别”、“年龄”、“系部编号”完全依赖于主关键字段“学号”，非主关键字段“系部名”、“系部电话”完全依赖于字段“系部编号”，因此，通过传递，非主关键字段“系部名”、“系部电话”也间接依赖于主关键字段“学号”，满足第二范式。

(3)不仅满足第二范式，而且表中任何一个非主关键字段都不传递依赖于任何主关键字段。

【例 1-13】关系模式:学生(学号，姓名，性别，年龄，系部编号，系部名，系部电话)

范式分析:

①由例题 1.10、1.11 可知，关系模式满足第一范式，第二范式；

②关系中非主关键字段“系部名”、“系部电话”通过传递，间接依赖于主关键字段“学号”，因此，此关系模式不满足第三范式。

③可以把它分解为两个关系模式:学生(学号，姓名，性别，年龄，系部编号)，系部(系部编号，系部名，系部电话)，它们都满足第一、第二和第三范式。

1.4　子任务:认识 SQL Server2005 数据库管理系统

1.4.1 什么是 SQL Server

SQL Server 是 Microsoft 公司开发的一种关系型数据库管理系统，是目前世界上最为流行的数据库管理系统之一，它提供了一套完整的数据库和数据分析解决方案。可以输入、查找、修改、添加、删除、分析和维护数据，帮助各种规模的企业管理数据。

本书中使用的是 SQL Server 2005 版本。SQL Server2005 提供了一个统一的管理平台，它提供的T-SQL交互式语言可以完成对SQL Server数据库的各种操作。

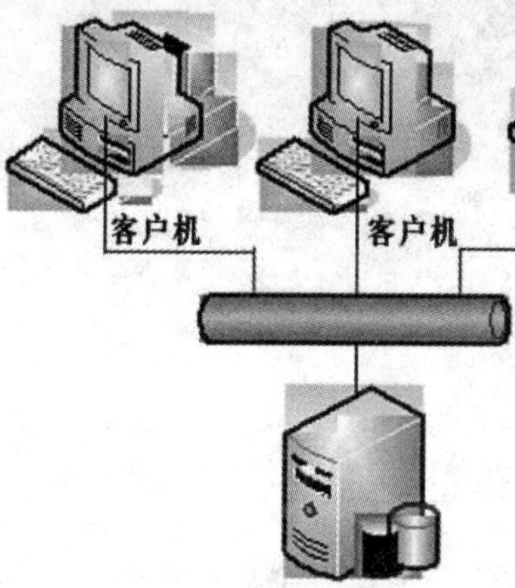

图1-9 SQL Server客户机/服务器结构

如图1-9所示，SQL Server 2005是一个基于客户机/服务器(C/S)模式的关系型数据库管理系统。C/S体系结构把所有的工作负荷分解为服务器上的任务和客户机上的任务，客户机应用程序负责向用户提供数据，服务器对数据库的数据进行操作和管理。

1.4.2 SQL Server 2005管理平台

SQL Server管理平台(SQL Server Management Studio)即SSMS，是SQL Server 2005为用户提供的一种集成开发环境，SSMS将前一版本中的企业管理器、分析管理器和SQL查询分析器的功能合为一身，由一组易用的图形工具与多种功能齐全的脚本编辑器组成。所有SQL Server数据对象的创建和管理等操作都可以通过它完成，这些操作包括:管理SQL Server服务器;建立和管理数据库;建立和管理表、视图、索引、存储过程等数据库对象;备份和恢复数据库等。

1. 启动SQL Server2005管理平台

要启动SSMS，只要单击"开始"菜单，然后，单击SQL Server2005程序组里的"SQL Server 2005 SQL Management Studio"即可。

2. 注册SQL Server服务器

(1)注册服务器的不同方法

SQL Server需要先保存服务器的相关信息，以便将来连接到服务器的时候使用。这就是注册服务器。注册服务器完成后，将来根据需要可以连接到服务器上。

有三种方法可以在SQL Server管理平台中注册服务器:

①在安装SQL Server管理平台后，首次启动将自动完成本机服务器注册;

②随时启动自动注册过程，还原本地服务器注册;

③非本机上的SQL Server 2005服务器称为远程服务器，可以使用SQL Server管理平台的"已注册的服务器管理工具"注册服务。

(2)注册SQL Server 2005服务器的过程

①启动SQL Server Management Studio，出现"连接到服务器"界面，单击"取消"按钮，出现"无服务器连接"界面，如图1-10所示。

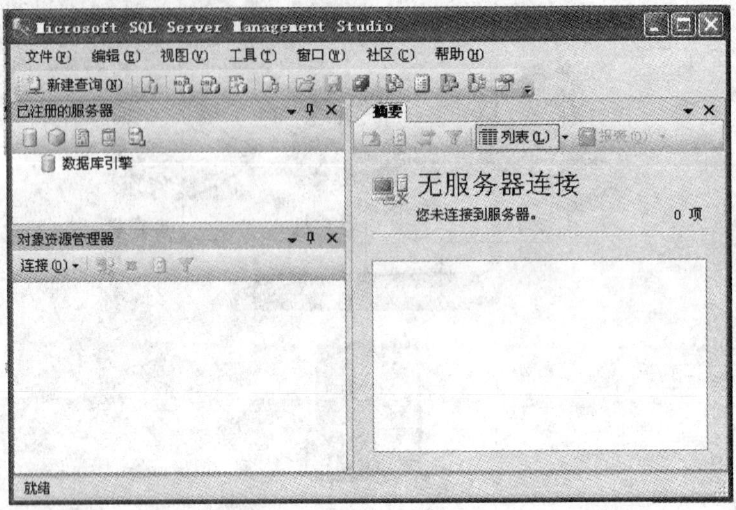

图 1－10 “SQL Server 无服务器连接”界面

②单击“已注册的服务器”按钮，在左侧“已注册的服务器”面板中，选择“数据库引擎”选项，单击鼠标右键；

③在出现的快捷菜单中选择“新建”→“服务器注册”命令，就会出现图 1－11 所示的“新建服务器注册”窗口。

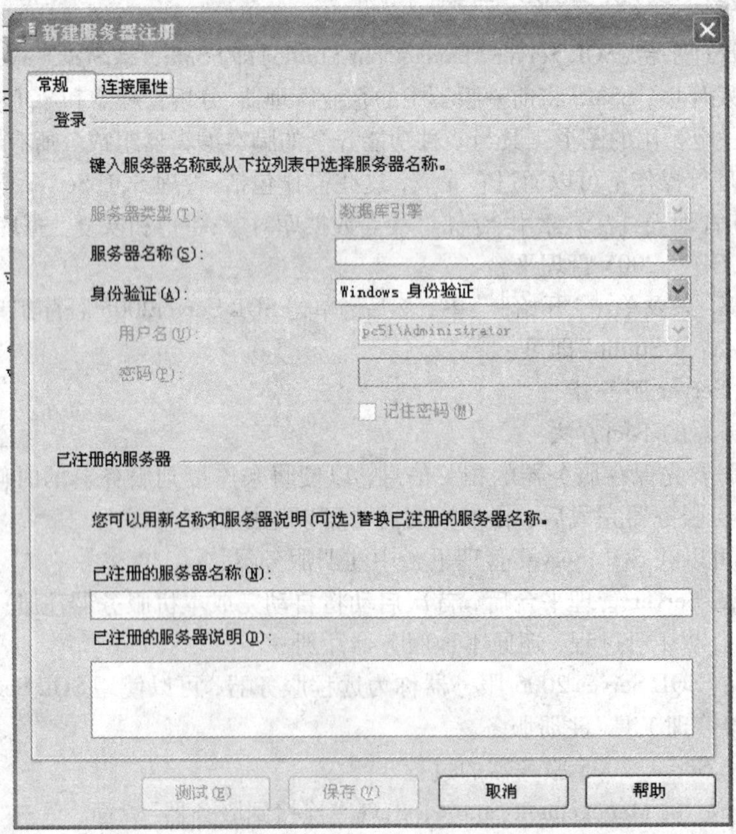

图 1－11 新建服务器注册对话框

在“新建服务器注册”窗口中，需要设置两个选项卡下的内容：

a.“常规”选项卡。如图1－11所示，在“服务器名称”下拉列表框中选择服务器名称；在“身份验证”下拉列表框中选择数据库服务器的身份验证方式，如果是“SQL Server身份验证”方式，还需要给出“登录名”和“密码”；在“已注册的服务器名称”中可以输入管理的服务器名称（可使用默认的名称也可根据需要改变），在其下的“已注册的服务器说明”中给出对服务器的说明，也可省略。

b.“连接属性”选项卡。在注册远程服务器时，必须确认服务器已经启动，并且其服务端口已经开启，网络畅通。还需要检查客户机与服务器端的网络协议是否相匹配，了解登录服务器的方式、账户名称和密码。

如图1－12所示，在“连接到数据库”下拉列表框中选择注册服务器默认连接的数据库；在“网络协议”列表框中选择使用的网络协议；在“网络数据包大小”微调框中可以设置客户机和服务器网络数据包的大小；在“连接”项下可设置“连接超时值”和“执行超时值”；所有设置完成后，单击“保存”按钮。

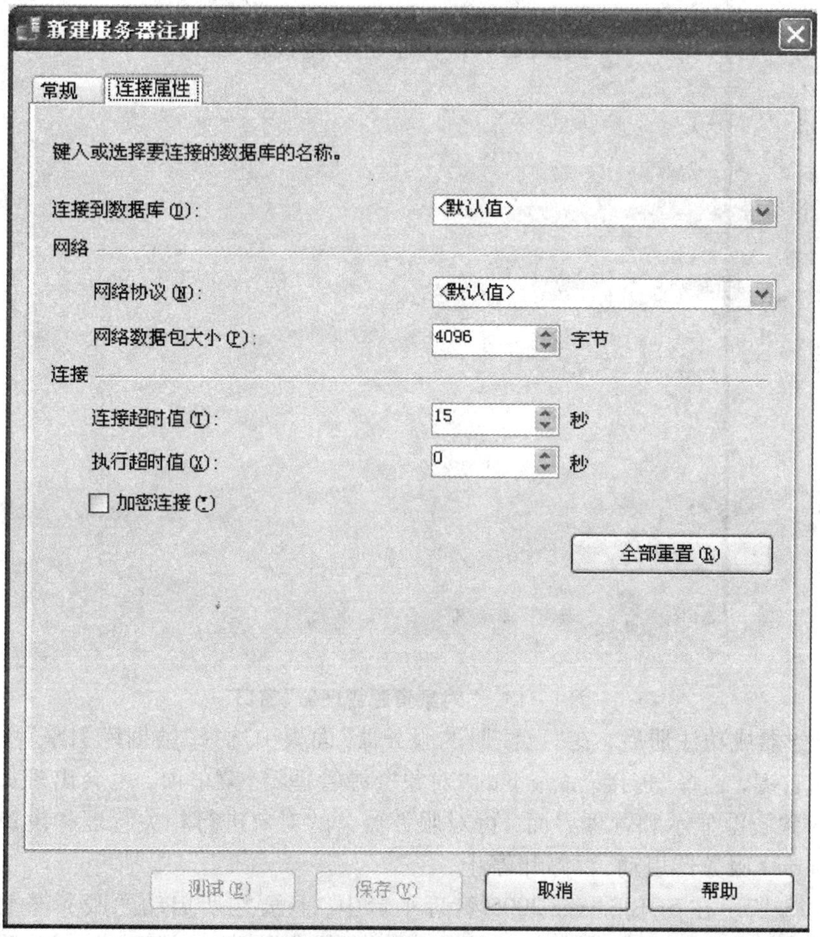

图1－12 “新建服务器注册对话框－连接属性”选项卡

各项设置完成后，单击“测试”按钮。如果出现“连接测试成功”的对话框，单击“确定”

按钮即可完成注册。

3. 连接服务器

有两种方式可以连接服务器：

(1)启动 SSMS 后，会出现“连接到服务器”界面，在“连接到服务器”窗口里输入正确的服务器名称和身份验证信息，单击“连接”按钮，就可以连接到服务器，出现服务器对象资源显示和管理界面，如图 1－13 所示。

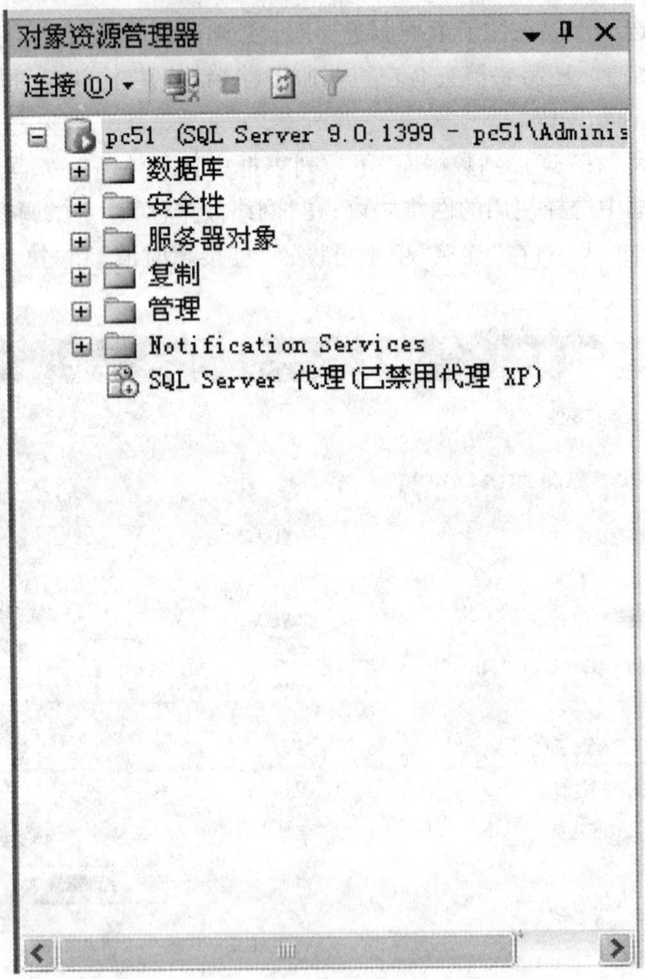

图 1－13 “对象资源管理器”窗口

(2)在服务器成功注册后，在“已注册的服务器”面板中选择“数据库引擎”下的服务器名称，单击鼠标右键，选择“连接”命令下的“对象资源管理器”菜单项，也会出现如图 1－13 所示的服务器对象资源显示和管理界面，可对服务器下的对象进行相关管理和设置。

4. SQL Server 服务器启动、暂停和停止

如图 1－13 所示在 SQL Server 2005 管理平台中，只要在所启动的服务器上单击鼠标右键，从打开的快捷菜单中执行“启动”、“暂停”或者“停止”命令，就可以启动、暂停和停止服务器。

实训1 设计图书管理系统数据库结构

下面以一个中小型学校图书管理系统为例，规划设计一个关系数据库结构。

一、需求分析

需求分析阶段所做的工作，重点就是熟悉图书管理系统业务流程，了解业务数据需求、数据处理需求、安全性、完整性需求。可以分三步走：

1. 收集数据

通过分析本例“图书管理系统”业务流程和数据处理的需求，确定了系统的具体功能与后台数据库的关系：

(1)用户登陆，后台数据库需要存放用户信息；

(2)后台数据库需要存放读者基本信息、图书基本信息、借阅信息；

(3)后台数据库需要描述各种信息之间的关系。

2. 标识实体及其属性

通过分析收集的数据，确定图书管理系统数据库要管理的如下关键实体：

(1)管理员实体:反映管理员登录信息，主要属性包括管理员编号、管理员名、密码等；

(2)图书实体:反映图书基本信息，主要属性包括图书编号、图书名称、ISBN、图书类别、出版社、出版日期、作者、定价等；

(3)图书类别实体:反映图书分类信息，主要属性包括图书分类号，分类名称等；

(4)读者实体:反映读者基本信息，主要属性包括借书证号、姓名、性别、出生日期、联系方式等。

(5)图书借阅实体:反映图书借阅基本信息，主要属性包括借书证号、图书编号、借阅时间、借阅期限、归还时间等。

3. 标识实体之间的联系

(1)读者实体和图书实体之间是借阅关系。

一般的，一位读者同时可以借阅多本图书，一本图书不同时间段也可以借给多位读者。

(2)图书类别实体和图书实体之间是主从关系。

一种图书类别可以包括多本图书，而一本图书只能属于某一种图书类别。

二、绘制E-R图(创建实体-联系模型)

数据库设计需要落实为一系列图形化的表达式——E-R图。一般可以先画出每个实体的E-R图，再画出所有实体集的E-R图。

构成图书管理系统数据库主要的实体有“管理员”、“图书”、“读者”、“图书类别”和“图书借阅”，对实体主要特征的描述如下：

1. 用户 E－R 图

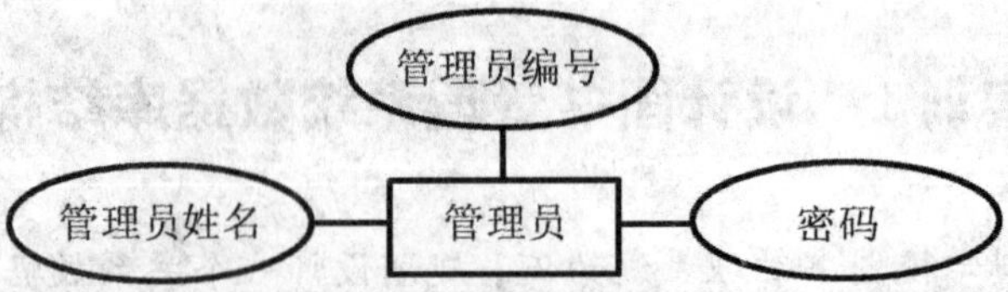

图 1－14　管理员 E－R 图

2. 图书 E－R 图

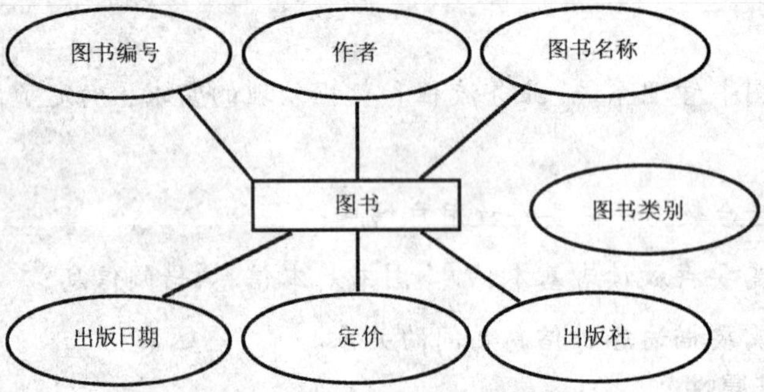

图 1－15　图书 E－R 图

3. 图书类别 E－R 图

图 1－16　图书类别 E－R 图

4. 读者 E－R 图

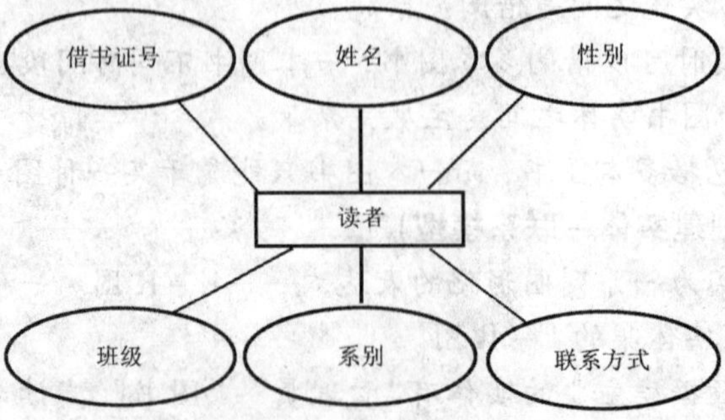

图 1－17　读者 E－R 图

5. **读者－图书E－R图**

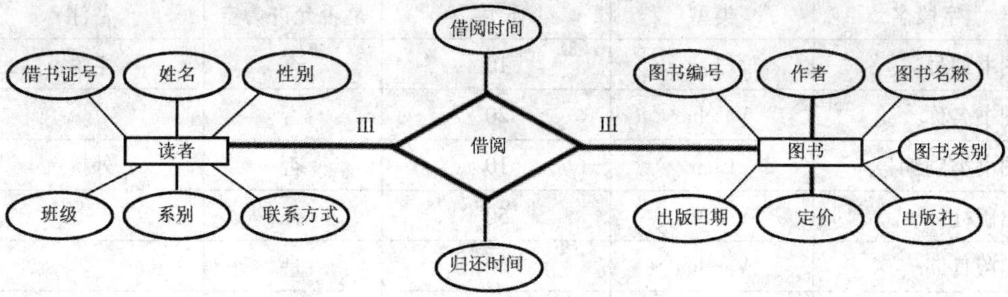

图1－18　读者－图书E－R图

三、E－R图转换为关系(创建关系数据库模型)

创建关系数据库模型，就是把E－R模型转换为关系模型的过程。实质上就是把E－R图转换为数据库中的表。可以分如下几步：

1. 把各个实体转换为对应的表，将实体的各个属性转换为表中对应的字段，以属性名作字段名，以属性值作字段值。

2. 标识每张表的主键。对没有主键的表，添加ID编号列，ID列没有实际含义，只用作主键或者外键。

3. 在各个表中，指定主关键字和外关键字，体现实体之间的相互映射关系。

构成图书管理系统数据库主要的实体是“用户”、“图书”、“读者”和“图书类别”，先把它们转换为如下关系：

(1)管理员(管理员编号，管理员姓名，密码)

(2)图书(图书编号、图书名称、ISBN、图书类别编号、出版社、作者、出版日期、定价)

(3)读者(借书证号、姓名、性别、出生日期、联系方式)

(4)图书类别(图书类别编号，类别名)

(5)借阅(借书证号、图书编号、借阅日期、应归还日期、是否归还、归还日期、管理员编号)

四、规范化设计表结构

上述关系均符合第三范式，对应的数据库表结构如下：

表1－8　管理员表

字段名	类型	长度	是否允许为空	备注
管理员编号	Int		否	主键，管理员编号
管理员姓名	Char	10	否	
密码	Char	10	否	

表 1-9　　图书表

字段名	类型	长度	是否允许为空	备注
图书编号	Char	10	否	主键
图书名称	Varchar	20	否	
图书类别编号	Char	10	否	外键
出版社	Varchar	50	否	
出版日期	Varchar	40	是	
作者	Datetime		是	
定价	Varchar	20	是	
可借数量	Money		是	
图书说明	Varchar	100	否	

表 1-10　　读者表

字段名	类型	长度	是否允许为空	备注
借书证号	Char	10	否	主键
姓名	Varchar	20	否	
性别	Char	2	是	
系别	Varchar	50	否	
班级	Varchar	20	否	
联系电话	Varchar	15	否	

表 1-11　　图书类别表

字段名	类型	长度	是否允许为空	备注
图书类别编号	Char	10	否	主键
图书类别名	Varchar	20	否	

表 1-12　　借阅表

字段名	类型	长度	是否允许为空	备注
BN	Int		否	主键，序号，自动编号
借书证号	Char	10	否	外键
图书编号	Char	10	否	外键
借阅日期	Datetime		否	
应归还日期	Datetime		否	
是否归还	Bit		否	
归还日期	Datetime		否	
管理员编号	Int			

阅读材料

一、数据库技术的发展

1. 数据库技术发展概述

数据库技术是计算机科学技术中发展最快的领域之一，也是应用最广的技术之一。

数据库技术产生于20世纪60年代中期，仅仅40多年，已经历了3代演变，造就了C. W. Bachman、E. F. Codd和James Gray三位图灵奖得主。发展了以数据建模和DBMS核心技术为主，内容丰富的一门学科，带动了一个巨大的软件产业——DBMS产品及其相关工具和解决方案。

图1－19通过一个三维视图，从数据模型、新技术内容、应用领域3个方面，描述了数据库系统的发展、特点和相互关系。

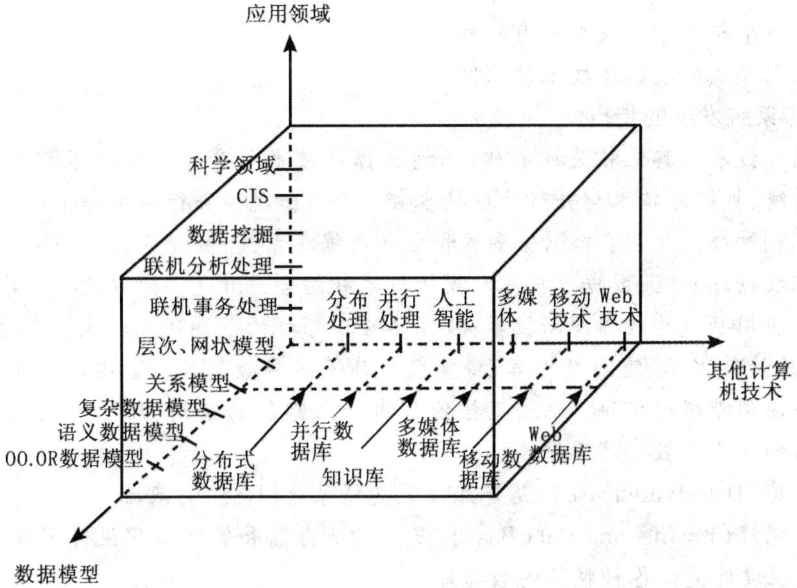

图1－19　数据库系统的发展和相互关系示意图

2. 数据库发展的3个阶段

按照数据模型的进展，数据库技术的发展可以相应地分为三个阶段：

(1)第一代数据库系统——层次和网状数据库系统：其代表是1969年IBM公司研制的层次模型的数据库管理系统IMS(Information Management System)。还有20世纪60年代初，美国数据库系统语言协商会CODASYL(Conference On Data System Language)下属的数据库任务组DBTG(Data Base Task Group)提出的DBTG报告。DBTG所提议的方法是数据库网状模型的典型代表。

层次数据库采用树状结构表示实体和实体间联系的层次模型，只能表示一对多的联系，而网状数据库用网状结构表示实体和实体间联系，能够表示各种复杂的多对多的联系。它们是数据库技术中研究得最早的两种数据库系统。这两种数据模型可以统称为格式化数据模型。

(2)第二代数据库系统——关系数据库系统:20 世纪 70 年代是关系数据库理论研究和原型开发的时代。1970 年，美国 IBM 公司 San Jose 研究室的研究员 E. F. Codd 首次提出了数据库系统的关系模型。

关系模型的提出，是数据库发展史上具有划时代意义的重大事件。20 世纪 80 年代之后，关系数据模型成为具有统治地位的数据模型，它的应用遍布各个领域。

随着数据库应用领域的扩展，数据对象的多样化，传统的关系数据模型开始暴露出许多弱点，如对复杂对象的表示能力较差，对文本、时间、空间、声音、图像和视频等数据类型的处理能力差等。为此，人们提出并发展了许多新的数据模型。

(3)新一代数据库技术的研究和发展:20 世纪 80 年代以来,数据库技术在商业领域的巨大成功刺激了其他领域对数据库技术需求的迅速增长，为数据库应用开辟了新的天地，在应用中提出的一些新的数据管理需求，直接推动了数据库技术的研究与发展，尤其是面向对象数据库系统(Object Oriented DataBase System，简称 OODBS)的研究与发展。

新一代数据库技术的特点:

①面向对象的方法和技术对数据库发展的影响最为深远。

②数据库技术与多学科技术的有机结合。

③面向应用领域的数据库技术的研究。

3. 数据库系统发展的特点

(1) 数据库技术与其他相关技术相结合:数据库技术与分布处理技术相结合，出现了分布式数据库系统;数据库技术与并行处理技术相结合，出现了并行数据库系统;数据库技术与人工智能技术相结合，出现了知识库系统和主动数据库系统;数据库技术与多媒体技术结合，出现了多媒体数据库系统;数据库技术与模糊技术相结合，出现了模糊数据库系统等。

(2) 面向应用领域的数据库新技术:数据库应用领域的范围不断扩大，出现了数据仓库、工程数据库、统计数据库、空间数据库、科学数据库等多种数据库，这些数据库系统都明显地带有某一领域应用需求的特征，无法直接使用市场上销售的通用 DBMS，因此，建立了针对各个应用领域的实用化数据库系统。

①数据仓库(Data Warehouse):是建立决策支持系统(DSS)的基础。

②工程数据库(Engineering Data Base):是一种能存储和管理工程设计图形和工程设计文档，并能为工程设计提供各种服务的数据库。

③统计数据库(Statistical Data Base):是一种用来对统计数据进行存储、统计、分析的数据库系统。

④空间数据库(Spatial Data Base):空间数据是用于表示空间物体的位置、形状、大小和分布特征等诸方面信息的数据，适用于描述所有二维、三维和多维分布的关于区域的现象。

空间数据库系统是描述、存储和处理空间数据及其属性数据的数据库系统。

4. 数据库技术的发展趋势

在 Internet 应用环境下，Internet、Web、科技、电子商务等已经成为信息和信息处理需求的重要来源，数据库领域已经从获取、组织、存取、分析和恢复结构化数据扩展到文本、时间、空间、声音、图形图像、视频等数据，还要求能够处理语音、自然语言、不确定性推理、机器学习等问题。

数据类型越来越多样化，处理数据的方法越来越复杂化，数据量越来越巨大，数据库应用领域也已经从企业内部扩展为跨企业间的应用，需要DBMS对信息安全和信息集成提供更有力的保障和支持。当前若干研究热点：

(1)信息集成；

(2) 移动数据管理；

(3) 网格数据管理；

(4) 传感器数据库技术；

(5) DBMS自适应管理。

二、安装与配置SQL Server2005

1. SQL Server 2005安装软、硬件要求

(1) 硬件需求:Server 2005不同版本对处理器型号，速度及内存的需求见表1-13。

表1-13　　SQL Server 2005不同版本对处理器型号，速度及内存的需求

SQL Server 2005版本	处理器型号	处理器速度	内存(RAM)
企业版(Enterprise Edition)	Pentium III及其兼容处理器，或者更高型号	至少600 MHz，推荐1GHz或更高	至少512MB，推荐1GB或更大
开发者版(Developer Edition)			
标准版(Standard Edition)			
工作组版(Workgroup Edition)			
简化版(Express Edition)	Pentium III及其兼容处理器，或者更高型号	至少600 MHz，推荐1GHz或更高	至少192 MB，推荐512MB或更大

(2) 软件要求：对操作系统；浏览器软件；IIS软件；ASP. NET2.0；Microsoft Windows .NET Framework 2.0；Microsoft SQL Server Native Client；Microsoft SQL Server Setup support files这些软件的要求如下。

①对操作系统的要求。见表1-14。

表1-14　　SQL Server 2005不同版本对操作系统的要求

版本	操作系统要求
企业版	Windows NT/2000/2003 Server
开发版	Windows NT/2000/2003 Server
标准版，工作组版	Windows NT/2000/2003 Server
简化版	Windows 2000 Professional Windows XP

②浏览器软件。在装SQL Server 2005之前，需安装Microsoft Internet Explorer 6.0 SP1或者其升级版本。因为微软控制台以及HTML帮助都需要此软件。

③IIS软件。在装SQL Server 2005之前，需安装IIS5.0及其后续版本，以支持SQL Server

2005 的报表服务。

④ASP. NET 2.0。当安装报表服务时，SQL Server 2005 安装程序会检查 ASP. NET 是否已安装到本机上。

⑤还需要安装以下软件：Microsoft Windows .NET Framework 2.0；Microsoft SQL Server Native Client；Microsoft SQL Server Setup support files。

2. 安装 SQL Server 2005

运行“SQL Server 2005”安装光盘(DVD)，选择操作系统。选择安装选项，接受最终用户许可协议，SQL server 安装程序会自动检查需要安装的必备组件，并安装。

SQL Server 2005 的安装过程与其他 Microsoft Windows 系列产品类似。用户可根据向导提示，选择需要的选项一步一步地完成。

习 题 一

1. 填空题

(1)数据库系统由 5 个部分组成：硬件系统、数据库集合、________、数据库管理员和用户。

(2) ________________是数据库中用来存储数据的对象，是整个数据库系统的基础。

(3)大学里的教师和学生之间的联系是 ________ 联系。

(4)数据库系统中用户对数据库的各种操作请求，如数据定义、数据查询、数据更新和控制等都是由________________来完成的。

(5)建立两个表的联系，可以把其中的一个表的 ________ 添加到另一个表中。

(6)在关系数据库中，惟一标识一条记录的一个或多个字段称为 ________。

(7) 实体之间的联系可抽象为三类，它们是 ________、________ 和 ________。

(8) 数据库系统的核心是 ________________。

2. 选择题

(1) 数据模型反映的是(　)。

A. 事物本身的数据和相关事务之间的联系　　B. 事物本身所包含的数据

C. 记录中所包含的全部数据　　D. 记录本身的数据和相关关系

(2)下列实体类型联系中，(　)属于多对多的联系。

A. 学生与课程之间的联系　　B. 学校与教师之间的联系

C. 商品条形码与商品之间的联系　　D. 班组与班长之间的联系

(3) 关系数据库系统中的域是(　)。

A. 关系中的属性取值范围　　B. 关系中的垂直方向的列

C. 属性或属性的组合　　D. 前面三个都不正确

(4) 现实世界中的事物个体在信息世界中称为(　)。

A. 实体　　B. 实体集　　C. 字段　　D. 记录

(5)数据库(DB)、数据库系统(DBS)和数据库管理系统(DBMS)三者之间的关系是(　)。

A. DBS 包括 DB 和 DBMS　　B. DDMS 包括 DB 和 DBS
C. DB 包括 DBS 和 DBMS　　D. DBS 就是 DB，也就是 DBMS

(6) 数据库管理系统(DBMS)是(　)。

A. 数学软件　　B. 应用软件　　C. 计算机辅助设计　　D. 系统软件

(7) 假设数据库表 A 和表 B 建立了一对多的关系，表 B 为多的一方，则下列说法正确的是(　)。

A. 表 A 中的一个记录与表 B 中的多个记录匹配
B. 表 B 中的一个记录与表 A 中的多个记录匹配
C. 表 A 中的一个字段与表 B 中的多个字段匹配
D. 表 B 中的一个字段与表 A 中的多个字段匹配

(8) 常见的数据模型有 4 种，它们是(　)。

A. 网状、关系、分布式和语义　　B. 层次、关系、网状和面向对象
C. 环状、层次和关系　　D. 字段名、字段类型和记录

3. 判断题

(1)数据库设计的根本目标是要解决数据共享问题。(　)

(2)数据库应用系统是系统开发人员利用数据库系统资源开发的，面向某一类实际应用的软件系统。(　)

(3)数据库的概念模型独立于具体的机器和 DBMS。(　)

4. 操作题

(1)假设教学管理规定：

①一个学生可选修多门课，一门课有若干学生选修；

②一个教师可讲授多门课，一门课只有一个教师讲授；

③一个学生选修一门课，仅有一个成绩。

学生的属性有学号、学生姓名；教师的属性有教师编号，教师姓名；课程的属性有课程号、课程名。

要求：根据上述语义画出 ER 图，要求在图中画出实体的属性并注明联系的类型。

(2)设有如下的关系模式 R：

课程名	教师名	教师地址
C1	王刚	D1
C2	刘强	D1
C3	马列	D3
C4	王刚	D1

①列出它的所有候选键。

②列出它的函数依赖关系。

③它当前属于第几范式？

任务 2　创建数据库

创建数据库的任务，主要是确定数据库的存储结构，以便科学地组织和存储数据，高效地获取和处理数据。

2.1　子任务:认识数据库存储结构

在 SQL Server 中，数据库是由多个文件组成的。一个数据库至少应该包含一个数据文件，一个事务日志文件。

2.1.1 数据库文件和文件组

1. 数据文件

数据文件是存放数据库中所有数据对象的文件，如:表、视图、存储过程等。一个数据库可以有一个或多个数据文件，一个数据文件只能属于一个数据库。

数据文件又分为主数据文件和辅助数据文件。

2. 主数据文件

当一个数据库有多个数据文件时，其中一个文件会被指定为主数据文件，扩展名为. mdf。主数据文件用来存储数据库的启动信息，部分或者全部数据。

一个数据库只能有一个主数据文件。

3. 辅助数据文件

辅助数据文件用来存储主数据文件中未存储的或者容纳不下的数据对象，扩展名为. ndf。

当主数据文件足够大，能够容纳数据库中所有数据时，一个数据库可以没有辅助文件，而当数据库非常大，主数据库文件容量有限时，一个数据库可以有多个辅助文件，并且，我们可以把辅助文件存储在几个不同的硬盘上，这样，可以同时对多个硬盘进行数据存取操作，达到提高数据处理的效率。

4. 事务日志文件

事务日志文件用于保存恢复数据库的日志信息，记录所有事物和每个事物对数据库所作的修改，扩展名为. ldf。

一个数据库至少有一个事务日志文件。

5. 逻辑文件名和物理文件名

SQL Server 的每个数据文件都有两个名称，逻辑文件名和物理文件名。例如，系统数据库 master，master 是它的逻辑文件名，在 Transact - SQL 命令访问它的时候使用，它的物理文件名是 master. mdf，它的日志文件名是 master. ldf。

可见，数据文件的逻辑文件名是采用 Transact - SQL 命令访问数据文件时所使用的名称。它的物理文件名则是实际存储在磁盘上的文件名，而且可以包含完整的目录路径。

6. 数据库文件组

为了便于分配数据管理数据，SQL Server 允许把多个文件集合在一起，归纳为一组，称为文件组。和数据库文件一样，文件组也分为主文件组(Primary File Group)和次文件组(Secondary File Group)。

一个数据文件只能存在于一个文件组中，一个文件组也只能被一个数据库使用。

【注意】日志文件不属于任何文件组。

SQL Server 文件组分为三种类型:主文件组、用户自定义文件组、默认文件组。

主文件组:包含所有系统表、主数据库文件和所有没有被包含在其他文件组里的数据库文件。

用户自定义文件组:由用户创建数据库时用命令语句指定的文件所在文件组。

默认文件组:包含所有在创建数据库时没有指定文件组的表、视图、索引等数据对象。可以在用户自定义文件组中指定一个默认文件组，如果不指定默认文件组，则主文件组就是默认文件组。

2.1.2 数据库逻辑存储结构和物理存储结构

数据库的逻辑存储结构:是从用户角度理解的，是指数据库中数据的组织形式。SQL Server 数据库逻辑上是由表、视图、索引等多种数据对象组成的。

数据库的物理存储结构:是指数据库文件怎样以文件形式存储在存储介质上。具体到所存储的磁盘名，磁盘存储区域，存储区的某个页面等。

2.1.3 系统数据库和示例数据库

见表 2 - 1 所示，安装 SQL Server2005 后，系统自动创建 6 个初始数据库，其中，包括 4 个系统数据库和 2 个示例数据库。

表 2 - 1　　系统数据库

系统数据库	数据文件	日志文件	文件作用
Master	Master. mdf	Master. ldf	记录 SQL Server 系统级的信息
temppdb	temppdb. mdf	temppdb. ldf	存放所有连接到系统的用户和 SQL Server 产生的临时性对象
Model	model. mdf	model. ldf	系统所有数据库的模板
Msdb	msdb. mdf	msdb. ldf	安排作业、报警等

2.2 子任务:创建数据库结构

在 SQL Server 2005 中创建数据库主要有两种方式:一种方式是在 SQL Server Management Studio(SSMS)中使用向导创建数据库，另一种方式是通过在查询窗口中执行 T-SQL 语句创建数据库。

2.2.1 使用 SSMS 创建数据库

【例 2-1】创建一个名为 Student 的数据库。

(1)启动 SQL Server2005:依次单击开始 - > 所有程序 - > SQL Server 2005 - > SQL Server Management Studio Express 启动 SQL Server 2005 数据库管理系统。

(2)登录数据库服务器:如图 2-1，点击“连接到服务器”对话框中的连接按钮连接到 SQL Server2005 数据库服务器。

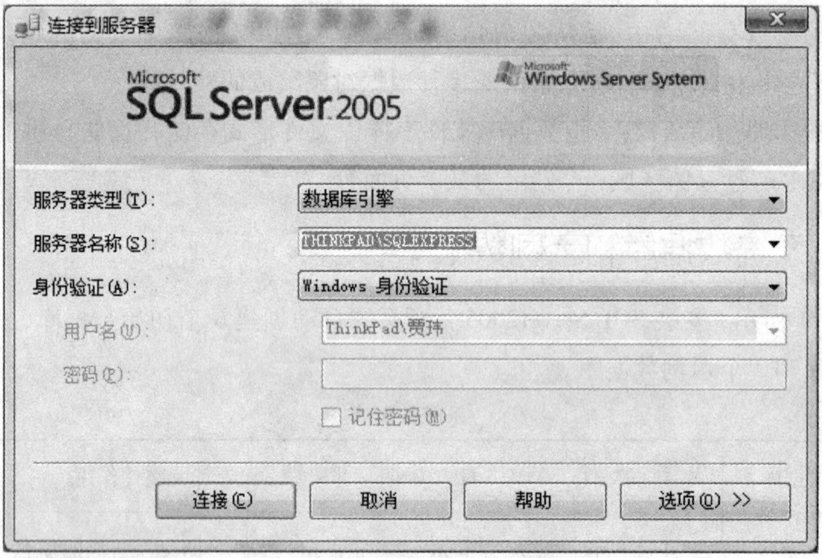

图 2-1 连接到服务器对话框

(3)创建数据库 Student:在 SQL Server 2005 数据库管理系统的左栏“对象资源管理器”中，右击数据库对象，在弹出的快捷菜单中单击“新建数据库”命令。

(4)如图 2-2 所示，在弹出的“新建数据库”对话框右侧的数据库名称中输入数据库名称“Student”，该数据库的主数据文件逻辑名称为“Student”，物理文件名为“Student. mdf”，初始大小为 3MB，最大尺寸为无限大，增长速度为 10%;数据库的日志文件逻辑名称为“Student _log”，物理文件名为“Student. ldf”，初始大小为 1MB，最大尺寸为无限大，增长速度为 10%。

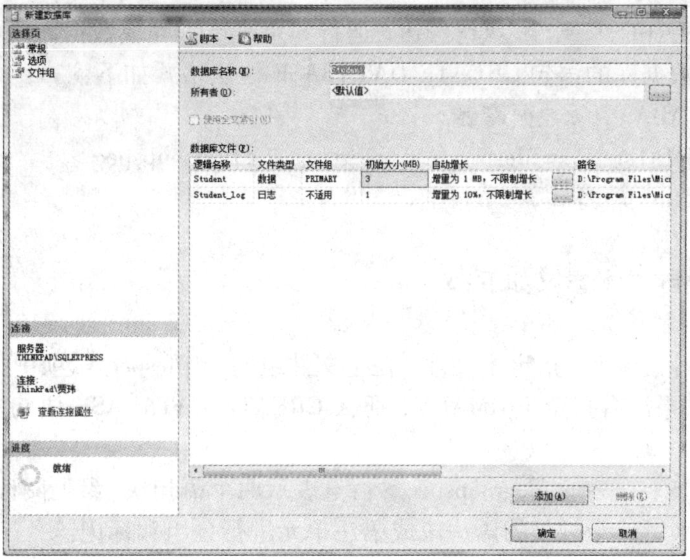

图2-2　新建数据库窗口常规选项页

(5)在选项页框中，可设置数据库的排序规则，恢复模式，兼容级别等;在文件组页框中，可设置或添加数据库文件和文件组的属性，如是否只读，是否为默认值等。

(6) 单击确定按钮，数据库创建完毕。

2.2.2 使用T-SQL语句创建数据库

1. 启动SQL Server2005，连接到服务器，单击工具栏中的“新建查询”按钮，打开查询窗口，如图2-3所示。

2. 在右侧的SQL脚本输入框中输入如下SQL代码，新建一个SQL脚本:

```
CREATE DATABASE Student
go
```

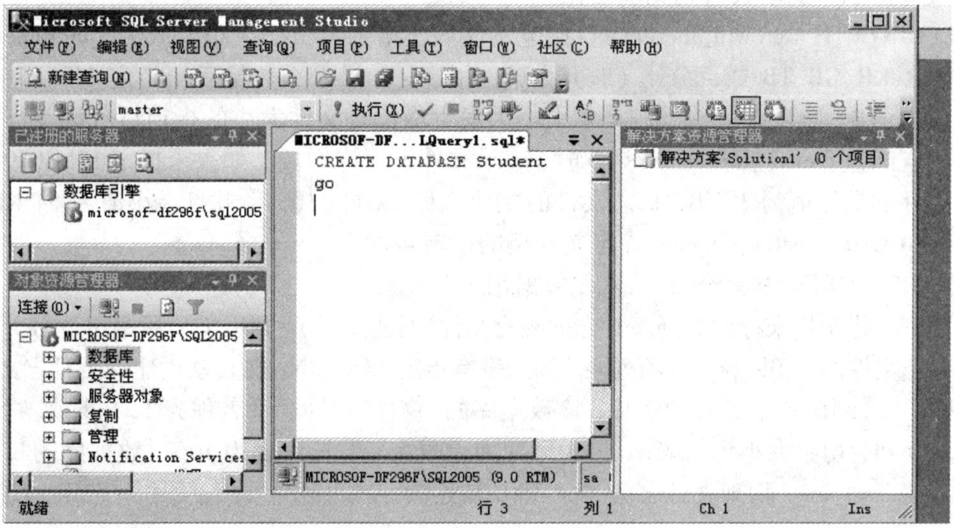

图2-3　新建SQL脚本输入框

3. 单击工具栏中的 执行(X) 执行按钮，运行 SQL 语句，完成数据库的创建。

T－SQL 创建数据库的语句 CREATE DATABASE 语法格式如下：

CREATE DATABASE <数据库名>

[ON，<[PRIMARY][<filespec>[，…n][，<filegroupspec>[，…n]]]

[LOG ON {<filespec>[，…n]}]

[FOR RESTORE]

其中，部分子句、参数含义如下：

(1)数据库名：最长为 128 个字符。

(2)PRIMARY：关键字，指定主文件。在主文件组的 <filespec> 项中指定的第一个文件将成为主文件。如果没有指定 PRIMARY，那么 CREATE DATABASE 语句中列出的第一个文件将成为主文件。

(3) <filespec>::=和<filegroupspec>::=表示两个语句块(参见阅读材料 1.2 T－SQL 的语法约定)，用来对一个过长的语法段或语法单元进行分组和标记。

Filespec：表示具体的文件存储路径，大小等。代表如下语句段：

<filespec>::=([NAME ='逻辑文件名'，]

FILENAME ='物理文件名'

[，SIZE =size]

[，MAXSIZE ={max_size|UNLIMITED}]

[，FILEGROWTH =growth_increment])[，…n]

Filegroupspec：表示具体的文件组存储路径。代表如下语句段：

<filegroupspec>::=FILEGROUP filegroup_name <filespec>[，…n]

SIZE：指定数据库的初始容量大小。应当是一个整数，不包含小数位。可以使用千字节(KB)、兆字节(MB)、千兆字节(GB)或兆兆字节(TB)后缀。默认值为 MB。

MAXSIZE：指定操作系统文件可以增长到的最大尺寸。如果没有指定或指定为 UNLIMITED，则文件可以不断增长直到充满磁盘。

FILEGROWTH =growth_increment：指定文件每次增加容量的大小，growth_increment 的取值可以 MB、KB、GB、TB 或百分比(%)为单位指定。如果未在数量后面指定 MB、KB 或 %，则默认值为 MB。如果指定 %，则增量大小为发生增长时文件大小的指定百分比。当指定文件添加的空间量 growth_increment 为 0 时，表示文件不允许增长。如果未指定 FILEGROWTH，则数据文件的默认值为 1 MB，日志文件的默认增长比例为 10%，并且最小值为 64 KB。

FILEGROUP filegroup_name：指定文件组的逻辑名称 filegroup_name。

FOR RESTORE：关键字，表示恢复数据用。

LOG ON：指定用来存储数据库日志的磁盘文件(日志文件)。LOG ON 后跟以逗号分隔的用以定义日志文件的 <filespec> 项列表。如果没有指定 LOG ON，将自动创建一个日志文件。

【例 2－2】创建一个 Test 数据库，该数据库的主数据文件逻辑名称为 Test_data，物理文件名为 Test.mdf，初始大小为 10MB，最大尺寸为无限大，增长速度为 10%；数据库的日志文件逻辑名称为 Test_log，物理文件名为 Test.ldf，初始大小为 1MB，最大尺寸为 5MB，增长速度为 1MB。

命令语句如下：

```
CREATE DATABASE test
ON PRIMARY
( NAME = ‘test’,
FILENAME = ‘C:\Program Files\Microsoft SQL Server\MSSQL\data\test.mdf’, SIZE = 10240KB,
MAXSIZE = UNLIMITED,
FILEGROWTH = 10% )
LOG ON
( NAME = ‘test_log’
FILENAME = ‘C:\Program Files\Microsoft SQL Server\MSSQL\data\test_log.ldf’,
SIZE = 1024KB,
MAXSIZE = 5120KB,
FILEGROWTH = 1024KB )
GO
```

2.3 子任务：查看和修改数据库

创建完数据库，如果需要查看和修改，在 SQL Server 2005 中也提供了两种方式：一种方式是在 SQL Server Management Studio 中修改数据库，另一种方式是通过执行 T－SQL 语句修改数据库。

2.3.1 使用 SSMS 查看和修改数据库

右击所要修改的数据库，从弹出的快捷菜单中选择“属性”选项，出现数据库属性设置对话框。如图 2－4 所示，可以通过选择不同的属性页来修改或查看数据库属性。

不难发现，在查看和修改数据库时，属性页框比创建数据库时多了几个，即选项和权限页框等。

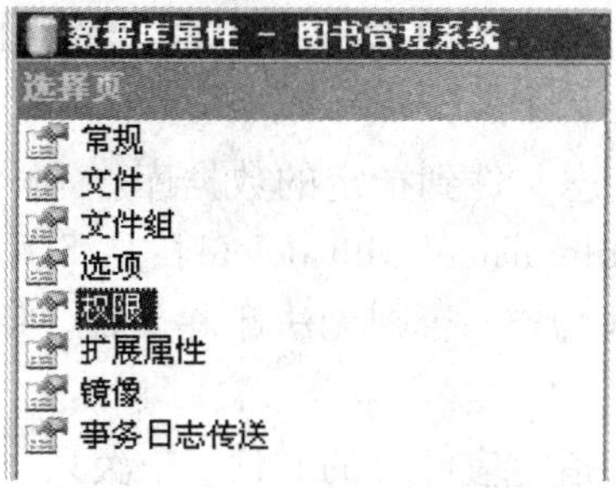

图 2－4 数据库属性页框

2.3.2 使用 T－SQL 语句查看和修改数据库

【例 2－3】向例 2－1 所创建的 Student 数据库中增加一个辅数据文件。文件的逻辑名为 Stu，物理名为 Stu_data.ldf，大小为 10MB，增长不受限制，每次增加 10%。

命令语句如下：

```
ALTER DATABASE Student
ADD FILE
( NAME ='Stu',
FILENAME = 'C:\Program Files\Microsoft SQL Server\MSSQL.1\MSSQL\Data\Stu_data.ldf',
SIZE = 10MB,
MAXSIZE = UNLIMITED,
FILEGROWTH = 10%
)
GO
```

使用 ALTER DATABASE 语句修改数据库语法形式如下：

```
Alter database databasename
{add file <filespec>[,…n] [to filegroup filegroupname]
|add log file <filespec>[,…n]
|remove file logical_file_name [with delete ]
|modify file <filespec>
|modify name =new_databasename
|add filegroup filegroup_name
|remove filegroup filegroup_name
|modify filegroup filegroup_name
{filegroup_property |name =new_filegroup_name}}
```

其中，语句块<filespec>格式与创建数据库的 CREATE DATABASE 语句相同。

部分子句、参数含义如下：

(1) database_name：要修改的数据库的名称。

(2) ADD FILE <filespec>[,…n] [to filegroup filegroupname]：向数据库中添加文件。<filespec>[,…n] 指定要添加的一个或多个文件名，TO FILEGROUP { filegroup_name } 指定要将文件添加到的文件组名。

(3) ADD LOG FILE：添加日志文件到指定的数据库。

(4) REMOVE FILE logical_file_name[with delete]：从 SQL Server 的实例中删除逻辑文件说明并删除物理文件。除非文件为空，否则无法删除文件。logical_file_name 是在 SQL Server 中引用文件时所用的逻辑名称。

(5) modify file <filespec>：指定应修改的文件。一次只能更改一个 <filespec> 属性。必须在 <filespec> 中指定 NAME，以标识要修改的文件。

如果要修改数据文件或日志文件的逻辑名称，需要在 NAME 子句中指定要重命名的逻辑文件名称，并在 NEWNAME 子句中指定文件的新逻辑名称。例如：

```
MODIFY FILE ( NAME = logical_file_name, NEWNAME = new_logical_name )
```

如果要把数据文件或日志文件移到新位置，需要在 NAME 子句中指定当前的逻辑文件名称，并在 FILENAME 子句中指定新路径和操作系统文件名称。例如：

MODIFY FILE (NAME = logical_file_name, FILENAME = '新路径/操作系统文件名称 ')

(6)MODIFY NAME = new_database_name:使用指定的名称 new_database_name 重命名数据库。

【例2-4】将两个数据文件和一个事务日志文件添加到例2-2所创建的 test 数据库中。

命令语句如下:

```
ALTER DATABASE Test
ADD FILE
(NAME = Test1, FILENAME = 'c:\Program Files\Microsoft SQL Server\MSSQL\Data\test1.ndf', SIZE = 5MB, MAXSIZE = 100MB, FILEGROWTH = 5MB),
(NAME = Test2, FILENAME = 'c:\Program Files\Microsoft SQL Server\MSSQL\Data\test2.ndf', SIZE = 3MB, MAXSIZE = 10MB, FILEGROWTH = 1MB)
GO
ALTER DATABASE Test
ADD LOG FILE (NAME = testlog1, FILENAME = 'c:\Program Files\Microsoft SQL Server\MSSQL\Data\testlog1.ldf', SIZE = 5MB, MAXSIZE = 100MB, FILEGROWTH = 5MB)
GO
```

2.4 删除数据库

如果数据库不再需要了,应当把它删除。删除数据库,用户只能根据自己的权限删除用户数据库,不能删除当前正在使用(正打开供用户读写)的数据库,更无法删除系统数据库(msdb、model、master、tempdb)。删除数据库,意味着将删除数据库中的所有对象,包括表、视图、索引等。如果数据库没有备份,则不能恢复。

在 SQL Server 2005 中提供了两种删除方式:一种方式是在 SQL Server Management Studio 中删除数据库,另一种方式是通过执行 T-SQL 语句删除数据库。

2.4.1 使用 SSMS 删除数据库

在 SQL Server 管理平台中,右击所要删除的数据库,从弹出的快捷菜单中选择"删除"选项即可删除数据库。系统会弹出确认是否要删除数据库的对话框,单击"确定"按钮则该数据库被删除。

2.4.2 使用 T-SQL 语句删除数据库

【例2-5】删除例2-1创建的 Student 数据库。

```
DROP DATABASE Student
GO
```

T-SQL 删除数据库语句 DROP DATABAS 语法格式如下:

```
DROP DATABASE database [...n]   /*指定删除的数据库逻辑名*/
```

实训 2 创建和修改图书管理系统数据库

创建名为“图书管理系统”的数据库，该数据库的主数据文件逻辑名称为“图书系统”，物理文件名为“图书系统. mdf”，初始大小为 5MB，最大尺寸为无限大，增长速度为 10%；数据库的日志文件逻辑名称为“图书管理系统_log”，物理文件名为“图书管理系统. ldf”，初始大小为 1MB，最大尺寸为 5MB，增长速度为 1MB。

一、使用 SSMS 创建、查看、修改和删除数据库

1. 使用 SSMS 创建图书管理系统数据库

(1)依次单击开始 – > 所有程序 – > SQL Server 2005 – > SQL Server Management Studio Express 启动 SQL Server 2005 数据库管理系统。

(2)点击“连接到服务器”对话框中的连接按钮连接到 SQL Server 2005 数据库服务器。

(3)在“对象资源管理器”中，右击数据库对象，在弹出的快捷菜单中单击“新建数据库”命令。

(4)在弹出的“新建数据库”对话框右侧的数据库名称中输入数据库名称“图书管理系统”。

(5)如图 2 – 5，在下面的数据库文件列表中，把数据库的主数据文件默认逻辑名“图书管理系统”改为“图书管理”，初始大小设置为 3MB；数据库默认的日志文件初始大小设置为 1MB。

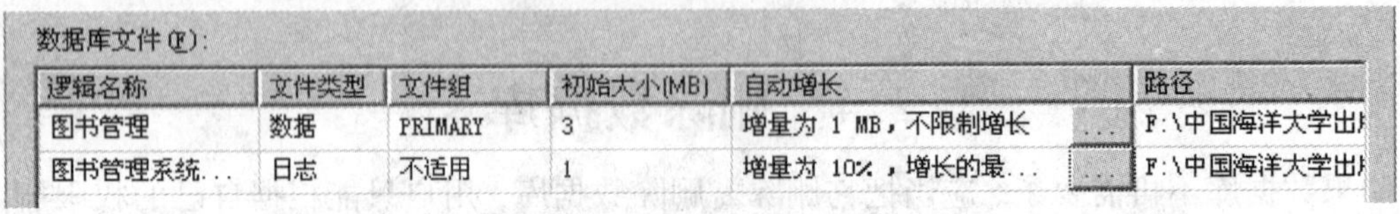
数据库文件(F):

逻辑名称	文件类型	文件组	初始大小(MB)	自动增长		路径
图书管理	数据	PRIMARY	3	增量为 1 MB，不限制增长	...	F:\中国海洋大学出
图书管理系统...	日志	不适用	1	增量为 10%，增长的最...	...	F:\中国海洋大学出

图 2 – 5 数据库文件属性页框

(6)如图 2 – 5，单击自动增长列右边的 ... 按钮，弹出如图 2 – 6 所示的更改自动增长量窗口。把主数据文件最大尺寸设置为无限大，增长速度为 1MB；同样的方法可以把数据库的日志文件最大尺寸设置为 5MB，增长速度设置为 10%。

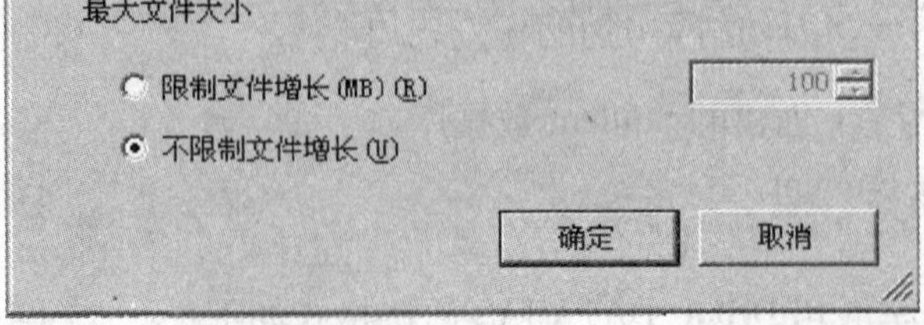

图 2 – 6 数据库文件属性 – 更改自动增长量窗口

(7)其他属性选择页各个参数设置保持系统默认状态，单击确定按钮。

2. 使用 SSMS 查看和修改数据库

(1)右击所要修改的数据库，从弹出的快捷菜单中选择“属性”选项，出现数据库属性设置对话框。选择属性页，查看数据库的各个属性。

(2)选择属性页，修改数据库属性：

把数据库的主数据文件逻辑名改为“图书管理系统”，修改数据库的主数据文件初始大小为5MB，最大尺寸为无限大，增长速度为20%；修改数据库的日志文件逻辑名称为“图书管理系统_log”，物理文件名为“图书管理系统.ldf”，初始大小为1MB，最大尺寸为2MB，增长速度为1MB。

3. 使用 SSMS 删除数据库

二、使用 T-SQL 语句创建、查看、修改和删除数据库

1. 使用 T-SQL 语句创建图书管理系统数据库

命令语句如下：

```
CREATE DATABASE test
ON PRIMARY
( NAME ='图书管理系统',
FILENAME ='C:\Program Files\Microsoft SQL Server\MSSQL\data\图书管理系统.mdf',
SIZE =3072KB,
MAXSIZE = UNLIMITED,
FILEGROWTH = 1MB)
LOG ON
( NAME ='图书管理系统_log',
FILENAME ='C:\Program Files\Microsoft SQL Server\MSSQL\data\图书管理系统_log.
ldf',
SIZE =1024KB,
MAXSIZE = 5120KB,
FILEGROWTH =10% )
GO
```

2. 使用 T-SQL 语句查看和修改数据库

把数据库的主数据文件逻辑名改为“books”，修改数据库的主数据文件初始大小为5MB，最大尺寸为无限大，增长速度为2MB；修改数据库的日志文件逻辑名称为“book_log”，物理文件名为“book_log.ldf”，初始大小为1MB，最大尺寸为5MB，增长速度为20%。增加一个数据文件，逻辑名称为“books1”，物理文件名为“books1.ndf”，初始大小为3MB，最大尺寸为100MB，增长速度为2MB。增加一个文件组，名为fgp1，并把新增的数据文件books1加入此文件组。

命令语句如下：

```
Alter database 图书管理系统
modify file
(NAME =books, FILENAME ='c:\Program Files\Microsoft SQL Server\MSSQL\Data\
```

```
books.mdf', SIZE = 5MB, MAXSIZE = UNLIMITED,FILEGROWTH =2MB)
(NAME =book_log, FILENAME ='c:\Program Files\Microsoft SQL Server\MSSQL\Data\book_log.ldf', SIZE = 1MB, MAXSIZE = 5MB, FILEGROWTH =20%)
go
Alter database 图书管理系统
Add filegroup fgp1
go
Alter database 图书管理系统
ADD FILE
(NAME =books1,FILENAME ='c:\Program Files\Microsoft SQL Server\MSSQL\Data\books1.ndf',SIZE = 3MB,MAXSIZE = 100MB,FILEGROWTH =2MB) TO FILEGROUP fgp1
go
```

3. 使用 T-SQL 语句删除数据库

命令语句如下：

```
DROP DATABASE 图书管理系统
GO
```

阅读材料

一、结构化查询语言 T-SQL

1. 什么是 Transact-SQL 语言

T-SQL 是 Microsoft 公司在关系型数据库管理系统 SQL Server 中的 SQL-3 标准的实现，是微软对 SQL 的扩展，具有 SQL 的主要特点，同时增加了变量、运算符、函数、流程控制和注释等语言元素，使得其功能更加强大。T-SQL 对 SQL Server 十分重要，SQL Server 中使用图形界面能够完成的所有功能，都可以利用 T-SQL 来实现。使用 T-SQL 操作时，与 SQL Server 通信的所有应用程序都通过向服务器发送 T-SQL 语句来进行，而与应用程序的界面无关。

Transact-SQL 语言是一种交互式查询语言，具有功能强大，简单易学的特点。该语言既允许用户直接查询存储在数据库中的数据，也可以把语句嵌入到某种高级程序设计语言中来使用。

Transact-SQL 语言有 4 个特点：一是一体化的特点，集数据定义语言、数据操纵语言、数据控制语言、事务管理语言和附加语言元素为一体；二是有两种使用方式，即交互使用方式和嵌入到高级语言中使用；三是非过程化语言，只需要提出“做什么”，不需要指出“怎样做”，语句的操作过程由系统自动完成；四是类似于人的思维习惯，容易理解和掌握。

2. T－SQL 的语法约定

表 2－2　　T－SQL 的语法约定

约定	用于
大写	Transact－SQL 关键字。
斜体	用户提供的 Transact－SQL 语法的参数。
粗体	数据库名、表名、列名、索引名、存储过程、实用工具、数据类型名以及必须按所显示的原样键入的文本。
下划线	指示当语句中省略了包含带下划线的值的子句时应用的默认值。
|(竖线)	分隔括号或大括号中的语法项。只能使用其中一项。
[ ](方括号)	可选语法项。不要键入方括号。
< >,{ }(大括号)	必选语法项。不要键入括号。
[,...n]	指示前面的项可以重复 n 次。各项之间以逗号分隔。
[...n]	指示前面的项可以重复 n 次。每一项由空格分隔。
;	Transact－SQL 语句终止符。虽然在此版本的 SQL Server 中大部分语句不需要分号，但将来的版本需要分号。
<label> ::=	语法块的名称。此约定用于对可在语句中的多个位置使用的过长语法段或语法单元进行分组和标记。可使用语法块的每个位置由括在尖括号内的标签指示：<标签>集是表达式的集合，例如 <分组集>;列表是集的集合，例如 <组合元素列表>。

3. T－SQL 的运算符及其优先级

Transact－SQL 语言有自己的运算符、数据类型、表达式、关键字等，Microsoft SQL Server2005 系统中，可以使用的运算符可以分为算术运算符、逻辑运算符、比较运算符、按位运算符、字符串串联运算符、一元运算符和赋值运算符等。

表 2－3　　运算符及其含义

运算符类别	运算符	含义
算数运算符	+、－、*、/、%	加、减、乘、除、取模。
逻辑运算符	ALL	如果一组的比较都为 TRUE，那么就为 TRUE。
	AND	如果两个布尔表达式都为 TRUE，那么就为 TRUE。
	ANY	如果一组的比较中任何一个为 TRUE，那么就为 TRUE。
	BETWEEN	如果操作数在某个范围之内，那么就为 TRUE。

续表

运算符类别	运算符	含义
	EXISTS	如果子查询包含一些行，那么就为 TRUE。
	IN	如果操作数等于表达式列表中的一个，那么就为 TRUE。
	LIKE	如果操作数与一种模式相匹配，那么就为 TRUE。
	NOT	对任何其他布尔运算符的值取反。
	OR	如果两个布尔表达式中的一个为 TRUE，那么就为 TRUE。
	SOME	如果在一组比较中，有些为 TRUE，那么就为 TRUE。
比较运算符	=、>、<、>=、<=、<>、!=、!<、!>	等于、大于、小于、大于等于、小于等于、不等于、不等于、不小于、不大于
位运算符	&	位与。当且仅当两个操作数对应位的值都为 1 时，结果中的位才被设置为 1；否则，结果中的位被设置为 0。
	|	位或。如果两个操作数中两个位有一个的值都为 1 时，结果中的位被设置为 1；只有当两个位的值都为 0 时，结果中的位被设置为 0。
	^	位异或。如果两个操作数对应位有一个值为 1，结果中的位就被设置为 1；只有当两个位的值都为 0 或 1 时，结果中的位被设置为 0。
字符串连接	+	把两个字符串类型的操作数连接起来成为一个字符串。
一元运算符	+（正）、-（负）、~（位非）	数值为正、数值为负、返回数字的逻辑非。
赋值运算符	=	赋值

表 2-4　　运算符的优先级

级别	运算符
1	~（位非）
2	*（乘）、/（除）、%（取模）
3	+（正）、-（负）、+（加）、+（连接）、-（减）、^（位异或）、|（位或）
4	=、>、<、>=、<=、<>、!=、!>、!<（比较运算符）
5	NOT
6	AND
7	ALL、ANY、BETWEEN、IN、LIKE、OR、SOME
8	=（赋值）

4. T－SQL 的表达式

在 Transact－SQL 语言中，表达式是由标识符、变量、常量、标量函数、子查询、运算符等组成的。

表达式分为简单表达式和复杂表达式两种类型。简单表达式可以是一个变量、常量、列名、标量函数。复杂表达式是由两个或更多个表达式通过运算符连接起来的表达式。

在复杂表达式中，两个或多个表达式有相同的数据类型，优先级低的数据类型可以隐式转换为优先级高的数据类型。如果表达式不满足这些条件，则可以使用 CAST 或 CONVERT 函数将优先级低的数据类型显式转化为优先级高的数据类型，或者转换为一种可以隐式转化成优先级高的数据类型的中间数据类型。

习　题　二

一、填空题

(1)列举几个 SQL Server 的数据库对象__________、__________、__________和__________。

(2) SQL 是________________。

(3)修改数据库使用 SQL 语句__________，删除数据库使用 SQL 语句__________。

(4)在 SQL Server 2005 中，可以根据数据库的应用类型把数据库分为______________和______________类型。

(5)在 SQL Server 2005 中，文件分为三大类，它们是__________、__________和__________；文件组分为两大类，它们分别是__________和__________。

(6)数据库的数据或者信息都存储在__________中。

(7)在 Microsoft SQL Server 2005 系统中，一个数据库最少有一个____________文件和一个____________文件。

(8)SQL 语句格式中，[ ](方括号)表示__________。

二、选择题

(1) SQL Server 2005 数据库的主数据文件的扩展名是(　)。

A. . sql　　B. . mdf　　C. . mdb　　D. . ldf

(2)下列关于数据库的说法错误的是(　)。

A. 关系数据库的结构一般保持不变，但也可以根据需要改变

B. 一个数据表组成一个关系数据库，多个不同数据表需要创建多个数据库

C. 关系数据库中所有记录的关键字段值互不相同

D. 关系数据库的外部关键字不能用于区别该表中的记录

(3)SQL 是一种(　)语言。

A. 高级算法　　B. 人工智能　　C. 关系数据库　　D. 函数型

(4)若用如下的 SQL 语句创建一个 student 表：

CREATE TABLE student(NO C(4) NOT NULL,

NAME C(8) NOT NULL,

SEX C(2),

AGE N(2))

可以插入到 student 表中的是(　)。

A.('1031','曾华',男,23)　　B.('1031','曾华',NULL,NULL)

C.(NULL,'曾华','男','23')　　D.('1031',NULL,'男',23)

(5)(　)数据库是 SQL Server2005 系统提供的最重要的数据库,其中存放了系统级的信息。

A. master　　B. temppdb　　C. model　　D. msdbDBS 就是 DB,也就是 DBMS

(6)数据库的(　)是指数据的正确性和相容性。

A. 安全性　　B. 完整性　　C. 并发控制　　D. 恢复

三、判断题

1. 一个数据库可以有一个或多个数据文件,只能有一个主数据文件,一个事务日志文件。(　)

2. 除扩展名外,数据库的逻辑文件名和物理文件名应当是一致的。(　)

3. 数据库如果不指定默认文件组,则主文件组就是默认文件组。(　)

四、应用题

1. 使用 SQL Server Management Studio 创建一个名为"企业工资管理系统"数据库,要求它有 3 个数据文件,其中主数据文件为 20M,最大大小为 100MB,每次增长 5MB;辅数据文件为 10MB,最大大小不受限制,每次增长 20%;事务日志文件为 20MB,最大大小为 100MB,每次增长 20MB。

2. 使用 T－SQL 语句,修改所创建的"公司人事管理系统"数据库中增加一个辅数据文件。文件的逻辑名为 com,物理名为 com_data. ldf,大小为 6MB,增长不受限制,每次增加 10%。

任务3　创建表

关系型数据库当中，用表来存储用户各种各样的数据，表是数据库的基本对象，其他的数据库对象都是以表为基础来创建的。创建表就是定义表的列结构，包括表的列名称、数据类型、约束等。

3.1　子任务：认识数据类型

3.1.1 系统数据类型

创建表时，必须指定列的数据类型。列的数据类型决定了该列数据的格式、取值范围和存储格式。例如，姓名列的数据都是一些字符格式的符号，数量列都是一些数值格式的符号。

常用的系统数据类型分为以下几类。

表3－1　　常用数据类型

数据类型	字符型	数值型	日期时间型	货币型	bit 型	Unicode 字符型
种类	char、varchar、text	bigint、int、smallint、tinyint、decimal、numeric、real、float	datetime、smalldatetime	money、smallmoney	bit	nchar、nvarchar

SQL Server 2005 系统提供了丰富的数据类型，可以是系统提供的数据类型，也可以是用户自定义的数据类型。

1. 字符型

表3－2　　字符型存储类型

类型名	取值范围	说明	举例
char(n)	0＜＝n＜＝255	char(n)类型是用于存储固定长度为 n 的字符串。若输入的长度小于 n 时，自动在尾部添加空格，当输入长度大于 n 时，自动截去多余部分。	例如：图书编号，为定长的字符类型。主要是保证系统中图书编号长度一致，便于后期查询操作。
varchar(n)	0＜＝n＜＝65535	varchar(n)类型是用于存储最大长度为 n 的可变长度的字符串。	例如：读者姓名，每位读者姓名字数不一样，因此采用变长字符，节省存储空间。
text	＜216	当需要存储的字符串非常大时，就不能用前两种类型了，只能选用 text 类型。	例如：图书的简介，需要大量的文字说明。

字符型数据主要用来存储由汉字、英文字母、数字元和各种符号构成的字符串。如“王某

某”、“abcd”、“20121212”。SQL Server 2005 提供了三种字符数据类型：char、varchar 和 text。

2. 数值型

数值型资料用来存储数值。SQL Server 2005 提供的数据类型分为整数、精确小数和近似小数三大类。

(1)整数型

整数的存储类型包括 int(整数)、smallint(短整数)、tinyint(微短整数)和 bigint(大整数)共四类，表 3－3 列出了这几种数据类型的长度和取值范围。可以看出按 bigint、int、smallint、tinyint 从前到后的顺序，数值范围逐渐缩小。

表 3－3 整型存储类型

类型名	存储空间	取值范围
int	4	－231 到 231－1(－2147483648 到 2147483647)
smallint	2	－215 到 215－1(－32768 到 32767)
tinyint	1	0 到 255
bigint	8	－263 到 263－1

(2)精确小数型

精确小数型由整数部分和小数部分构成，其所有的数字都是有效位，能够以完整的精度存储十进制数。

表 3－4 精确小数存储类型

类型	精度	存储字节数	取值范围
decimal 和 numeric	1－9	5	－1038＋1～1038－1
	10－19	9	
	20－28	13	
	29－38	17	

精确小数存储类型包括 decimal 和 numeric 两类。存储 decimal 或 numeric 类型数值所需的字节数取决于该数据的数字总数和小数点右边的小数字数。在 SQL Server2005 中，二者等价。

(3)近似小数型

表 3－5 浮点型存储类型

类型	精度	存储空间	取值范围
real	7	4	－3.40E＋38～3.40E＋38
float(n)(n 的取值在 1～24 之间)	7	4	－3.40E＋38～3.40E＋38
float(n)(n 的取值的 25～53 之间)	15	8	－1.79E＋38～1.79E＋38

近似小数型也称浮点型，这种类型不提供精确表示数据的精度。当使用这种类型来存储某些数值时，有可能会损失一些精度，所示它可用于处理取值范围非常大且对精度度要求不是十分高的数值量。近似小数的存储类型包括 float(浮点型)和 real(实型)两种，通常使用科学计数法表示数据。例如，3.14E11，9.35E－6 等都是浮点型资料。表 3－3 列出了 real 和

float 类型数据的精度、长度和取值范围。

3. 日期时间型

表 3－6　　**日期时间数据类型**

数据类型	存储空间	取值
datetime	8	1753 年 1 月 1 日到 9999 年 12 月 31 日，精确到百分之三秒(3 毫秒)。
smalldatetime	4	1900 年 1 月 1 日到 2079 年 6 月 6 日，精确到分钟。

日期型数据用来存储日期和时间。SQL Server 2005 提供两种日期数据类型：datetime 和 smalldatetime。其取值范围和精度如表 3－6 所示。给日期型数据赋值时，要分别给出日期部分和时间部分的值。

如果用户以字符串形式输入日期时间型数据，系统也以字符串形式输出数据。

4. 货币型

表 3－7　　**货币数据类型**

数据类型	存储空间	取值范围
money	8	－263～263 之间
Smallmoney	4	－231～231－1 之间

货币型数据用于表示与货币有关的数据，也可以归为数值型数据。SQL Server 2005 提供两种货币数据类型：money 和 smallmoney。其表示范围和存储空间如表 3－5 所示。货币数据的精确度为四位小数。

5. bit 型(二进制数据)

bit 型数据用来存放逻辑值，代表 True 或 False、Yes 或 No。其取值有两种情况：0 和 1。

6. Unicode 字符型

Unicode 是"统一字符编码标准"，用于支持国际上非英语语种的字符数据的存储和处理。SQL Server 的字符型可以存储 Unicode 标准字符集定义的各种字符。Unicode 数据包括 nchar(n)和 nvarchar(n)两种。

表 3－8　　**Unicode 字符型存储类型**

类型名	说明		
nchar(n)	定长	处理 unicode 数据类型(所有的字符使用两个字节表示)	n 的值必须介于 1 与 4,000 之间。存储大小为 n 字节的两倍
nvarchar(n)	变长	处理 unicode 数据类型(所有的字符使用两个字节表示)	n 的值必须介于 1 与 4,000 之间。字节的存储大小是所输入字符个数的两倍。所输入的数据字符长度可以为零

对用户来说，数据类型 nchar、nvarahar 与 char、varchar 在使用时几乎一样，只是前者使用的是 Unicode 字符集，而后者使用 ASCII 字符集。

3.1.2 用户自定义数据类型

在 SQL Server2005 中，允许用户使用自定义的数据类型。

SQL Server 为用户提供了两种方法来创建自定义数据类型：

●使用 SSMS 创建用户自定义数据类型；

●利用系统存储过程创建用户自定义数据类型。

1. 使用 SSMS 创建用户自定义数据类型

如图 3－1 所示，在 SSMS 中，打开指定的服务器和数据库项，选择并展开"程序→类型"项；

如图 3－2 所示，接下来用右键单击"用户自定义数据类型"选项，从弹出的快捷菜单中选择"新建"命令，出现用户定义的数据类型属性对话框。

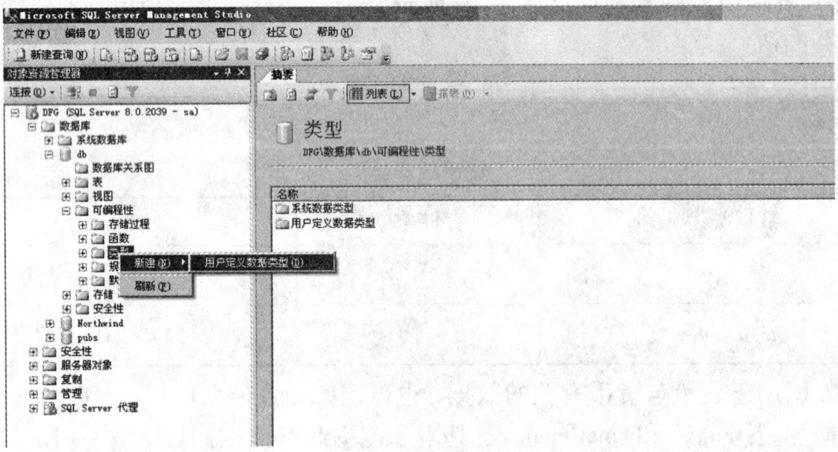

图 3－1　打开用户定义的数据类型窗口

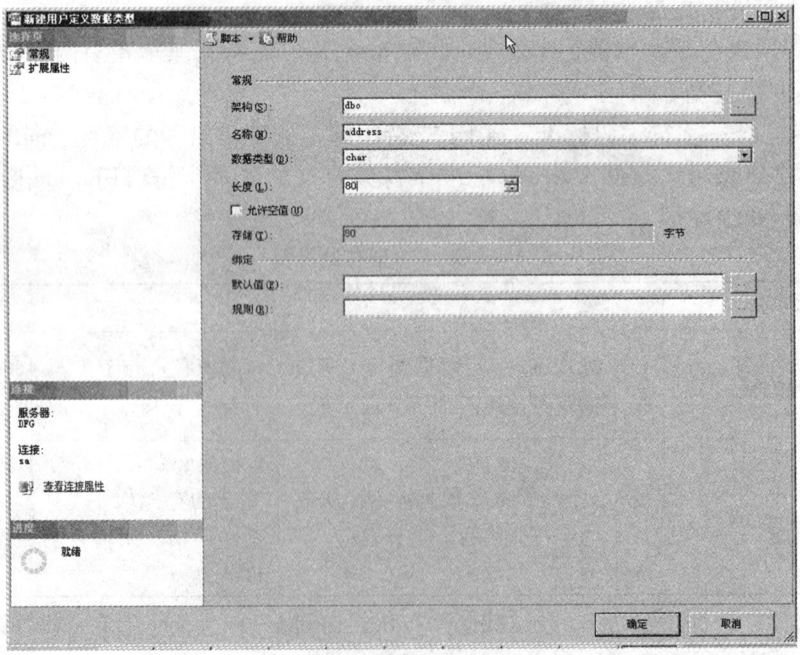

图 3－2　用户定义的数据类型属性对话框

2. 利用系统存储过程创建用户自定义数据类型

【例3－1】自定义一个地址(address)数据类型。

程序清单如下:

exec sp_addtype address, 'varchar(80)', 'not null'

exec 为执行存储过程指令。

在 SQL Server2005 中, 系统为我们提供了一个名为 sp_addtype 的存储过程, 作用是为用户提供使用 T_SQL 语句创建自定义数据类型的途径。

用 T_SQL 语句创建自定义数据类型的语法形式如下:

sp_addtype [@typename =] type,

[@phystype =] system_data_type

[, [@nulltype =] 'null_type']

[, [@owner =] 'owner_name']

type 是用户自定义的数据类型名称, system_data_type 是自定义数据类型对应的系统数据类型, nulltype 表示是否允许为空, ownername 表示所有者。

3.2　子任务:创建表

设计数据库时, 我们已经确定了数据库的功能, 对应这些功能需要什么样的表, 需要多少个表, 各个表所具有的结构、存取权限, 以及各表中需要存放哪些数据等。

在 SQL Server 2005 中提供了两种创建表的方法:

●方法一:在 SSMS(SQL Server Management Studio)中创建表;

●方式二:在查询分析器中通过执行 T－SQL 语句创建表。

3.2.1 使用 SSMS 创建表

1. 使用 SSMS 可以非常直观地修改数据库结构和添加数据。

如图3－3 所示, 在 SSMS 中, 展开指定的服务器和数据库, 打开想要创建新表的数据库; 右击表对象, 并从弹出的快捷菜单中选择“新建表”选项。

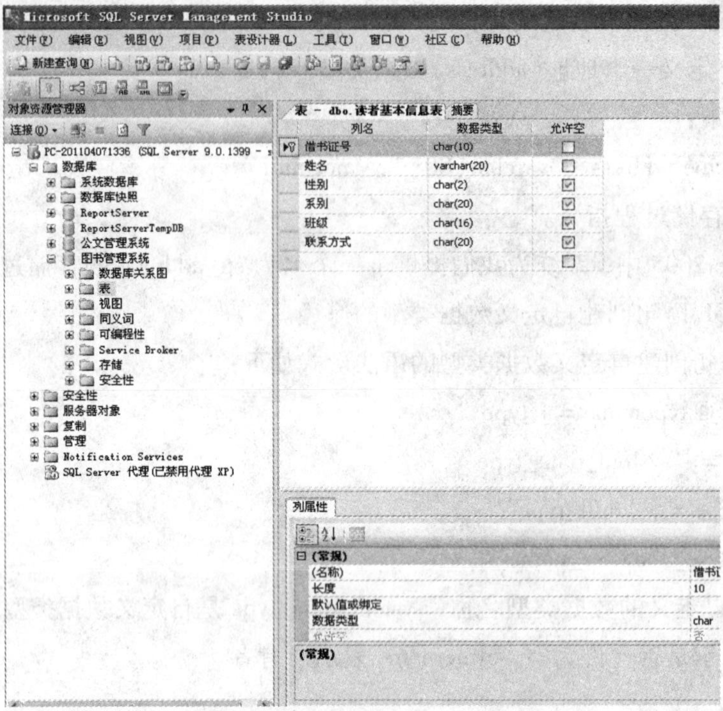

图 3-3 新建表对话框

如图 3-4 所示，在表中任意行上右击，则弹出一个快捷菜单，可以对表的结构进行更改，设置主键及字段属性。

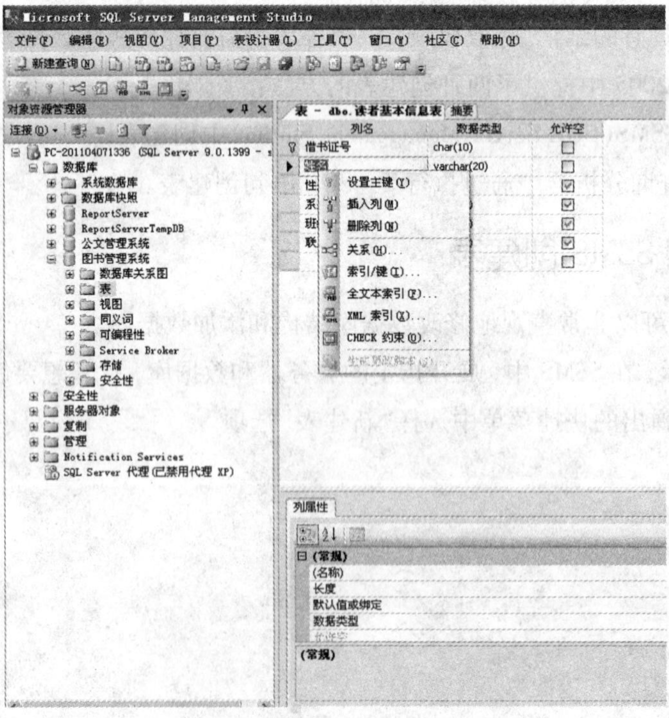

图 3-4 设置字段属性对话框

"列名"即字段的名称。在同一表中，列名是惟一的，不能重复。

"数据类型"即字段的数据类型。

"允许空"用于指定该字段是否允许空值（表示未知、不可用或将在以后添加的数据）存在。不允许为空值存在时，则将"允许空"列中的复选框清除掉。

3.2.2 使用查询编辑器创建表

【例3-2】创建一个读者基本信息表，它包括借书证号、姓名、性别、系别、班级和联系方式。

(1)从开始菜单打开 SQL Server2005 查询分析器（Query Analyzer）；

(2)在 SSMS 工具栏上单击"新建查询"按钮；

(3)在查询分析器中输入 SQL 指令创建表，对表设置几种不同的选项，包括表名、存放位置和列的属性等。

SQL 命令语句如下：

```
CREATE TABLE 读者基本信息表
(借书证号　char(10)　not null,
姓名　varchar(20)　not null,
性别　char(2)　null,
系别　char(20)　null,
班级　char(16)　null,
联系方式　char(20)　null
)
```

●使用查询分析器输入 create 命令创建表的完整语法形式如下：

```
CREATE TABLE
[数据库名.[所有者].|所有者.]表名
({<列定义>|列名 AS 列值表达式|<表约束>}[, …n])
[ON{ 存储表的文档组名|默认值}]
[TEXTIMAGE_ON { 文件组|默认值}]
<列定义>::={列名 数据类型}
[COLLATE <校验方式>]
[[DEFAULT 常量表达式]|[IDENTITY[(标识列初始值,标识增量 )[NOT FOR REPLICATION]]]]
[ROWGUIDCOL]
[ <列约束>][...n]
```

其中，部分子句、参数的含义以下：

①[ON{ 存储表的文档组名|默认值}]:用于指定存储表的文档组名。

②[TEXTIMAGE_ON { 文件组|默认值}]:用于指定 text、ntext 和 image 列的数据存储的文件组。

③[[DEFAULT 常量表达式]:用于指定列的默认值。

④IDENTITY[(标识列初始值,标识增量):用于将列指定为标识列。

⑤NOT FOR REPLICATION:用于指定列的 IDENTITY 属性，在把从其他表中复制的数据

插入到表中时不发生作用，即不生成列值，使得复制的数据行保持原来的列值。

⑥[ROWGUIDCOL]:用于将列指定为全局惟一标识行号列。

3.3 子任务:实现数据完整性

3.3.1 使用约束

约束是保证数据完整性的有效方法，通过限制行、列和表中的数据，以确保数据的真实性和准确性。我们可以在创建数据库表的过程中定义约束，实现数据完整性。

在 SQL Server 2005 中有 6 种约束:主键约束(primary key constraint)、惟一性约束(unique constraint)、检查约束(check constraint)、默认约束(default constraint)、外部键约束(foreign key constraint)和空值(NULL)约束。

【例 3-3】分析图书管理数据库的读者基本信息表，为该表设置约束条件，以保证数据完整性。

分析:

一般的，每个读者的借书证号都是惟一的，这时，为避免输入错误，就需要对借书证号所在列进行约束，以保证借书证号的惟一性。

在借阅信息表中，有一列也是借书证号，在借书时，必须保证该借书证号在读者基本信息表中存在，否则就会出错。

这时，就需要在借阅表和读者表之间建立一种联系，这种联系就是一种约束。在定义好约束后，执行插入、删除和修改操作时，系统会自动检查各种约束条件，只有符合约束条件的操作才能执行。

●完整性约束的基本语法格式为:

[CONSTRAINT constraint_name(约束名)] <约束类型>

约束不指定名称时，系统会给定一个名称。

1. 主键约束

主键的创建操作方法有两种:SSMS 操作法和 Transact-SQL 语句操作法。

(1)SSMS 方法创建主键

【例 3-4】在图书管理系统数据库的借阅信息表中，为序号一列设置主键约束。

如图 3-5 所示。在 SSMS 界面中，在需要创建主键约束的字段上单击右键，从弹出菜单中选择“主键”。

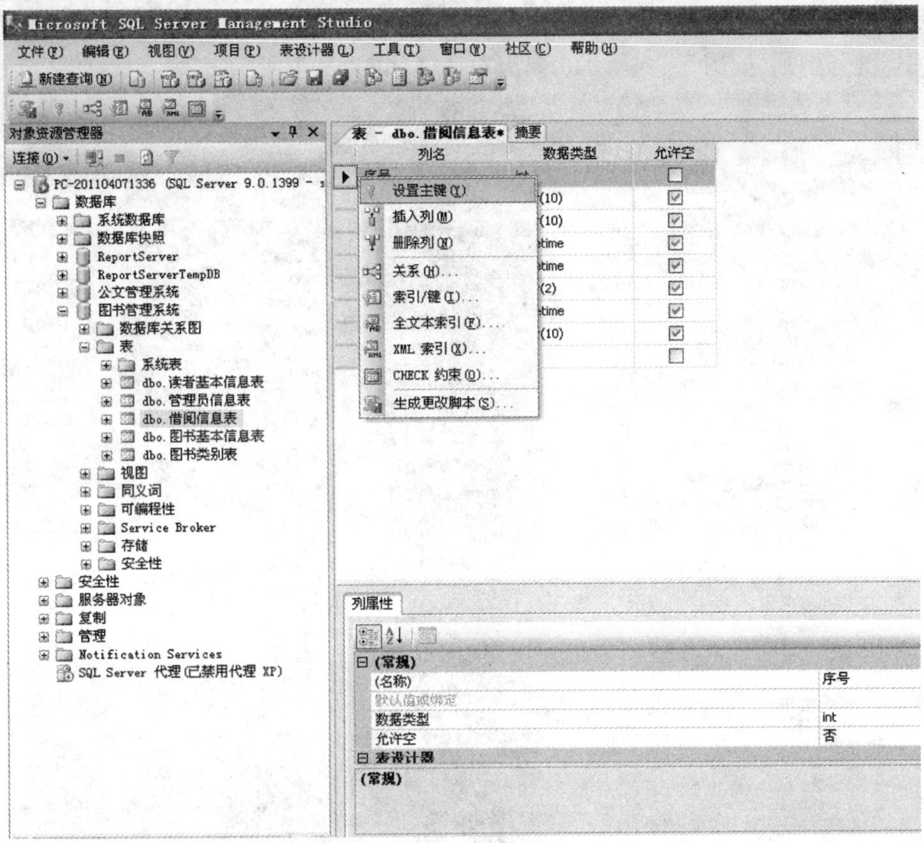

图 3-5 选择字段设置主键接口

被定义为主键的字段列，是惟一能够确定表中每一条记录的标识符，字段值不能为NULL，也不能重复，以此来保证实体的完整性。

(2)用 Transact - SQL 语句创建主键

【例 3-5】在图书管理数据库的读者基本信息表中，为管理员编号一列设置主键约束。

```
CREATE TABLE 管理员信息表
(
管理员编号  char(10)  NOT NULL,
管理员姓名  varchar(20)  NOT NULL,
密码  varchar(16)  NOT NULL,
CONSTRAINT 主键约束 1 PRIMARY KEY(管理员编号)
)
```

●使用 Transact - SQL 语句设置主键约束，其语法形式如下：

```
CONSTRAINT  constraint_name
PRIMARY  KEY  [CLUSTERED|NONCLUSTERED]
(column_name)
```

2. 惟一性约束

创建惟一性约束的方法也有两种：通过 SSMS 可以完成创建和修改惟一性约束的操作；使用 Transact - SQL 语句完成惟一性约束的操作。

通过 SSMS 创建惟一性约束，在需要创建惟一性约束的字段上单击右键，从弹出菜单中选择“索引/键”选项，如图 3－6 所示，弹出对话框如图 3－7 所示。

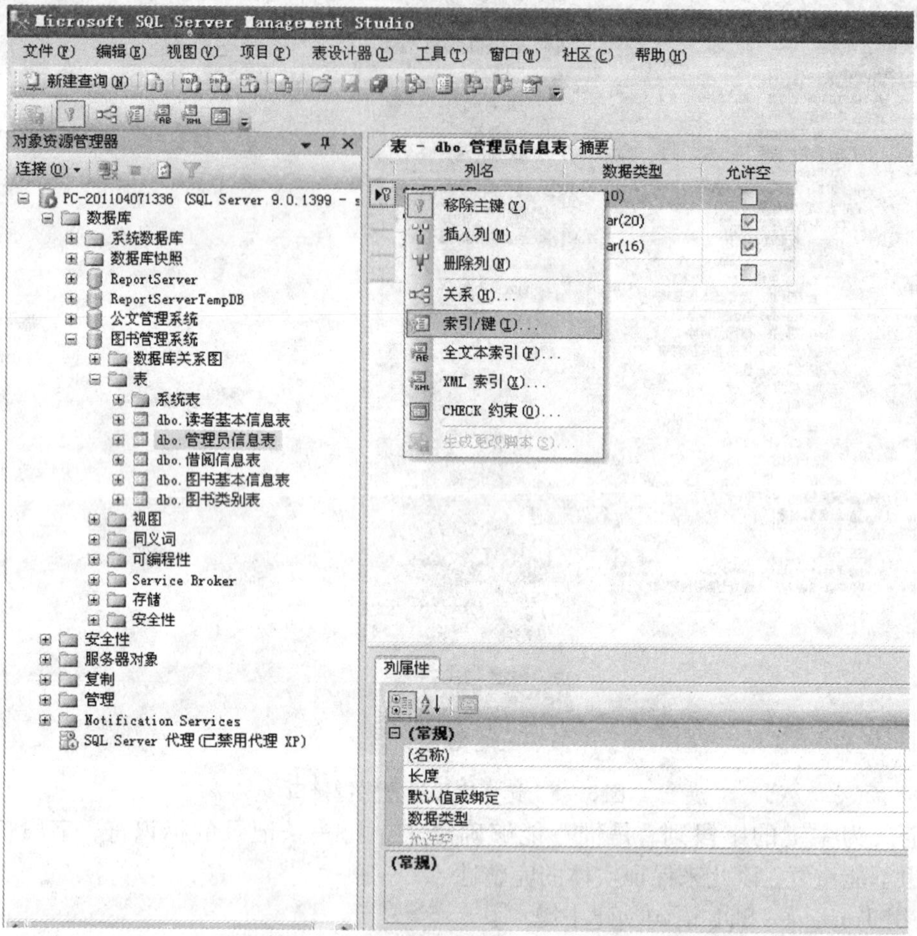

图 3－6　创建惟一性约束选择接口

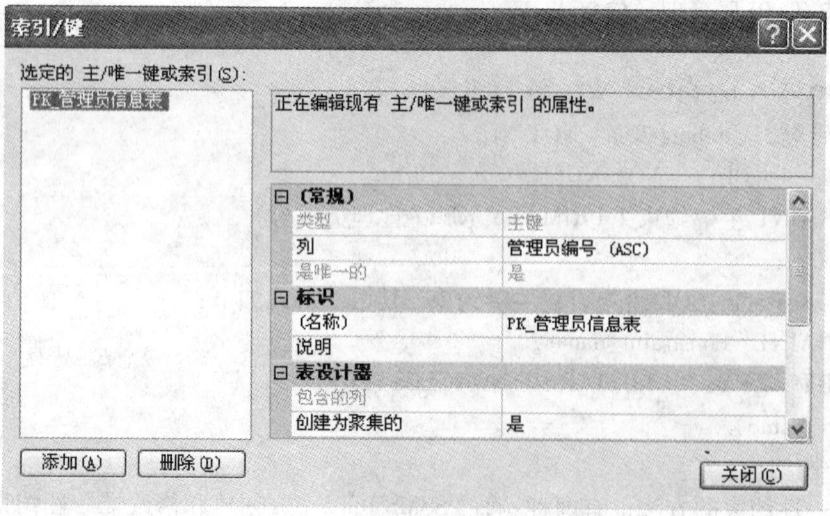

图 3－7　创建惟一性约束对话框

惟一性约束用于指定一个或者多个列的组合值具有惟一性，以防止在列中输入重复的值。定义了UNIQUE约束的那些列称为惟一键，系统自动为惟一键建立惟一索引，从而保证了惟一键的惟一性。

当使用惟一性约束时，需要考虑以下几个因素：

(1)使用惟一性约束的字段允许为空值；

(2)一个表中可以允许有多个惟一性约束；

(3)可以把惟一性约束定义在多个字段上；

(4)惟一性约束用于强制在指定字段上创建一个惟一性索引；

(5)默认情况下，创建的索引类型为非聚集索引。

【例3-6】使用Transact-SQL语句创建一个读者信息表，其姓名具有惟一性。

```
CREATE  TABLE  读者基本信息表
(借书证号  char(10)  not null,
姓名  varchar(20)  not null,
性别  char(2)  null,
系别  char(20)  null,
班级  char(16)  null,
联系方式  char(20)  null,
CONSTRAINT  主键约束  PRIMARY  KEY(借书证号),
CONSTRAINT  唯一约束  UNIQUE(姓名))
```

●使用Transact-SQL语句完成惟一性约束的操作，其语法形式如下：

```
CONSTRAINT  constraint_name
UNIQUE  [CLUSTERED|NONCLUSTERED]
(column_name[,…n])
```

【注意】PRIMARY KEY与UNIQUE约束类似，通过建立惟一索引来保证基本表在主键列取值的惟一性，但它们之间存在着很大的区别：

(1)在一个基本表中只能定义一个PRIMARY KEY约束，但可定义多个UNIQUE约束；

(2)对于指定为PRIMARY KEY的一个列或多个列的组合，其中任何一个列都不能出现空值，而对于UNIQUE所约束的惟一键，则允许为空。

(3)不能为同一个列或一组列既定义UNIQUE约束，又定义PRIMARY KEY约束。PRIMARY KEY既可用于列约束，也可用于表约束。

3. 检查约束

创建检查约束常用的操作方法有如下两种：使用SSMS创建检查约束；用Transact-SQL语句创建检查约束。

使用SSMS创建检查约束，在需要创建CHECK约束的字段上单击右键，在弹出的菜单中选择“CHECK约束”，弹出如图3-8所示的对话框，单击“添加”按钮，创建检查约束。

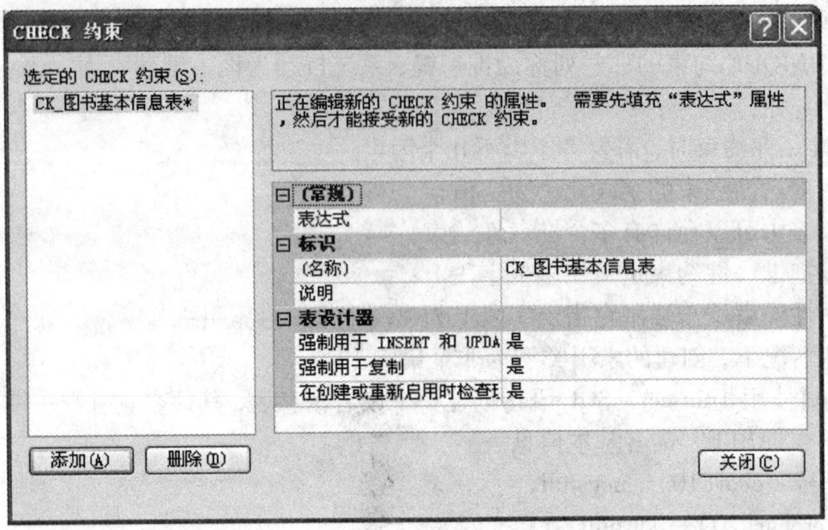

图 3－8 创建 CHECK 约束对话框

检查约束对输入列或者整个表中的值设置检查条件，以限制输入值，保证数据库数据的完整性。

当使用检查约束时，应该考虑和注意以下几点：

(1)一个列级检查约束只能与限制的字段有关；

(2)一个表级检查约束只能与限制的表中字段有关；

(3)一个表中可以定义多个检查约束；

(4)每个 CREATE TABLE 语句中每个字段只能定义一个检查约束；

(5)在多个字段上定义检查约束，则必须将检查约束定义为表级约束；

(6)当执行 INSERT 语句或者 UPDATE 语句时，检查约束将验证数据；

(7)检查约束中不能包含子查询。

【例 3－7】使用 Transact－SQL 语句建立一个 SC 表，定义 SCORE 的取值范围为 0 到 100 之间。

程序清单如下：

```
CREATE  TABLE  SC
(SNO  CHAR(5),
CNO  CHAR(5),
SCORE  NUMERIC(5,1)
CONSTRAINT  SCORE_CHK  CHECK(SCORE >=0  AND  SCORE <=100))
```

●用 Transact－SQL 语句创建检查约束。其语法形式如下：

```
CONSTRAINT  constraint_name
CHECK  [NOT FOR REPLICATION]
(logical_expression)
```

4. 默认(DEFAULT)约束

创建默认约束常用的操作方法有如下两种：使用 SSMS 创建默认约束；创建默认约束的 Transact－SQL 语句操作法。

使用 SSMS 创建默认约束，如图 3－9 所示。在表设计窗体上，选择要设置默认约束的字段，在“列属性”位置中的“默认值或绑定”对应的位置输入默认值。

图 3－9 创建默认约束界面

默认约束指定在插入操作中如果没有提供输入值时，则系统自动指定值。默认约束可以包括常量、函数、不带变元的内置函数或者空值。

使用默认约束时，应该注意以下几点：

(1)每个字段只能定义一个默认约束；

(2)如果定义的默认值长于其对应字段的允许长度，那么输入到表中的默认值将被截断；

(3)不能加入到带有 IDENTITY 属性或者数据类型为 timestamp 的字段上；

(4)如果字段定义为用户定义的数据类型，而且有一个默认绑定到这个数据类型上，则不允许该字段有默认约束。

【例 3－8】使用 Transact－SQL 语句为“读者基本信息表”中的性别字段设置默认值为“男”的默认约束。

```
CONSTRAINT 性别约束 DEFAULT '男' FOR 性别
```

●创建默认约束的 Transact－SQL 语句操作法。其语法形式如下：

```
CONSTRAINT constraint_name
DEFAULT constraint_expression [FOR column_name]
```

5. 外部键约束

创建外键约束最简单的方法就是使用 SSMS 进行设置。在需要设置外键约束的字段上单击右键，选择“关系”菜单项，弹出如图 3－10 所示界面，单击左侧“添加”按钮进行约束的添加操作，然后选择右侧“表和列规范”对应的按钮，弹出如图 3－11 所示界面，选择好主键和外键的对应关系，点击“确定”完成外键约束的设置。

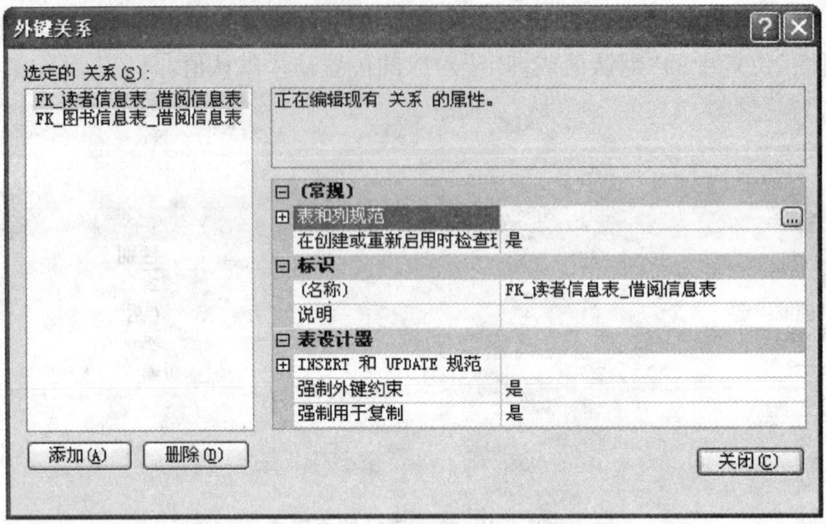

图 3－10　外部键约束设置界面

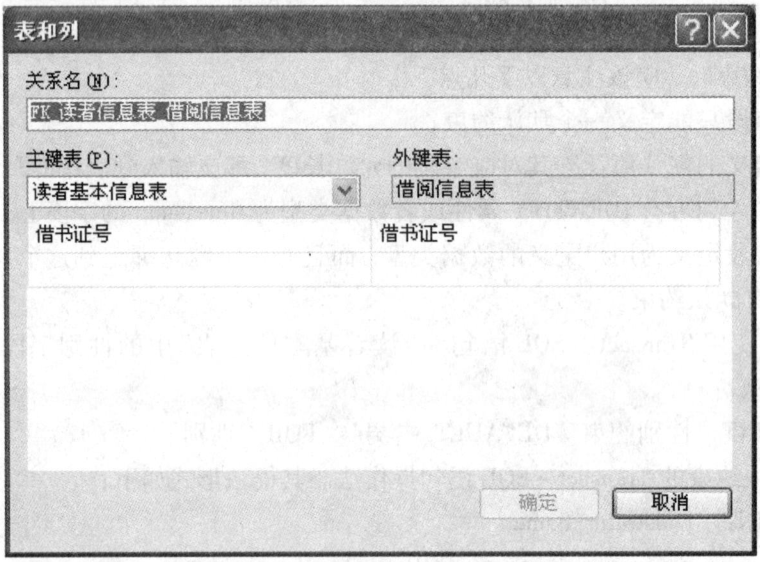

图 3－11　外键对应关系对话框

外键（FOREIGN KEY）是用于建立和加强两个表数据之间的联接的一列或多列。外部键约束用于强制参照完整性。

当使用外部键约束时，应该考虑以下几个因素：

(1)外部键约束提供了字段参照完整性；

(2)外部键从句中的字段数目和每个字段指定的数据类型都必须和 REFERENCES 从句中的字段相匹配；

(3)外部键约束不能自动创建索引，需要用户手动创建；

(4)用户想要修改外部键约束的数据，必须有对外部键约束所参考表的 SELECT 权限或者 REFERENCES 权限；

(5)参考同一表中的字段时，必须只使用 REFERENCES 子句，不能使用外部键子句；

(6)一个表中最多可以有 31 个外部键约束；

(7)在临时表中，不能使用外部键约束；

(8)主键和外部键的数据类型必须严格匹配。

6. 空值(NULL)约束

空值(NULL)约束用来控制是否允许该字段的值为 NULL。NULL 值不是 0 也不是空白，更不是填入字符串的“NULL”字符串，而是表示“不知道”、“不确定”或“没有数据”的意思。

空值约束的设置方法就是在表设计界面中每个字段对应的“允许空”项目中进行设置，如图 3－12 所示。

列名	数据类型	允许空
序号	int	☐
借书证号	char(10)	☑
图书编号	char(10)	☑
借阅日期	datetime	☑
应归还日期	datetime	☑
是否归还	char(2)	☑
归还日期	datetime	☑
管理员编号	char(10)	☑
		☐

图 3－12　空值约束设置界面

3.3.2 使用规则

【例 3－9】在图书基本信息表中使用规则，使图书定价不高于 200 元。

CREATE RULE 定价规则 AS 定价 <200

EXECUTE sp_bindrule‘定价规则’,‘图书基本信息表.定价’

规则也是一种数据库对象，可以绑定到一列或多列上，作用与 CHECK 约束相似，在插入数据行时，指定接受的数据值的范围。

规则对象在功能上与 CHECK 约束是一样的，只是在使用上有所区别：

(1)CHECK 约束是和表的定义联系在一起的，删除表的同时 CHECK 约束也被删除；

(2)规则对象作为一种单独存储的数据库对象，独立于表之外(用 CREATE RULE 定义)，删除表时并不删除规则对象(用 DROP RULE 删除)。

●使用 T－SQL 语句 CREATE RULE 创建规则对象语法格式：

CREATE RULE 规则名 AS 规则条件

●使用 T－SQL 语句EXECUTE sp_bindrule 绑定规则对象语法格式：

EXECUTE sp_bindrule‘规则名’,‘表名.列名’

3.3.3 使用默认

【例 3－10】在读者基本信息表上使用默认，使读者性别为“男”。

CREATE DEFAULT 性别默认 AS‘男’

EXECUTE sp_bindefault ‘性别默认’,‘读者基本信息表.性别’

默认是一种数据库对象，可以绑定到一列或多列上，作用与 DEFAULT 约束相似，在插入数据行时，为没有指定数据的列提供事先定义的默认值。

默认对象在功能上与默认约束是一样的，在使用上有所区别：

默认约束是和表的定义联系在一起的，删除表的同时默认约束也被删除；

默认对象作为一种单独存储的数据库对象，独立于表之外（用 CREATE DEFAULT 定义），删除表时并不删除默认对象（用 DROP DEFAULT 删除）。

●使用 T-SQL 语句 CREATE DEFAULT 创建默认对象语法格式：

CREATE DEFAULT 默认对象名 AS 默认值

●使用 T-SQL 语句EXECUTE sp_bindefault 绑定默认对象语法格式：

EXECUTE sp_bindefault ‘默认名’,‘表名.列名’

3.4 子任务：查看和修改表

3.4.1 查看表信息

当在数据库中创建了表后，有时需要查看表的有关信息。比如表的属性、定义、数据、字段属性和索引等。尤其重要的是查看表内存放的数据，另外有时需要查看表与其他数据库对象之间的依赖关系。

1. 查看表定义

在 SSMS 中用鼠标右键单击需要查看的表，选择弹出菜单中“属性”选项，弹出如图 3-13 所示对话框，在该对话框中查看表定义。

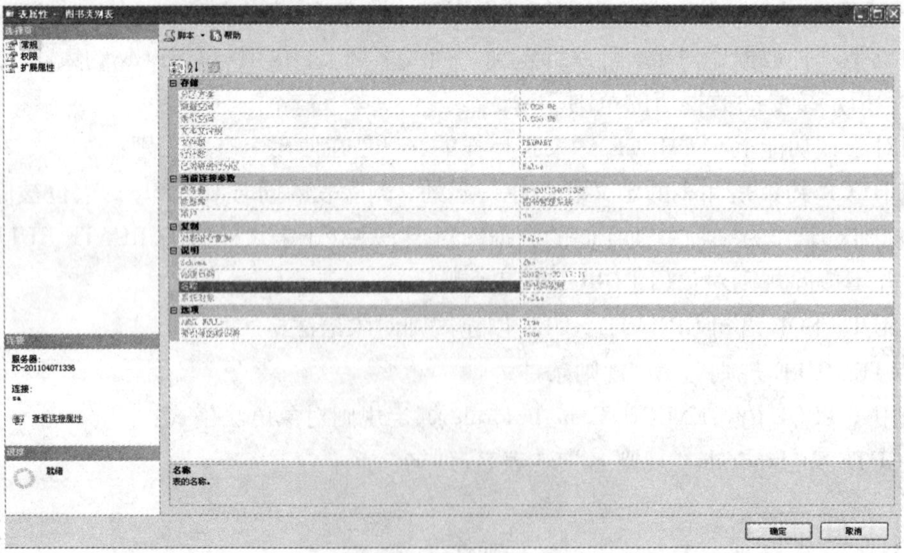

图 3-13 表属性对话框

2. 查看表中数据

在 SSMS 中用鼠标右键单击需要查看的表，选择弹出菜单中“打开表”选项，从弹出的对话框中可以查看表中存放的数据，同时具有管理权限的用户还可以对表中的数据进行修改、添加、删除等操作，如图 3－14 所示。

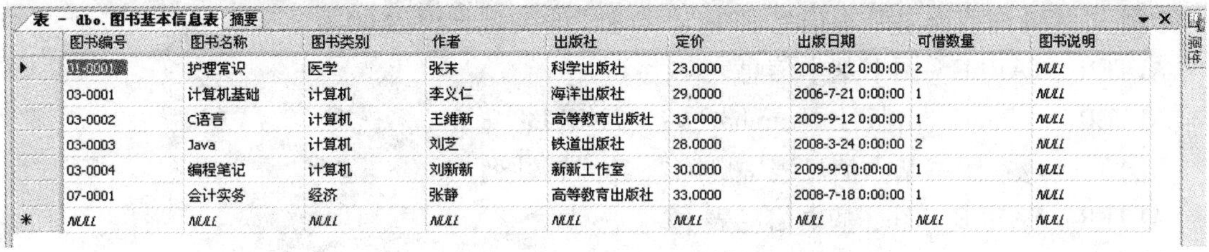

图书编号	图书名称	图书类别	作者	出版社	定价	出版日期	可借数量	图书说明
01-0001	护理常识	医学	张末	科学出版社	23.0000	2008-8-12 0:00:00	2	NULL
03-0001	计算机基础	计算机	李义仁	海洋出版社	29.0000	2006-7-21 0:00:00	1	NULL
03-0002	C语言	计算机	王維新	高等教育出版社	33.0000	2009-9-12 0:00:00	1	NULL
03-0003	Java	计算机	刘芝	铁道出版社	28.0000	2008-3-24 0:00:00	2	NULL
03-0004	编程笔记	计算机	刘新新	新新工作室	30.0000	2009-9-9 0:00:00	1	NULL
07-0001	会计实务	经济	张静	高等教育出版社	33.0000	2008-7-18 0:00:00	1	NULL
NULL	NULL	NULL	NULL	NULL	NULL	NULL	NULL	NULL

图 3－14　**显示表中数据对话框**

3.4.2 修改表定义

在 SQL Server 2005 中提供了两种修改表的方式：一种方式是在 SSMS 中修改表，另一种方式是通过执行 T－SQL 语句修改表。

1. 在 SSMS 中修改表

用鼠标右键单击表，选择弹出菜单“修改”选项，进入表设计器进行修改表。直接修改列名、列属性、默认值、标识规范等。或用鼠标右键单击列，通过选择弹出菜单选项，对表进行插入列、删除列、CHECK 约束设置等修改。也可用鼠标拖动列改变列的顺序。修改表如图 3－15 所示。

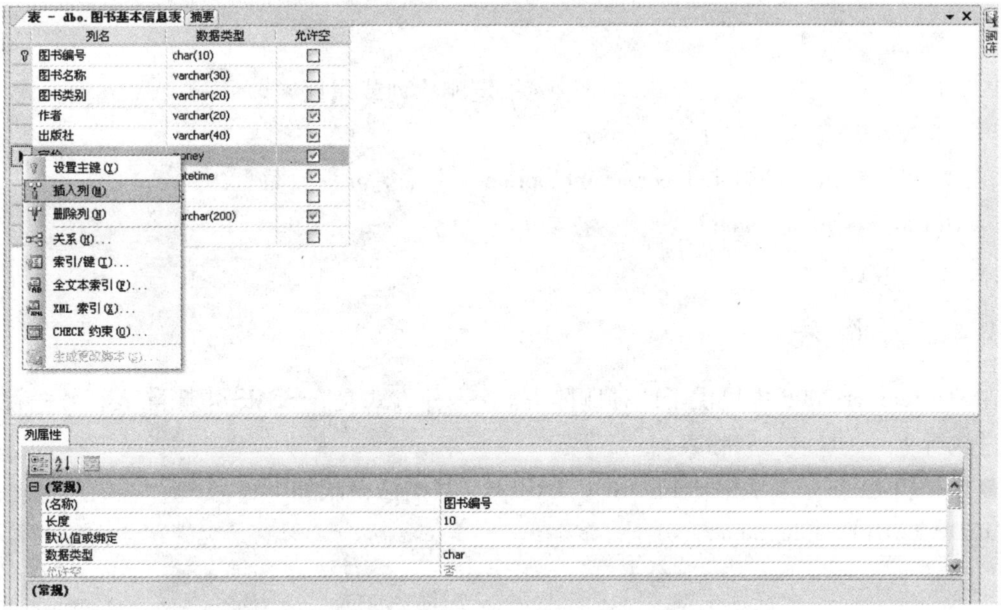

图 3－15　**修改表对话框**

2. 利用 T-SQL 语句修改表

【例 3-11】在图书基本信息表中添加一列“页数”。

```
ALTER  TABLE  图书基本信息表
ADD  页数  int  NULL
```

【例 3-12】修改图书基本信息表中“出版社”的类型长度为 60。

```
ALTER  TABLE  图书基本信息表
ALTER  column  出版社  varchar(60)  NULL
```

【例 3-13】在图书基本信息表中删除“定价”属性列。

```
ALTER  TABLE  图书基本信息表
DROP column 定价
```

●T-SQL 提供了表修改语句 ALTER TABLE。其语法格式如下：

```
ALTER TABLE [ database_name . [ schema_name ] . | schema_name . ]
    table_name                          /* 指定表名 */
{ ALTER COLUMN column_name                          /* 指定修改的列 */
    { [ type_schema_name. ] type_name [ ( { precision [ , scale ] /* 指定修改属性 */
      | max | xml_schema_collection } ) ]
      [ NULL | NOT NULL ]
      [ COLLATE collation_name ]
      | {ADD | DROP } { ROWGUIDCOL | PERSISTED }
    }
} [ ,...n ]
| DROP                                  /* 指定删除列或属性 */
{ [ CONSTRAINT ] constraint_name
[ WITH ( <drop_clustered_constraint_option> [ ,...n ] ) ]
| COLUMN column_name
} [ ,...n ]
```

3.4.3 删除表

在 SQL Server 2005 中提供了两种删除方式：一种方式是在 SSMS 中删除表，另一种方式是通过执行 T-SQL 语句删除表。

●T-SQL 提供了表删除语句 DROP TABLE。其语法格式如下：

```
DROP TABLE table_name
```

实训3 创建和修改图书管理系统中的表

通过之前的学习，我们知道了数据库以及表的创建方法，概念模型（E－R图）向关系模型的转换方法，根据分析确定了图书管理系统的关系模型为：

管理员信息表（管理员编号，管理员姓名，密码）

读者基本信息表（借书证号，姓名，性别，系别，班级，联系方式）

图书基本信息表（图书编号，图书名称，图书类别，作者，出版社，定价，出版日期，可借数量，图书说明）

图书类别表（图书类别编号，图书类别名称）

借阅信息表（序号，借书证号，图书编号，借阅日期，应归还日期，是否归还，归还日期，管理员编号）

1. 利用SSMS创建图书管理系统中的表

根据上述关系模型，使用SSMS创建下述格式图书管理系统数据库表结构。管理员信息表结构如表3－9所示。

表3－9　　管理员信息表

列名	数据类型	允许空	说明
管理员编号	char(10)	否	主键
管理员姓名	varchar(20)	是	
密码	varchar(16)	是	

读者基本信息表结构如表3－10所示。

表3－10　　读者基本信息表

列名	数据类型	允许空	说明
借书证号	char(10)	否	主键
姓名	varchar(20)	否	
性别	char(2)	是	默认值‘男’
系别	char(20)	是	
班级	char(16)	是	
联系方式	char(20)	是	

图书基本信息表结构如表 3－11 所示。

表 3－11　　图书基本信息表

列名	数据类型	允许空	说明
图书编号	char(10)	否	主键
图书名称	varchar(30)	否	
图书类别	varchar(20)	否	
作者	varchar(20)	是	
出版社	varchar(40)	是	
定价	money	是	
出版日期	datetime	是	
可借数量	int	否	
图书说明	varchar(20)	是	

图书类别表结构如表 3－12 所示。

表 3－12　　图书类别表

列名	数据类型	允许空	说明
图书类别编号	char(10)	否	主键
图书类别名称	varchar(16)	否	

借阅信息表结构如表 3－13 所示。

表 3－13　　借阅信息表

列名	数据类型	允许空	说明
序号	int	否	主键，自动编号
借书证号	char(10)	是	
图书编号	char(10)	是	
借阅日期	datetime	是	
应归还日期	datetime	是	
是否归还	char(2)	是	默认值‘否’
归还日期	datetime	是	
管理员编号	char(10)	是	

2. 利用SQL语句创建图书管理系统中的表

请根据上述表结构，使用Create Table语句创建图书管理系统数据库中的管理员信息表、读者基本信息表、图书基本信息表、图书类别表、借阅信息表。

(1)在上述表中为主键字段设置主键约束。

```
Create Table 管理员信息表
(管理员编号 char(10) NOT NULL Primary Key,
管理员姓名 varchar(20) NULL,
密码 varchar(16) NULL)
```

其他表的创建方式，仿照上述代码。

(2)在读者基本信息表中对'性别'列使用默认约束。

```
Create Table 读者基本信息表
(借书证号 char(10) NOT NULL Primary Key,
姓名 varchar(20) NOT NULL,
性别 char(2) NULL Default '男',
系别 char(20) NULL,
班级 char(16) NULL,
联系方式 char(20) NULL)
```

(3)在图书基本信息表中使用规则。

```
CREATE RULE 定价规则 AS 定价<100
EXECUTE sp_bindrule '定价规则','图书基本信息表.定价'
```

【思考】

(4)在借阅信息表中使用规则，当图书归还时，图书基本信息表中对应的该图书可借数量加1。

(5)在图书基本信息表中使用CHECK约束。

3. 修改图书管理系统中的表

根据系统开发需要，请使用Alter Table语句完成下列操作：

(1)在读者信息表上添加"允许借阅的最大数量"属性。

●Alter Table 读者信息表 Add 允许借阅的最大数量 int NULL

(2)在借阅信息表上删除"管理员编号"属性。

●Delete 管理员编号 from 借阅信息表

(3)在图书类别表上添加"图书分类号"。

●Alter Table 图书类别表 Add 图书分类号 char(10) NULL

阅读材料

1. SQL Server 2005 的内置函数

在数据库的日常管理和维护中，经常会使用到函数来为用户操作提供方便。一般情况下，在允许使用变量、字段和表达式的地方都可以使用函数。函数大致分为两类：系统内置函数和用户自定义函数。在这里我们只介绍系统内置函数。

Microsoft SQL Server 2005 提供了许多内置函数，这些函数可以完成许多特殊的操作，正确使用内置函数，可以大大提高系统的易用性。内置函数大致分为 13 类，每一种类型的函数可以完成某些特定操作，下表 3－14 所示这 13 类函数的名称和主要功能：

表 3－14　　内置函数类型及功能

函数类型	功能
聚合函数	将多个数值合并为一个数值，例如计算合计、平均值等等
配置函数	返回当前配置选项的配置信息
加密函数	支持加密、解密、数字签名验证等操作
游标函数	返回有关游标状态的信息
日期和时间函数	可以执行与日期、时间数据相关的操作
数学函数	执行对数、指数、三角函数、平方根等数学运算
元数据函数	返回数据库和数据库对象的属性信息
排名函数	可以返回分区中的每一行的排名值
行集函数	可以返回一个可用于代替 Transact－SQL 语句中表引用的对象
安全函数	返回有关用户和角色的信息
字符串函数	可以对字符数据执行相关操作
系统函数	对系统的各种选项和对象进行操作或报告
系统统计函数	返回有关 SQL Server 系统性能统计的信息
文本和图像函数	可以执行更改 text 和 image 值的操作

在 Microsoft SQL Server 2005 系统中，根据这些内置函数得到的结果是否能够明确地确定，将内置函数又分为确定性函数和非确定性函数。如果对于一组相同的输入值，函数返回的值始终是确定的，如：SQRT(36) 始终是 6，那这类函数就是确定性函数；如果对于一组相同的输入值，函数的结果可能不相同，如：GETDATE()，每次调用都返回不相同的结果，这类函数称之非确定性函数。

在 Microsoft SQL Server 2005 系统中，所有的配置函数、游标函数、元数据函数、安全函数、系统统计函数等都是非确定性函数。下面主要介绍一些常用的函数，如聚合函数、数学函数、日期时间函数、字符串函数，其他函数的使用参考 SQL Server 帮助。

(1) 聚合函数

聚合函数是对一组值执行计算，并返回单个值。除了 COUNT 以外，聚合函数都会忽略空值。聚合函数经常与 SELECT 语句的 GROUP BY 子句一起使用。所有聚合函数均为确定性函数。Microsoft SQL Server 2005 系统提供了十多个聚合函数，表 3－15 列出常用的聚合函数及其功能。

表 3－15　　常用聚合函数名及功能

函数类型	功能
COUNT(*)	返回组中的项数，返回值是 int 数据类型。
MIN(表达式)	返回表达式的最小值，空值忽略。对于字符数据，则返回按排序序列排序的最小值。
MAX(表达式)	返回表达式的最大值，空值忽略。对于字符数据，则返回按排序序列排序的最大值。
SUM(数值表达式)	返回表达式所有值的总和，空值忽略，只能用于数字表达式。
AVG(数值表达式)	返回表达式所有值的平均值，空值忽略。

(2)数学函数

在数据库的使用中，经常需要对数字数据进行数学运算，数学函数就是对数字表达式进行数学运算并返回运算结果的函数。在 Microsoft SQL Server 2005 系统中提供了很多数学函数，表 3－16 列出常用的数学函数及其功能。

表 3－16　　常用数学函数名及功能

函数类型	功能
ABS(数值型表达式)	绝对值函数，返回指定数值表达式的绝对值。
ACOS(float 表达式)	反余弦函数，返回其余弦是所指定的 float 表达式的角(弧度)。
ASIN(float 表达式)	反正弦函数，返回其正弦是所指定的 float 表达式的角(弧度)。
ATAN(float 表达式)	反正切函数，返回其正切是所指定的 float 表达式的角(弧度)。
ATN2(float 表达式)	反正切函数，返回其正切是所两个表达式之商的角(弧度)。
CEILING(数值型表达式)	返回大于等于表达式的最小整数。
COS(float 表达式)	余弦函数，返回以弧度表示的角的余弦值。
COT(float 表达式)	余切函数，返回以弧度表示的角的余切值。
DEGREES(数值型表达式)	把弧度转换为相应的角度的函数。
EXP(float 表达式)	指数函数，返回表达式的指数值。
FLOOR(数值型表达式)	返回小于等于表达式的最小整数。
LOG(float 表达式)	自然对数函数，返回表达式的自然对数值 。
LOG10(float 表达式)	以 10 为底的常用对数，返回表达式的以 10 为底的对数值。
PI	圆周率函数，返回 14 位小数的圆周率常量值。
POWER(数值型表达式 1，数值型表达式 2)	返回给定表达式乘指定次方的值。
RADIANS(数值型表达式)	把角度转换为相应弧度的函数。

续表

函数类型	功能
RAND(整型表达式)	随机函数，随机返回 0 至 1 之间的 float 数值。
ROUND(数值型表达式，长度)	返回以数值表达式中指定精度的四舍五入值返回的数据。
SIGN(数值型表达式)	符号函数，返回指定表达式的正号、零或负号。
SIN(float 表达式)	正弦函数，返回以弧度表示的角的正弦值。
SQRT(float 表达式)	平方根函数，返回指定表达式的平方根。
SQUARE(float 表达式)	平方函数，返回指定表达式的平方。
TAN(float 表达式)	正切函数，返回以弧度表示的角的正切值。

算术函数(例如 ABS、CEILING、DEGREES、FLOOR、POWER、RADIANS 和 SIGN)返回与输入值具有相同数据类型的值。三角函数和其他函数(包括 EXP、LOG、LOG10、SQUARE 和 SQRT)将输入值转换为 float 并返回 float 值。除 RAND 以外的所有数学函数都为确定性函数。这意味着在每次使用特定的输入值集调用这些函数时，它们都将返回相同的结果。仅当指定种子参数时 RAND 才是确定性函数。

(3)日期、时间函数

日期和时间函数主要用于对 datetime 和 smalldatetime 类型数据的处理。在 Microsoft SQL Server 2005 系统中提供了 9 个日期和时间函数，表 3－17 列出常用的日期和时间函数及其功能。

表 3－17　　常用日期和时间函数名及功能

函数类型	功能
DATEADD(，，)	函数返回指定日期 date 加上指定的额外日期间隔 number 产生的新日期 。
DATEDIFF(，，)	函数返回两个指定日期在的日期和时间差别数。
DATENAME(，)	函数以字符串的形式返回日期的指定部分 。
DATEPART(，)	函数以整数值的形式返回日期的指定部分。
DAY()	返回代表指定日期中天的整数。
GETDATE()	返回当前系统的日期和时间。
GETUTCDATE	返回当前 UTC 日期和时间。
MONTH()	返回代表指定日期中月份的整数。
YEAR()	返回代表指定日期中年份的整数。

(4)字符串函数

在数据库的管理和维护中，字符串函数与数学函数一样，也是经常使用的一类函数。字符串函数可以实现字符串的查找、转换等各种运算。

表 3－18 列出常用的字符串函数及其功能。

表3－18　　常用字符串函数名及功能

函数类型	功能
ASCII( )	函数返回字符表达式最左端字符的 ASCII 码值 。
CHAR( )	函数用于将 ASCII 码转换为字符，如果没有输入 0 ~ 255 之间的 ASCII 码值 CHAR 函数会返回一个 NULL 值 。
LOWER( )	函数把字符串全部转换为小写。
UPPER( )	函数把字符串全部转换为大写。
STR( )	函数把数值型数据转换为字符型数据。
LTRIM( )	函数把字符串头部的空格去掉。
RTRIM( )	函数把字符串尾部的空格去掉。
LEFT( )	返回字符串中从左边开始指定个数的字符。
RIGHT( )	返回字符串中从右边开始指定个数的字符。
SUBSTRING( )	函数返回部分字符串。
CHARINDEX( )	函数返回字符串中某个指定的子串出现的开始位置。

(5)数据类型转换函数

当不同数据类型的数据进行运算时，都需要将其转换为相同的数据类型。在 Microsoft SQL Server 2005 中有一些数据类型系统会自动进行转换，如 integer 与 float 进行相除时，系统会自动将 integer 转换为 float。但是有一些数据类型必须进行强制转换。系统提供了 CAST 和 CONVERT 函数来实现数据类型的转换。

CAST(表达式 AS 数据类型)

●将指定表达式的数据类型显式转换为另一种数据类型。

CONVERT(数据类型[(长度)]，表达式)

●将表达式的值从原有类型转换成指定的数据类型(或长度)。

习　题　三

一、填空题

1. 表的 CHECK 约束是__________的有效性检验规则。

2. 删除数据表使用的 SQL 语句为 ________________。

二、选择题

1. 下面哪个数据类型可以精确指定小数点两边的总位数(　)?

A. float　　B. money　　C. real　　D. decimal

2. 在表中使用 IDENTITY 列时，每张表只允许有(　)IDENTITY 列。

A. 一个　　B. 两个　　C. 三个　　D. 四个

3. SQL 中，下列涉及空值的操作，不正确的语句是(　)。

A. AGE IS NULL　　B. AGE IS NOT NULL

C. AGE = NULL　　D. NOT (AGE IS NULL)

4. 下列哪一个命令为删除 sample 数据库的 tb_name 表(　)?

A. delete from tb_name　　B. delete from sample. tb_name

C. drop table tb_name　　D. drop table sample. tb_name

三、判断题

1. 使用 SQL 语句删除表的语句是 DELETE TABLE。(　)

2. 保证表中字段惟一性的是主键约束。(　)

3. NULL 字段可以用 0 表示。(　)

四、操作题

1. 按要求创建三张表:

顾客表 Customer、定购表 Book 、商品表 Commodity。

(1)表名:CS (Customer)

属性:

ID　字符型　最大 10 个字符　——顾客编号

NAME　字符型　最大 16 个字符　——顾客姓名

SEX　字符型　最大 2 个字符　——性别

TEL　字符型　最大 11 个字符　——移动电话

ADDR　字符型　最大 50 个字符　——家庭住址

约束:

ID——主码;NAME——非空属性;SEX——取值“男”或“女”;MOBILE——惟一性; ADDRESS——默认为 UNKOWN

(2)表名:CM (Commodity)

属性:

ID　字符型　最大 12 个字符　——商品编号

NAME　字符型　最大 20 个字符　——商品名称　(生产日期和保质期)

MANUF　字符型　最大 20 个字符　——生产厂商

PRICE　小数型　最大不超过 4 位数，保留 2 位小数　——商品单价

约束:

ID——主码

(3) 表名:Book

属性:

CSID　字符型　最大 10 个字符　——顾客编号

CMID　字符型　最大 12 个字符　——商品编号

COUNT　整型　——定购数量

约束:

CSID, CMID——主码;定购数量要大于 0;csid,Cmid 是外码

任务4　查询数据

查询功能是SQL语言的核心功能，是数据库中使用最多的操作。数据库操作中最基本的语句之一是SELECT查询语句。

4.1　子任务：单表查询

4.1.1 查询选择列

选择列指的是通过限定返回结果的列组成结果表。

1. 选择所有列

【例4-1】查询图书基本信息表所有信息。

SELECT * FROM 图书基本信息表

结果　消息

	图书编号	图书名称	图书类...	作者	出版社	定价	出版日期	可借数...	图书说明
1	01-0001	护理常识	医学	张末	科学出版社	23.00	2008-08-12 00:00:00.000	2	NULL
2	03-0001	计算机基础	计算机	李义仁	海洋出版社	29.00	2006-07-21 00:00:00.000	1	NULL
3	03-0002	C语言	计算机	王维新	高等教育出版社	33.00	2009-09-12 00:00:00.000	1	NULL
4	03-0003	Java	计算机	刘芝	铁道出版社	28.00	2008-03-24 00:00:00.000	2	NULL
5	03-0004	编程笔记	计算机	刘新新	新新工作室	30.00	2009-09-09 00:00:00.000	1	NULL
6	07-0001	会计实务	经济	张静	高等教育出版社	33.00	2008-07-18 00:00:00.000	1	NULL

图4-1　图书基本信息表所有信息查询结果

【例4-2】查询管理员信息表所有信息。

SELECT 管理员编号，管理员姓名，密码 FROM 管理员信息表

结果　消息

	管理员编号	管理员姓...	密码
1	0001	张丽	1
2	0002	王伟	2
3	0003	李华	3
4	0004	李静	4
5	0005	刘云	5

图4-2　将所有列名列出的查询结果

选择所有列指的是选择一个表中的全部列。可以将所有列名都列出，各列之间用逗号隔开，也可以使用符号“*”。

●SELECT语句的基本语法格式

SELECT　[ALL |DISTINCT] <目标列名>

FROM　<表名> | <视图名>

[WHERE <查询条件表达式>]

[GROUP BY <分组依据列>]

[HAVING <组条件>]

[ORDER BY <排序依据列>[ASC|DESC]]

其中，部分子句、参数的含义如下：

(1)目标列名：指定查询输出列，当查询全部时，可简写为“*”。

(2)DISTINCT 关键字用于在 SELECT 语句的结果中过滤重复的数据行，使用 DISTINCT 关键字的列或者一组列，在结果集中一定是惟一的，DISTINCT 将消除重复行。ALL 为默认选项，ALL 显示所有(包含重复行)。ALL 关键字后跟子查询，用于比较 ALL 关键字前面的表达式和其后面的子查询的结果集合。

(3)WHERE 子句：指定查询的条件，用来实现从表中找出满足条件的记录。

(4)GROUP BY 子句：将查询的结果按分组依据列进行分组，当属性列相等时分为一组。

(5)HAVING 子句：通常用于指定组的选择条件。HAVING 子句只能与 SELECT 语句一起使用，它用于指定组或聚合的搜索条件，该子句也经常用于统计分析等操作。HAVING 通常在 GROUP BY 子句中使用，如果不使用 GROUP BY 子句，则 HAVING 的行为与 WHERE 子句一样。

(6)ORDER BY 子句：将查询结果按排序依据列进行排序。ASC 为升序，DESC 为降序。

2. 选择指定列

【例 4-3】查询图书基本信息表中作者和出版社。

SELECT 作者，出版社 FROM 图书基本信息表

	作者	出版社
1	张末	科学出版社
2	李义仁	海洋出版社
3	王维新	高等教育出版社
4	刘芝	铁道出版社
5	刘新新	新新工作室
6	张静	高等教育出版社

图 4-3 指定列的查询结果

选择指定列指的是选择一个表中的部分列，各列名之间用逗号隔开。

3. 定义列别名

查询结果默认输出的列名都是建表时的列名。但有时用户希望查询结果输出时，显示自己指定的列名显示，这时就可以定义表列的别名。SELECT 语句使用 AS 关键字来定义别名。

【例 4-4】查询读者基本信息表所有读者姓名，其别名是 name。

SELECT 姓名 AS name FROM 读者基本信息表

	name
1	张丽
2	王伟
3	刘力林
4	王大力
5	李晶

4－4　**使用列别名的查询结果**

4. 替换结果中数据

在对表进行查询时，有时希望对所查询的某些列使用表达式进行计算。SELECT 语句支持表达式的使用。

【例 4－5】查询所有学生的分数信息，如果分数大于等于 80，则为“优秀”；大于等于 60，则为“及格”；小于 60，则为“不及格”。使用 CASE 函数给每个学生的分数设定等级。

```
SELECT 学号,课程号,分数,等级 =
CASE
  WHEN 分数 > =80 THEN ‘优秀’
  WHEN 分数 > =60 THEN ‘及格’
  ELSE ‘不及格’
END
FROM 成绩表
```

4.1.2 查询选择行(记录)

选择行指的是通过限定返回结果的行组成结果表。选择行可以和选择列一起使用。

1. 消除结果中重复行

【例 4－6】查询所有读者所在的系名称。

```
SELECT DISTINCT 系别 FROM 读者基本信息表
```

	系别
1	财经系
2	护理系
3	临床系
4	信息系

图 4－5　消除重复行的查询结果

在对表进行查询时，有时查询结果有许多重复行。SELECT 语句使用 DISTINCT 关键字消除结果中的重复行。其语法格式如下：

```
DISTINCT column_name [ ,column_name… ]
```

【注意】DISTINCT 关键字对后面的所有列消除重复行。一个 SELECT 语句中 DISTINCT 只能出现一次，而且必须放在所有列名之前。

2. 限制结果返回行数

【**例 4-7**】查询读者基本信息表中前 3 名读者的信息。

SELECT TOP 3 * FROM 读者基本信息表

	借书证号	姓名	性...	系别	班级	联系方式
1	000001	张丽	女	护理系	护理8班	13111332314
2	000002	王伟	男	临床系	临床1班	13933323418
3	000003	刘力林	男	信息系	计算机1班	13777232323

图 4-6　返回前三行的查询结果

从上例中我们不难看出，如果 SELECT 语句返回结果有很多行，可以使用 TOP 关键字限定返回行数。

在 SQL Server 2000 中，关键字 TOP 后只能常数数值。

在 SQL Server 2005 中进行了改进，TOP 后还可以使用数值表达式。其语法格式如下：

TOP n [PERCENT]

【**注意**】其中 n 表示返回结果的前 n 行，n PERCENT 表示返回结果的前 n% 行。

3. 限制结果返回行的条件

(1)表达式比较

【**例 4-8**】在图书基本信息表中查询高等教育出版社出版的图书。

SELECT * FROM 图书基本信息表 WHERE 出版社 =‘高等教育出版社’

	图书编号	图书名称	图书类...	作者	出版社	定价	出版日期	可借数...	图书说明
1	03-0002	C语言	计算机	王维新	高等教育出版社	33.00	2009-09-12 00:00:00.000	1	NULL
2	07-0001	会计实务	经济	张静	高等教育出版社	33.00	2008-07-18 00:00:00.000	1	NULL

图 4-7　限制返回条件的查询结果

在 WHERE 子句对表达式比较，可以使用比较运算符和逻辑运算符。

在限定返回结果的行操作时，最重要的就是通过条件限制，SELECT 语句中 WHERE 子句是最常用、最重要的条件子句。在 WHERE 子句指出查询的条件，系统找出符合条件的结果。其语法格式如下：

WHERE < operator 1 > [AND < operator 2 >…] [AND | OR < operator >…]

(2)限制取值

【**例 4-9**】查询读者基本信息表中信息系和护理系的读者信息。

SELECT * FROM 读者基本信息表 WHERE 系别 IN(‘信息系’,‘护理系’)

	图书编号	图书名称	图书类...	作者	出版社	定价	出版日期	可借数...	图书说明
1	03-0002	C语言	计算机	王维新	高等教育出版社	33.00	2009-09-12 00:00:00.000	1	NULL
2	07-0001	会计实务	经济	张静	高等教育出版社	33.00	2008-07-18 00:00:00.000	1	NULL

图 4-8　限制取值的查询结果

在查询数据时，如果条件较多，得使用多个 OR 运算符，这样就使代码显得冗长。T-SQL 提供了 IN 关键字来取代多个 OR 运算符，表示如果表达式的取值与值表中的任意一个值匹配即返回 TRUE。

(3)限制范围

【例4-10】查询图书定价在25元与30元之间的图书信息。

SELECT * FROM 图书基本信息表 WHERE 定价 BETWEEN 25 AND 30

结果 | 消息

	图书编号	图书名称	图书类...	作者	出版社	定价	出版日期	可借数...	图书说明
1	03-0001	计算机基础	计算机	李义仁	海洋出版社	29.00	2006-07-21 00:00:00.000	1	NULL
2	03-0003	Java	计算机	刘芝	铁道出版社	28.00	2008-03-24 00:00:00.000	2	NULL
3	03-0004	编程笔记	计算机	刘新新	新新工作室	30.00	2009-09-09 00:00:00.000	1	NULL

图4-9 限制范围的查询结果

在查询数据时，有时需要限定范围。T-SQL提供了BETWEEN关键字来取限制范围，可以取代多个关系运算符和逻辑运算符(即等同于使用>=、<=和AND限制的范围)，表示如果表达式的取值在限定范围中即返回TRUE。

(4)模式匹配

【例4-11】查询所有姓张读者的基本信息。

SELECT * FROM 读者基本信息表 WHERE 姓名 LIKE '张%'

结果 | 消息

	借书证号	姓名	性...	系别	班级	联系方式
1	000001	张丽	女	护理系	护理8班	13111332314

图4-10 模式匹配查询结果1

在查询数据时，有时并不知道查询范围，只知道查询的模式。T-SQL提供了LIKE关键字来模式匹配查询。LIKE关键字只能用于匹配字符串数据。

使用LIKE运算符的一般格式为：

<属性名> LIKE <字符串常量>

字符串常量的字符可以包含如表4-1所示的通配符。

表4-1 LIKE匹配通配符及说明

通配符	说明
_	表示任意单个字符。
%	表示任意长度的字符串。
[ ]	与特定范围(例如，[a-f])或特定集(例如，[abcdef])中的任意单字符匹配。
[^]	与特定范围(例如，[^a-f])或特定集(例如，[^abcdef])之外的任意单字符匹配。

【例4-12】查询所有不姓张的读者基本信息。

SELECT * FROM 读者基本信息表 WHERE 姓名 LIKE '[^张]%'

	借书证号	姓名	性...	系别	班级	联系方式
1	000002	王伟	男	临床系	临床1班	13933323418
2	000003	刘力林	男	信息系	计算机1班	13777232323
3	000004	王大力	男	信息系	计算机3班	13923124567
4	000005	李晶	女	财经系	会计2班	13823456712

图 4 - 11　模式匹配查询结果 2

(5)空值查询

【例 4 - 13】查询尚未归还的图书信息。

SELECT * FROM 借阅信息表 WHERE 归还日期 IS NULL

	序号	借书证...	图书编...	借阅日期	应归还日期	是否归...	归还日...	管理员编号
1	2	000005	07-0001	2011-12-30 00:00:00.000	2012-02-20 00:00:00.000	否	NULL	0001
2	3	000003	03-0004	2012-01-09 00:00:00.000	2012-03-13 00:00:00.000	否	NULL	0003
3	4	000004	03-0002	2011-12-20 00:00:00.000	2012-02-10 00:00:00.000	否	NULL	0003
4	5	000004	03-0003	2012-01-05 00:00:00.000	2012-03-15 00:00:00.000	否	NULL	0001

图 4 - 12　空值查询结果

某个字段没有值称之为具有空值(NULL)。通常没有为一个列输入值时，该列的值就是空值。空值不同于零和空格，它不占任何存储空间。当需要判断一个表达式或表数据是否为空，T - SQL 提供了 IS NULL 或 NULL 关键字来判断。

4.1.3 查询结果排序

【例 4 - 14】在图书基本信息表中查询图书信息，按出版日期升序排列。

SELECT * FROM 图书基本信息表 ORDER BY 出版日期

	图书编号	图书名称	图书类...	作者	出版社	定价	出版日期	可借数...	图书说明
1	03-0001	计算机基础	计算机	李义仁	海洋出版社	29.00	2006-07-21 00:00:00.000	1	NULL
2	03-0003	Java	计算机	刘芝	铁道出版社	28.00	2008-03-24 00:00:00.000	2	NULL
3	07-0001	会计实务	经济	张静	高等教育出版社	33.00	2008-07-18 00:00:00.000	1	NULL
4	01-0001	护理常识	医学	张末	科学出版社	23.00	2008-08-12 00:00:00.000	2	NULL
5	03-0004	编程笔记	计算机	刘新新	新新工作室	30.00	2009-09-09 00:00:00.000	1	NULL
6	03-0002	C语言	计算机	王维新	高等教育出版社	33.00	2009-09-12 00:00:00.000	1	NULL

图 4 - 13　按出版日期排序的查询结果

查询结果输出，默认是按照表记录物理顺序输出。但在实际应用中经常要对查询结果排序输出。

对查询结果进行排序一般用到 ORDER BY 子句，在此子句中也可以指定排序方式，例如 ASC 表示升序，DESC 为降序，默认是升序。

●T - SQL 提供了 ORDER BY 子句对查询结果排序。其语法格式如下：

```
SELECT select_list
FROM table_name
WHERE condition
ORDER BY column_name | alias | position [ ASC | DESC ]
```

4.1.4 使用聚合函数查询

【例4-15】计算读者基本信息表中读者的平均年龄。

SELECT AVG(年龄) AS 平均年龄

使用聚集函数可以统计数据，但有时需要统计不同类别的数据。

如果聚合函数没有使用 GROUP BY 子句，则只为 SELECT 语句报告一个聚合值。常用的聚合函数，如表4-2所示。

表4-2　常用聚合函数

函数名称	MIN	MAX	SUM	AVG	COUNT	COUNT(*)
功能	求一列中的最小值	求一列中的最大值	按列计算值的总和	按列计算平均值	按列值计个数	返回表中的所用行数

4.1.5 分组查询

T-SQL 提供了 GROUP BY 子句对查询结果分组。

GROUP BY 子句可以将查询结果按属性列或属性列组合在行的方向上进行分组，每组在属性列或属性列组合上具有相同的聚合值。

【例4-16】在借阅信息表中依据借书证号分组查询。

SELECT 借书证号 FROM 借阅信息表 GROUP BY 借书证号

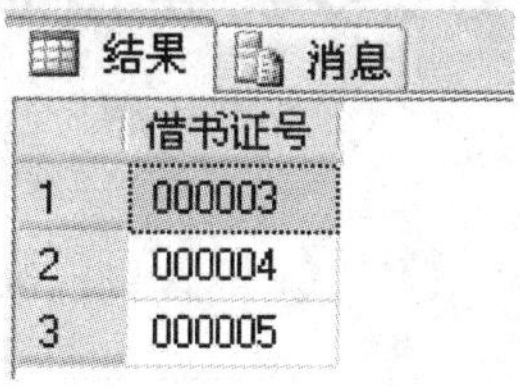

	借书证号
1	000003
2	000004
3	000005

图4-14　分组查询结果

【例4-17】在借阅信息表中依据借书证号分组查询，查询借书证号第一位是“0”的。

SELECT 借书证号 FROM 借阅信息表 GROUP BY 借书证号 HAVING 借书证号 LIKE ‘0%’

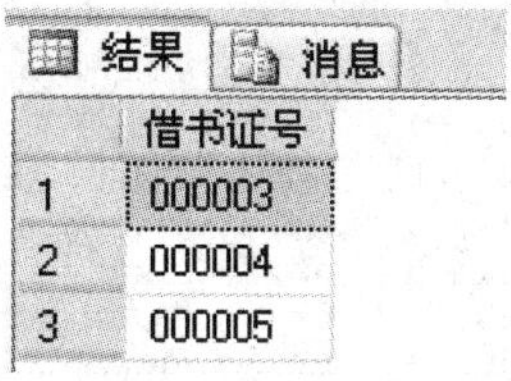

	借书证号
1	000003
2	000004
3	000005

图4-15　分组查询借书证号第一位是“0”的结果

●T-SQL 提供的 GROUP BY 子句语法格式如下：

```
SELECT select_list
FROM table_name
WHERE condition
GROUP BY column_name
[ HAVING condition ] | [ WITH CUBE | ROLLUP ]
```

【例 4 - 18】在借阅信息表中查询每位借阅者借书总数。

SELECT 借书证号 ,count(借书证号) AS 借书总数 FROM 借阅信息表 GROUP BY 借书证号

结果 | 消息

	借书证号	借书总数
1	000003	2
2	000004	2
3	000005	1

图 4 - 16　汇总查询结果 1

【例 4 - 19】在借阅信息表中查询借书超过 1 本的借阅者借书总数。

SELECT 借书证号 ,count(借书证号) AS 借书总数 FROM 借阅信息表 GROUP BY 借书证号 HAVING count(借书证号) > =2

结果 | 消息

	借书证号	借书总数
1	000003	2
2	000004	2

图 4 - 17　汇总查询结果 2

4.2　子任务:多表连接和联合查询

4.2.1 连接查询

涉及两个或两个以上表的查询称作多表连接查询, 简称连接查询。连接查询主要包括两种类型:内连接和外连接。

1. 内连接

【例 4 - 20】查询每个读者的情况及借书的情况。

SELECT * FROM 读者基本信息表 INNER JOIN 借阅信息表 ON 读者基本信息表. 借书证号 = 借阅信息表. 借书证号

结果 | 消息

	借书证号	姓名	性...	系别	班级	联系方式	序...	借书证...	图书编...	借阅日期	应归还日期	是否归...	归还日期	管理员编号
1	000003	刘力林	男	信息系	计算机1班	13777232323	1	000003	03-0001	2011-11-11 ...	2012-01-11...	是	2012-01-10 ...	0001
2	000005	李晶	女	财经系	会计2班	13823456712	2	000005	07-0001	2011-12-30 ...	2012-02-20...	否	NULL	0001
3	000003	刘力林	男	信息系	计算机1班	13777232323	3	000003	03-0004	2012-01-09 ...	2012-03-13...	否	NULL	0003
4	000004	王大力	男	信息系	计算机3班	13923124567	4	000004	03-0002	2011-12-20 ...	2012-02-10...	否	NULL	0003
5	000004	王大力	男	信息系	计算机3班	13923124567	5	000004	03-0003	2012-01-05 ...	2012-03-15...	否	NULL	0001

图 4 - 18　内连接查询结果

内连接是指当满足连接条件时, 则从涉及的表中提取数据组合成新的记录, 作为结果输出。

【注意】列名在两个表中都有时, 需指出来源于哪一个表。

在进行连接查询时, 要先找到表与表之间的联系, 即找到连接条件。具体连接操作语句有两种:WHERE 子句和 JOIN 子句。在这里主要介绍常用的 JOIN 子句格式。

SELECT <列名列表>　FROM <表名>　[INNTER|OUTER]

JOIN <表名 1>　ON <连接条件>

[JOIN <表名2>　ON <连接条件2> [⋯n]]

其中 INNTER|OUTER 为连接类型选择，INNTER 表示内连接，OUTER 表示外连接，默认为内连接。

【例4-21】查询读者借书情况，列出读者姓名，所在系部及所借书的书名。

```
SELECT 姓名，系别，图书名称 FROM 借阅信息表
JOIN　读者基本信息表　ON　借阅信息表.借书证号 = 读者基本信息表.借书证号
JOIN　图书基本信息表　ON　借阅信息表.图书编号 = 图书基本信息表.图书编号
```

结果　消息

	姓名	系别	图书名称
1	刘力林	信息系	计算机基础
2	李晶	财经系	会计实务
3	刘力林	信息系	编程笔记
4	王大力	信息系	C语言
5	王大力	信息系	Java

图4-19　多表连接查询结果

2. 外连接

【例4-22】查询每个读者的情况及借书的情况，未借书读者情况也要列出。

```
SELECT * FROM 读者基本信息表 LEFT OUTER JOIN 借阅信息表
ON 读者基本信息表.借书证号 = 借阅信息表.借书证号
```

结果　消息

	借书证号	姓名	性...	系别	班级	联系方式	序号	借书证...	图书编...	借阅日期	应归还日期	是否归...	归还日期	管理员编号
1	000001	张丽	女	护理系	护理8班	13111332314	NULL	NULL	NULL	NULL	NULL	NULL	NULL	NULL
2	000002	王伟	男	临床系	临床1班	13933323418	NULL	NULL	NULL	NULL	NULL	NULL	NULL	NULL
3	000003	刘力林	男	信息系	计算机1班	13777232323	1	000003	03-0001	2011-11-11 ...	2012-01-11 ...	是	2012-01-10 ...	0001
4	000003	刘力林	男	信息系	计算机1班	13777232323	3	000003	03-0004	2012-01-09 ...	2012-03-13 ...	否	NULL	0003
5	000004	王大力	男	信息系	计算机3班	13923124567	4	000004	03-0002	2011-12-20 ...	2012-02-10 ...	否	NULL	0003
6	000004	王大力	男	信息系	计算机3班	13923124567	5	000004	03-0003	2012-01-05 ...	2012-03-15 ...	否	NULL	0001
7	000005	李晶	女	财经系	会计2班	13823456712	2	000005	07-0001	2011-12-30 ...	2012-02-20 ...	否	NULL	0001

图4-20　左外连接查询结果

外连接则是指满足连接条件数据输出，不满足连接条件的记录也会与另一个表连接输出，只不过将自动另一个表的列值置为 NULL。外连接又分为左外连接和右外连接，语法格式为：

FROM　[表1]　LEFT|RIGHT　[OUTER]　JOIN　[表2]　ON <连接条件>

LEFT　[OUTER]　JOIN 为左连接，是指连接时，限制表2必须满足条件，不管表1是否满足连接条件，均输出表1的内容。RIGHT [OUTER] JOIN 为右连接，是指连接时，限制表1必须满足条件，不管表2是否满足连接条件，均输出表2的内容。

4.2.2 联合查询

【例4-23】将读者基本信息表与借阅信息表的结果合并。

```
SELECT 借书证号，姓名 FROM 读者基本信息表 WHERE 借书证号 = '000003'
UNION
SELECT 借书证号，图书编号 FROM 借阅信息表 WHERE 借书证号 = '000003'
```

结果 | 消息

	借书证号	姓名
1	000003	03-0001
2	000003	03-0004
3	000003	刘力林

图 4－21　联合查询结果

包含 UNION 运算符的 SELECT 语句可以指定一个结果表作为由选择表达式定义的两个或者多个结果表的联合。UNION 运算可以从多个表中组合数据进行显示，但是与连接不同，UNION 不是在 FROM 子句中添加多个表并指定连接条件实现，而是通过将多个查询的结果结合到一起来实现的。

在使用 UNION 运算时要注意以下几点：

(1)要求两个查询语句中列的数量和列的数据类型兼容。

(2)最后结果集中的列名来自第一个 SELECT 语句中的列名。

(3)在联合查询中，默认将从最后的结果集中删除重复的列，除非使用 ALL 关键字。

(4)查询结果将对 SELECT 列表中的列按照从左到右的顺序自动排序，与查询相对于 U-NION 运算符的位置无关。

●T－SQL 提供的 UNION 语句基本格式如下：

SELECT_statement ——参与 UNION 运算的 SELECT 查询语句

UNION[ALL] SELECT_statement

[UNION[ALL] SELECT_statement][,... n]

4.3　子任务:使用子查询

4.3.1 嵌套子查询

【例 4－24】查询图书管理系统中借书证号为“000005”的读者借阅的图书信息。

select ＊ from 图书基本信息表 where 图书编号 =(select 图书编号 from 借阅信息表 where 借书证号 = ‘000005’)

结果 | 消息

	图书编号	图书名称	图书类...	作者	出版社	定价	出版日期	可借数...	图书说明
1	07-0001	会计实务	经济	张静	高等教育出版社	33.00	2008-07-18 00:00:00.000	1	NULL

图 4－22 嵌套子查询结果

在 WHERE 子句中包含一个形如 SELECT－FROM－WHERE 的查询块，此查询块称为子查询或嵌套查询，包含子查询的语句称为父查询或外部查询。

在 SQL 语言中可以嵌套 15 层，对嵌套子查询来说，随着嵌套层数的增加，查询语句的性能会不断下降，所以，应该尽可能地降低子查询的嵌套层数。

4.3.2 相关子查询

【例4－25】select ＊ from 借阅信息表 where ‘000003’ in (select 借书证号 from 读者基本信息表 where 图书编号＝‘03－0001’)

结果 消息

	序号	借书证...	图书编...	借阅日期	应归还日期	是否归...	归还日期	管理员编号
1	1	000003	03-0001	2011-11-11 00:00:00.000	2012-01-11 00:00:00.000	是	2012-01-10 00:00:00.000	0001

图4－23 相关子查询结果

通过上例我们可以看出，外层查询每执行一次都将相应的读者信息表的借书证号替换到子查询中，然后执行子查询，再根据子查询的结果判断外层查询是否满足要求，直到外层查询执行完最后一行为止。

相关子查询是一种其子查询和外层查询相互交叉的数据检索方法。相关子查询在该子查询执行时要使用到外层查询的数据，子查询执行结束后再将它的查询结果返回到它的外层查询中，供外层查询比较使用。

4.3.3 测试存在性的子查询

【例4－26】select ＊ from 借阅信息表 where exists(select 借书证号 from 读者基本信息表 where 图书编号＝‘03－0001’)

本例是利用EXISTS对于例4－24中IN的替换，二者实现的查询效果一致。

EXISTS子查询的功能时判断子查询的返回结果中是否有数据行。如果子查询返回的结果是空集，则判断为不存在，即EXISTS失败，NOT EXISTS成功。

如果子查询返回至少一行的数据记录，则判断为存在，即EXISTS成功，NOT EXISTS失败。由于这种子查询中不需要返回具体值，所以这种子查询的选择列表常用“SELECT ＊”格式，其外层的WHERE子句中也不需要指定列名。

EXISTS通常都和相关子查询一起使用。在使用相关子查询时，对外表中的每一行，子查询都要运行一遍，该行的值也要在子查询的WHERE子句中被使用。

实训4　实现图书管理系统的数据查询

1. 嵌套子查询

(1)返回单值查询:查询所有价格高于平均价格的图书名称,作者,出版社和定价。

●SELECT 图书名称, 作者, 出版社, 定价 FROM Books WHERE 定价 > (SELECT AVG(定价) FROM 图书基本信息表)

(2)返回值列表:查询所有借阅图书读者信息。

●SELECT * FROM 读者基本信息表 WHERE 借书证号 IN (SELECT 借书证号 FROM 借阅信息表)

SQL Server 子查询可以分为相关子查询和嵌套子查询两类。嵌套子查询的执行不依赖于外部的查询。

执行过程:

(1)执行子查询, 其结果不被显示, 而是传递给外部查询, 作为外部查询的条件使用。

(2)执行外部查询, 并显示整个结果。

2. 相关子查询

(1)查询图书基本信息表中大于该类图书价格平均值的图书信息。

●SELECT 图书名称,出版社,图书分类,定价 FROM 图书基本信息表 As a WHERE 定价 > (SELECT AVG(定价) FROM 图书基本信息表 AS b WHERE a. 图书分类 = b. 图书分类)

(2)查询借阅信息表中借书数量大于一本的读者信息。

●SELECT * FROM 读者基本信息表 WHERE 借书证号 IN(SELECT 借书证号, count(借书证号) FROM 借阅信息表 WHERE count(借书证号) > =2)

相关子查询的执行依赖于外部查询。多数情况下是子查询的 WHERE 子句中引用了外部查询的表。执行过程:

(1)从外层查询中取出一个元组, 将元组相关列的值传给内层查询。

(2)执行内层查询, 得到子查询操作的值。

(3)外查询根据子查询返回的结果或结果集得到满足条件的行。

(4)然后外层查询取出下一个元组重复做步骤 1-3, 直到外层的元组全部处理完毕。

3. 测试存在性的子查询

(1)查询图书基本信息表中属于计算机类的图书信息。

●Select * From 图书基本信息表 Where exists(Select 图书类别 From 图书基本信息表 Where 图书类别 = '计算机')

(2)查询图书馆中是否有"农业类"的图书。

●Select * From 图书基本信息表 Where exists(Select 图书类别 From 图书基本信息表 Where 图书类别 = '农业')

存在性测试中的子查询只是检查子查询返回的结果集是否为空, 使用的关键字为 exists 或 not exists, 它产生逻辑真值"True"或者假值"False"。

4. 综合查询

(1)查询读者基本信息表中读者姓名及所在系别。

(2)查询图书基本信息表中价格最贵的10本书。

(3)查询借阅信息表中超期未还的读者基本信息及图书信息。

(4)查询单价小于30元的图书名称。

(5)查询图书名称中有“计算机”的图书信息。

(6)查询读者基本信息并根据读者所在系别进行分组。

(7)统计一共有多少人借书。

阅读材料

优化查询

SQL语句是非过程化语句，使用它编写程序是不需要指定命令执行的具体步骤，只需要告诉系统需要查找的内容就可以了，这是SQL语言的优点，它使操作数据库变得简单易行。由于不能控制语句的执行过程，只能让系统来完成整个解释和执行过程，因此，如果SQL语句使用得不当，可能会导致系统生成的执行计划相对复杂冗余，降低了数据库的性能。因此对查询进行优化是非常必要的。

1. 查询优化器

数据库系统的性能在很大程度上是由它的查询优化器有效优化SQL语句的能力来决定的。因此，只有先了解查询优化器的工作原理，才能按照和利用查询优化器工作的方式来编写高性能的SQL语句。

查询优化器是指数据库管理系统中负责分析SQL语句的部分，它决定了对指定数据存取最快速度的手段。在确定怎样才能最有效地执行SQL语句之前，查询优化器先将准备运行的SQL语句按照一定的优化方式分解为多个组成部分，然后通过计算查询条件和要使用的索引来决定最少量访问逻辑页的路径，从而安排这些组成部分按照最有效的方式组合运行。简单地说，查询优化器就是在开始检索表时，生成一个高效率的执行计划，在SQL语句和数据之间找到一个最有效的路径，来完成数据库任务。

关系数据库管理系统中的查询优化器有两种优化方式。

(1)基于规则的优化：在基于规则的数据库系统中，查询优化器按照数据库系统中已经确定的一组规则来选择建立执行计划。

(2)基于成本的优化：在基于成本的数据库系统中，查询优化器按照系统为关键值分配的统计值来选择建立可能耗时最少的执行计划，来优化一条SQL语句。如果存储的数值发生了变化，系统必须立即更新关键值的统计值，否则，依据旧的统计值，查询优化器就可能选择建立没有提高效率甚至是降低了效率的执行计划。

大多数数据库系统中的查询优化器都设有一个标准的查询处理策略库，在这个策略库中保存了许多的默认策略，它们可以用于各种不同的查询场合。如果应用到SQL语句上的是未知策略，则数据库系统就会自动查询策略库中的默认策略，使用其中的默认策略来优化SQL

语句，读取表的每一行记录。套用标准的策略库中的默认策略来优化的 SQL 语句通常会得到预期的结果，但是当表很大时，操作速度可能会大大地降低。

2. **编写高性能的 SQL 语句**

要提高 SQL 语句的性能，就要保证 SQL 语句结构的合理，所以，在编写语句时，安排好它的各种组成部分和排序很重要。这些组成部分的排序是否最佳依赖于实现的处理顺序，WHERE 子句中查询条件的安排顺序依赖于被索引的列，同时也依赖于哪个条件查询的记录最少。

在一个表中返回记录数据最少的条件就是最大的限制条件。通常，应该把最大的条件限制语句放在 WHERE 子句的最后，当优化器首先读到最大条件限制语句以后，它就将为以后的条件所提供的结果集缩减至最小，下一个条件将不再搜索整个表，而是搜索经过最大条件限制过的子集。所以返回就会更快，系统的性能就得到了提高。

自连接

如果同一时间需要两个不同行中的信息，则需要将表与自身进行连接，即自连接。自连接就是一个表的两个副本之间的连接，使用它可以将同一个表的不同数据进行连接起来。使用自连接时，需要注意以下几点：

- 由于是将表与其自身相连接，因此必须对表设定别名。
- 自连接时会将行与其自身连接，因此必须设定条件来防止发生这种情况。
- 自连接的结果必须有实际意义。

交叉连接

交叉连接实际上就是没有连接条件的连接。交叉连接不带 WHERE 子句，它返回被连接的两个表所有数据行的笛卡尔积，返回结果集合中的数据行数等于第一个表中符合查询条件的数据行数乘以第二个表中符合查询条件的数据行数。允许对小型表进行交叉连接，但是应该避免对大型表进行交叉连接。交叉连接非常重要，它提供了内连接和外连接的基础。交叉连接使用 Cross Join 关键字。

习 题 四

一、填空题

1. SELECT 语句的结构分为______、______、______、______、______、______子句。

2. 需要显示一个表中所有列的值，可以有两种方法：______、______。

3. 在 SELECT 语句中的______子句用来指定从哪个表或视图中检索数据。

4. 子查询结构可以将一个查询的______作为另一个查询的条件。

二、选择题

1. SQL 中为 LIKE 子句提供的通配符有（ ）。

A. "＊"　　B. "%"　　C. "[ ]"　　D. "\"

2. 标准 SQL 中支持的联合查询运算有(　)。

A. UNION　B. INTERSECT　C. ALL　D. MINUS

3. 在查询表数据时，可能会发现某些列有相同的数据，为了使查询结果简洁明了，可以使用(　)关键字进行过滤。

A. DISTINCT　B. IN　C. BETWEEN　D. LIKE

三、判断题

1. SELECT 语句中，SELECT 和 FROM 子句是必须的，其他子句可以任选。　(　)

2. 在 SELECT 语句中可以使用 FROM 子句过滤数据。　(　)

3. 子查询不必使用括号括起来。　(　)

4. 子查询允许嵌套。　(　)

四、操作题

设有下列四个关系模式：

S(SNO, SNAME, CITY)

P(PNO, PNAME, COLOR, WEIGHT)

J(JNO, JNAME, CITY)

SPJ(SNO, PNO, JNO, QTY)

其中，供应商表 S 由供应商号(SNO)、供应商姓名(SNAME)、供应商所在城市(CITY)组成，记录各个供应商的情况；零件表 P 由零件号(PNO)、零件名称(PNAME)、零件颜色(COLOR)、零件重量(WEIGHT)组成，记录各种零件的情况；工程项目表 J 由项目号(JNO)、项目名(JNAME)、项目所在城市(CITY)组成，记录各个工程项目的情况；供应情况表 SPJ 由供应商号(SNO)、零件号(PNO)、项目号(JNO)、供应数量(QTY)组成，记录各供应商供应各种零件给各工程项目的数量。用 SQL 语言完成下列查询：

1. 求供应工程项目号为 J1 工程零件的供应商号 SNO。

2. 求供应工程项目号为 J1 工程零件号为 P1 的供应商号 SNO。

3. 求供应工程项目号为 J1 工程红色零件的供应商号 SNO。

4. 求至少使用天津供应商生产的红色零件的工程号 JNO。

任务5　管理和维护数据

我们知道，在图书管理系统中，由于借书、还书等动作频繁发生，需要添加、修改和删除一些内容，这就是我们说的管理数据和维护数据。

数据的管理和维护，最基本的包括：数据的插入、修改、删除和更新。这些操作，可以通过表编辑器完成，也可以通过 T - SQL 命令基本语句实现。

5.1　子任务：在表编辑器中添加、修改和删除数据

5.1.1 插入记录

使用对象资源管理器实现插入记录

使用对象资源管理器，在 SQL Server Management Studio 的表设计器下建立索引的操作步骤如下：

【例 5 - 1】在图书基本信息表中插入一条新记录，图书编号为 03 - 0005，图书名称为 C#程序设计教程，图书类别为计算机，作者为勾智楠，出版社为中国海洋大学出版社，定价为 30，出版日期为 2011 - 3，可借数量为 5。

1. 打开对象资源管理器，打开数据库“图书管理系统”，找到表中的“图书基本信息表”，右击“图书基本信息表”，在弹出的快捷菜单中选择“打开表”。如图 5 - 1 所示。

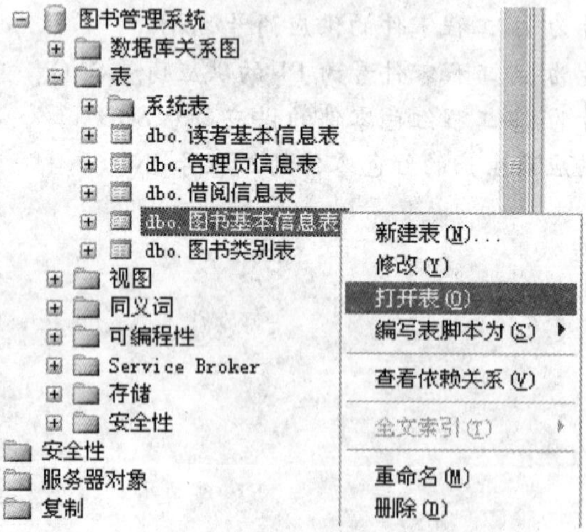

图 5 - 1　打开表菜单

2. 显示如图 5 - 2 所示的录入窗口，在这里可以直接录入数据。

表 - dbo.图书基本信息表　摘要

	图书编号	图书名称	图书类别	作者	出版社	定价	出版日期	可借数量	图书说明
	01-0001	护理常识	医学	张末	科学出版社	23.0000	2008-8-12 ...	2	NULL
	03-0001	计算机基础	计算机	李义仁	海洋出版社	29.0000	2006-7-21 ...	1	NULL
	03-0002	C语言	计算机	王維新	高等教育出版社	33.0000	2009-9-12 ...	1	NULL
	03-0003	Java	计算机	刘芝	铁道出版社	28.0000	2008-3-24 ...	2	NULL
	03-0004	编程笔记	计算机	刘新新	新新工作室	30.0000	2009-9-9 0:...	1	NULL
	07-0001	会计实务	经济	张静	高等教育出版社	33.0000	2008-7-18 ...	1	NULL
▸*	NULL	NULL	NULL	NULL	NULL	NULL	NULL	NULL	NULL

图5－2　录入窗口

3. 插入记录完毕后，如图5－3所示，之后关闭窗口，保存数据。

表 - dbo.图书基本信息表　摘要

	图书编号	图书名称	图书类别	作者	出版社	定价	出版日期	可借数量	图书说明
	01-0001	护理常识	医学	张末	科学出版社	23.0000	2008-8-12 ...	2	NULL
	03-0001	计算机基础	计算机	李义仁	海洋出版社	29.0000	2006-7-21 ...	1	NULL
	03-0002	C语言	计算机	王維新	高等教育出版社	33.0000	2009-9-12 ...	1	NULL
	03-0003	Java	计算机	刘芝	铁道出版社	28.0000	2008-3-24 ...	2	NULL
	03-0004	编程笔记	计算机	刘新新	新新工作室	30.0000	2009-9-9 0:...	1	NULL
	07-0001	会计实务	经济	张静	高等教育出版社	33.0000	2008-7-18 ...	1	NULL
▸	03-0005	C#程序设计教程	计算机	匀智楠	中国海洋大学出版社	30.0000	2011-3-1 0:...	5	NULL
*	NULL	NULL	NULL	NULL	NULL	NULL	NULL	NULL	NULL

图5－3　查看结果

5.1.2 更新记录

使用对象资源管理器实现更新记录

【例5－2】在图书基本信息表中更新一条记录，实现对图书编号为03－0005的图书的可借数量更新为8。

1. 打开对象资源管理器，打开数据库“图书管理系统”，找到表中的“图书基本信息表”，右击“图书基本信息表”，在弹出的快捷菜单中选择“打开表”。如图5－4所示。

2. 显示如图5－4所示的窗口，在这里找到图书编号为03－0005的记录，将本条记录的可借数量修改为8。

表 - dbo.图书基本信息表　摘要

	图书编号	图书名称	图书类别	作者	出版社	定价	出版日期	可借数量	图书说明
	01-0001	护理常识	医学	张末	科学出版社	23.0000	2008-8-12 ...	2	NULL
	03-0001	计算机基础	计算机	李义仁	海洋出版社	29.0000	2006-7-21 ...	1	NULL
	03-0002	C语言	计算机	王維新	高等教育出版社	33.0000	2009-9-12 ...	1	NULL
	03-0003	Java	计算机	刘芝	铁道出版社	28.0000	2008-3-24 ...	2	NULL
	03-0004	编程笔记	计算机	刘新新	新新工作室	30.0000	2009-9-9 0:...	1	NULL
	07-0001	会计实务	经济	张静	高等教育出版社	33.0000	2008-7-18 ...	1	NULL
▸	03-0005	C#程序设计教程	计算机	匀智楠	中国海洋大学出版社	30.0000	2011-3-1 0:...	5	NULL
*	NULL	NULL	NULL	NULL	NULL	NULL	NULL	NULL	NULL

图5－4　修改窗口

3. 更新结果，如图 5－5 所示，之后关闭窗口，保存数据。

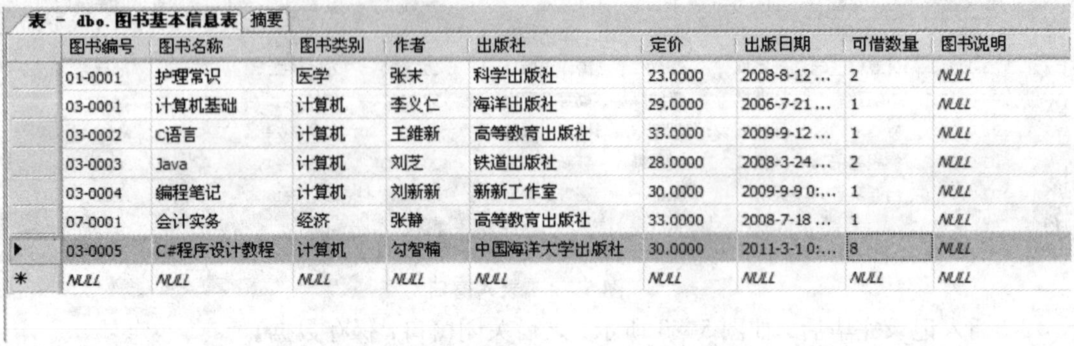

图书编号	图书名称	图书类别	作者	出版社	定价	出版日期	可借数量	图书说明
01-0001	护理常识	医学	张未	科学出版社	23.0000	2008-8-12 ...	2	NULL
03-0001	计算机基础	计算机	李义仁	海洋出版社	29.0000	2006-7-21 ...	1	NULL
03-0002	C语言	计算机	王維新	高等教育出版社	33.0000	2009-9-12 ...	1	NULL
03-0003	Java	计算机	刘芝	铁道出版社	28.0000	2008-3-24 ...	2	NULL
03-0004	编程笔记	计算机	刘新新	新新工作室	30.0000	2009-9-9 0:...	1	NULL
07-0001	会计实务	经济	张静	高等教育出版社	33.0000	2008-7-18 ...	1	NULL
03-0005	C#程序设计教程	计算机	勾智楠	中国海洋大学出版社	30.0000	2011-3-1 0:...	8	NULL
NULL	NULL	NULL	NULL	NULL	NULL	NULL	NULL	NULL

图 5－5　查看结果

5.1.3 删除记录

使用对象资源管理器实现删除记录

【例 5－3】在图书基本信息表中删除图书编号为 03－0005 的记录。

1. 打开对象资源管理器，打开数据库“图书管理系统”，找到表中的“图书基本信息表”，右击“图书基本信息表”，在弹出的快捷菜单中选择“打开表”。如图 5－6 所示。

2. 在打开的表中，找到图书编号为 03－0005 的记录，并右击，在弹出的快捷菜单中选择“删除”。如图 5－6 所示。

图书编号	图书名称	图书类别	作者	出版社	定价	出版日期	可借数量	图书说明
01-0001	护理常识	医学	张未	科学出版社	23.0000	2008-8-12 ...	2	NULL
03-0001	计算机基础	计算机	李义仁	海洋出版社	29.0000	2006-7-21 ...	1	NULL
03-0002	C语言	计算机	王維新	高等教育出版社	33.0000	2009-9-12 ...	1	NULL
03-0003	Java	计算机	刘芝	铁道出版社	28.0000	2008-3-24 ...	2	NULL
03-0004	编程笔记	计算机	刘新新	新新工作室	30.0000	2009-9-9 0:...	1	NULL
07-0001	会计实务	经济	张静	高等教育出版社	33.0000	2008-7-18 ...	1	NULL
03-0005	C#程序设计教程	计算机	勾智楠	中国海洋大学出版社	30.0000	2011-3-1 0:...	8	NULL
		NULL	NULL	NULL	NULL	NULL	NULL	NULL

图 5－6　删除窗口

3. 删除记录完毕后，关闭窗口，保存数据。

5.2 子任务:使用 T-SQL 命令插入数据

5.2.1 插入单条记录

可以使用 INSERT 语句在表尾一次插入一条记录。在语句中同时指定插入数据。

【例 5-4】在读者基本信息表中插入一条新记录，借书证号为000001，姓名为张丽，性别为女，系别为护理系，班级为护理8班，联系方式为13111332314。

命令语句为：

INSERT INTO 读者基本信息表 VALUES('000001','张丽','女','护理系','护理8班','13111332314')

【例 5-5】在读者基本信息表中插入一条新记录，借书证号为000002，姓名为王伟，性别为男，其他属性值均为空。

命令语句为：

INSERT INTO 读者基本信息表(借书证号, 姓名, 性别) VALUES('000002','王伟','男')

●在表尾插入指定记录的 INSERT 语句格式如下：

INSERT INTO 表名 [(字段名列表)] VALUES(表达式列表)

【注意】

1. 若省略字段名列表，则所有字段都插入数据；
2. 字段名列表与表达式列表中的数据个数、类型、顺序都要一一对应。

5.2.2 使用子查询插入多条记录

也可以使用 INSERT 语句在表尾一次插入子查询的结果，一次可以插入若干条记录。

【例 5-6】建立一个表 reader，其结构与读者基本信息表相同。将读者基本信息表中护理系的学生读者信息复制到该表中。

命令语句为：

INSERT INTO reader SELECT * FROM 读者基本信息表 WHERE 系别='护理系'

【例 5-7】将读者基本信息表中信息系的学生读者的借书证号、姓名和系别复制到 reader 表中。

命令语句为：

INSERT INTO reader(借书证号,姓名,系别)

SELECT 借书证号,姓名,系别 FROM 读者基本信息表 WHERE 系别='信息系'

●在子查询结果中插入多条记录的 INSERT 语句格式如下：

INSERT INTO 表名 [(字段名列表)] 子查询

5.3 子任务:使用 T - SQL 命令更新数据

5.3.1 更新单条记录

可以使用 UPDATE 语句对记录进行更新。

【例 5 - 8】将读者基本信息表中借书证号为 000001 的学生读者的系别改为临床系，班级改为临床 3 班。

命令语句为:

UPDATE 读者基本信息表 SET 系别 = '临床系',班级 = '临床 3 班' WHERE 借书证号 = '000001'

●更新指定记录的 UPDATE 语句格式如下:

UPDATE 表名 SET 字段名 = 值[,…, 字段名 = 值] [WHERE 条件]

【注意】如果省略 WHERE 子句, 则默认为更新全部记录。

5.3.2 使用子查询更新多条记录

【例 5 - 9】将计算机系类别图书的应归还日期设置为“2013 - 12 - 23”。

命令语句为:

UPDATE 借阅信息表 SET 应归还日期 = '2013 - 1 - 1 00:00:00'
WHERE 图书编号 IN (SELECT 图书编号 FROM 图书基本信息表 WHERE 图书类别 = '计算机')

●与使用子查询的查询语句类似, 使用子查询的更新语句基本格式如下:

UPDATE 表名 SET 字段名 = 值[,…, 字段名 = 值] WHERE 字段名 [NOT] IN (子查询)

5.4 子任务:使用 T - SQL 命令删除数据

5.4.1 删除记录

可以使用 DELETE 语句删除表中的一条或多条记录。

【例 5 - 10】将读者基本信息表中借书证号为'000011'读者信息删除。

命令语句为:

DELETE FROM 读者基本信息表 WHERE 借书证号 = '000011'

●删除指定记录的 DELETE 语句基本格式如下:

DELETE FROM 表名 [WHERE 条件]

【注意】DELETE 语句删除符合条件的记录, 如果默认 WHERE 子句, 则删除全部记录。但是, DELETE 与前面所学的 DROP 语句不同, DELETE 只删除记录, 表结构仍然存在; 而 DROP TABLE <表名>删除的是表结构。

5.4.2 截断表

截断表就是清空一个表中所有记录，可以用TRUNCATE TABLE语句快速删除数据库表中所有记录。

【例5-11】将读者基本信息表中所有记录删除，但是该表结构并不删除。

命令语句为：

TRUNCATE TABLE 读者基本信息表

●删除了表中所有的记录(截断表)的TRUNCATE TABLE语句基本格式如下：

TRUNCATE TABLE <表名>

【注意】

1. 截断表命令仅仅删除了表中所有的记录，表的结构和所有的索引仍然存在，而DROP TABLE <表名>命令可以删除表结构。

2. 只有表的拥有者可以截断表。

5.4.3 使用子查询删除记录

【例5-12】删除临床3班所有学生的借阅信息。

命令语句为：

DELETE FROM 借阅信息表

WHERE 借书证号 IN (SELECT 借书证号 FROM 读者基本信息表 WHERE 班级='临床3班')

●与使用子查询的查询语句类似，使用子查询的删除语句基本格式如下：

DELETE FROM 表名 WHERE 字段名[NOT] IN (子查询)

5.5 子任务:使用事务维护数据

5.5.1 认识事务

1. 什么是事务

事务(transaction)是一条或多条按顺序执行的SQL语句组，是作为一个逻辑单位运行的。DBMS认为事务是不可分割的，要么全部执行，要么全不执行。

例如，一宗经典的银行取、存款业务，可以说明“事务”的重要性。假定某个客户从他的存储账户向支票账户转账1000美元。这个操作包括连续执行的两个独立步骤。

(1)储蓄账户减1000美元。

(2)支票账户增1000美元。

试想，如果DBMS在执行了第一步之后，但没有执行第二步时突然发生故障——断电、系统崩溃、硬件问题等，账户在这种情况下出现了不平衡，也会带来种种问题和纠纷。

所以，DBMS必须对执行数据库的操作提供一些特殊的保障，例如，即使出现系统故障，操作数据也不能丢失。典型的 DBMS 允许用户把一个或多个数据库操作（查询/更新）组成“事务”。

上例中，为了避免出现不平衡，应该使用事务来保证两步骤都被执行，以维护账户平衡。如果事务中的任何一步无法执行，DBMS 应该撤销（回滚）事务中的其他步骤。如果一切顺利，事务将被提交。

如果未显示指定事务，则一条 SQL 语句就是一个事务。

2. 事务管理模式

SQL Server 2005 有以下 3 种事务模式。

(1) 自动提交事务。

这是 SQL Server 2005 的默认模式。每个单独的 SQL 语句都是一个事务，并在执行完成后提交。不必指定任何事务控制语句。

(2) 显式事务。

每个事务的组织结构由以下三种语句组成：

①BEGIN TRANSACTION 语句：标记一个显式事务的起始点。

语法格式如下：

BEGIN TRANSACTION [显式事务名称]

【注意】事务可以指定一个名称。

②COMMIT TRANSACTION 语句：标志一个成功的的显式事务或隐性事务的结束，可以提交一个事务。

语法格式如下：

COMMIT TRANSACTION [事务名称]

【注意】

a. 事务名称向程序员指明 COMMIT TRANSACTION 与哪些嵌套的 BEGIN TRANSACTION 相关联。实际上 SQL Server 会忽略该参数，但事务名称能够提高程序的可读性。

b. 当在嵌套事务中使用 COMMIT TRANSACTION 时，内部事务的提交并不释放资源，也没有执行永久修改。只有在提交外部事务时，数据修改才具有永久性，而且资源才会被释放。

③ROLLBACK TRANSACTION 语句：如果遇到错误，用 ROLLBACK TRANSACTION 语句回滚事务到起点，就可以撤销所有改动。也可以回滚到事务内部的某个保存点，撤销保存点之后的所有改动。

语法格式如下：

ROLLBACK TRANSACTION [事务名称]

【注意】

a. 事务名称是在 BEGIN TRANSACTION 上指定的事务名称。

b. 不带事务名称的 ROLLBACK TRANSACTION 回滚到事务的起点。

c. 执行 COMMIT TRANSACTION 语句后数据已经永久修改，所以不能再回滚事务。

d. 嵌套事务时，该语句将所有内层事务回滚到最外层的 BEGIN TRANSACTION 语句，事务名称也只能是来自最外层的 BEGIN TRANSACTION 语句中指定的事务名称，否则出错。

【例5－13】执行下面语句并查看结果。

```
BEGIN TRANSACTION
BEGIN TRY
INSERT INTO 读者基本信息表 VALUES('000008','田小丽','女','护理系','护理3班','13583402314')
INSERT INTO 读者基本信息表 VALUES('000009','张明','男','计算机系','计算机2班','13107485363')
INSERT INTO 读者基本信息表 VALUES('000010','刘惠南','男','计算机系','计算机1班','13265732310')
COMMIT TRAN
END TRY
BEGIN CATCH
ROLLBACK TRAN
END CATCH
SELECT * FROM 读者基本信息表
```

如果3个插入语句都没有错误，则COMMIT TRAN将会执行，事务被提交，读者基本信息表新增3条记录。否则，ROLLBACK TRAN将会执行，事务被回滚，读者基本信息表不会有任何新记录。

【注意】可以使用TRY CATCH结构来捕获语句在执行过程中产生的错误。

(3)隐性事务。

通过API函数或T－SQL命令语句SET IMPLICIT_ TRANSACTIONS ON，将隐性事务模式设置为打开。这样在前一个事务结束时新事务隐式启动，但每个事务仍以COMMIT或ROLLBACK语句显式结束。

【例5－14】分析下面语句运行结果并验证。

```
SET IMPLICIT_TRANSACTIONS ON          /*语句1*/
CREATE TABLE T1
(i int PRIMARY KEY)                   /*语句2*/
INSERT INT T1 VALUES(5)               /*语句3*/
ROLLBACK TRAN                         /*语句4*/
SELECT * FROM T1                      /*语句5*/
```

语句1将IMPLICIT_TRANSACTIONS设为ON，将启动隐式事务模式;语句2会启动一个事务;语句3不会产生新的事务，因为已经存在一个事务;语句4回滚整个事务。由于被回滚，所以T1表未被创建，语句5执行会报错。

【注意】可以使用以下代码来关闭隐式事务：

```
SET IMPLICIT_TRANSACTIONS OFF
```

3. 事务的特点

事务应该具有如下4个特点:原子性、一致性、隔离性和持久性。

(1)原子性:一个事务是一个不可分割的工作单位，整个事务要么都执行，要么都不执行。

(2)一致性:事务在完成时，必须使所有数据都保持一致状态。在相关数据库中，所有规则都必须应用于事务的修改，以保持所有数据的完整性。事务结束时，所有的内部数据结构都必须是正确的。

(3)隔离性:一个事务的执行不能被其他事务干扰。当两个或多个事务并发执行时，它们的作用必须相互独立，不能相互影响。例如，两个机票售票窗口正在出售同一航班的座位，而该航班只剩下一个座位了，那么只能满足一个售票口的请求，拒绝另一个。如果同时卖给两位顾客，或者根本没卖出去，都是不允许的。

(4)持久性:一个事务一旦提交，它对数据库数据的改变就是永久性的。

5.5.2 使用事务更新数据

【例 5-15】使用显式事务，查阅图书库存量中是否有书可借，若图书基本信息表中图书可借数量为 0 则不能借阅。

具体语句如下:

```
——开始事务
BEGIN TRANSACTION 是否可借
DECLARE @BIANHAO char(10), @KUCUN int, @out_str char(30) OUTPUT
IF @BIANHAO IN(SELECT (图书编号) FROM 图书基本信息表        ——查找对应的图
书编号
    SELECT (可借数量) FROM 图书基本信息表 WHERE 图书编号 = @BIANHAO
IF @KUCUN = 0                                                ——如果库存量为
0, 则回滚
    BEGIN
        SET @out_str = '不能借阅'
        ROLLBACK TRANSACTION 是否可借
    END
ELSE
    COMMIT TRANSACTION 是否可借                              ——提交事务
GO
```

实训5 管理和维护图书管理系统数据

1. 插入单条记录

在读者基本信息表中插入单条记录，借书证号为000006，姓名为李刚，性别为男，系别为信息系，班级为计算机2班，联系方式为13889947114。

具体步骤如下：

(1)打开对象资源管理器，打开数据库“图书管理系统”，找到表中的“读者基本信息表”，右击“读者基本信息表”，在弹出的快捷菜单中选择“编写表脚本为”中的“INSERT到”，点击“新查询编辑窗口”。如图5-7所示。

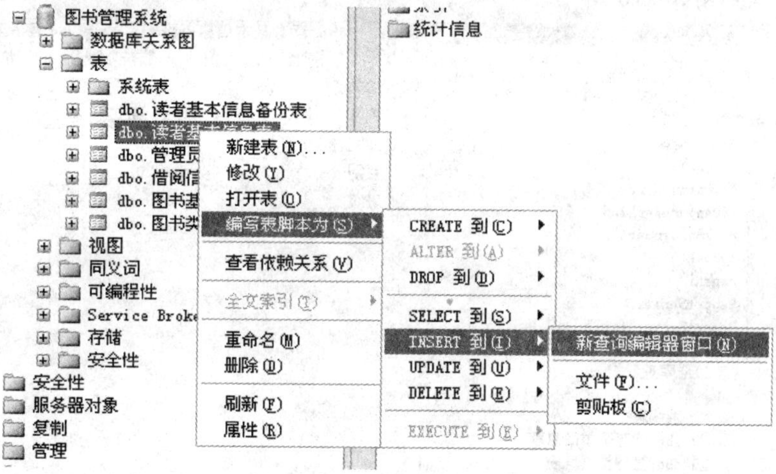

图5-7 启动查询编辑器

(2)点击进入，则打开查询编辑器窗口。如图5-8所示。

```
INSERT INTO [图书管理系统].[dbo].[读者基本信息表]
           ([借书证号]
           ,[姓名]
           ,[性别]
           ,[系别]
           ,[班级]
           ,[联系方式])
     VALUES
           (<借书证号, char(10),>
           ,<姓名, varchar(20),>
           ,<性别, char(2),>
           ,<系别, char(20),>
           ,<班级, char(16),>
           ,<联系方式, char(20),>)
```

图5-8 查询编辑器窗口

(3)在查询编辑器中编写插入语句，并点击工具栏中的“运行”，下面消息栏中提示1行受影响，则表明成功插入一条记录，如图5-9所示。

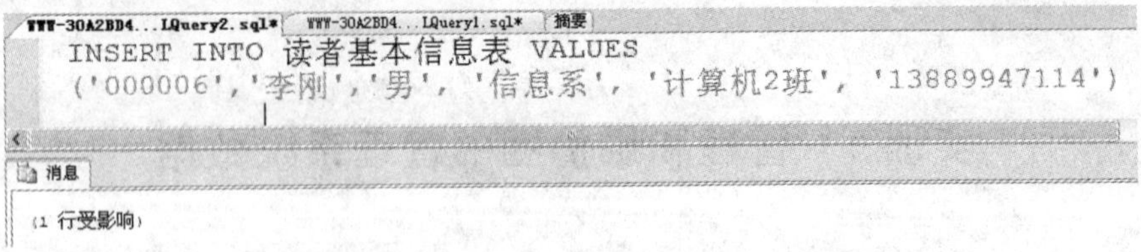

图 5－9　在查询编辑器中实现插入记录

2. 创建新表，并将读者基本信息表的结构和内容复制到新表中

建立一个表，表名为读者基本信息备份表，其结构与读者基本信息表相同。将读者基本信息表中学生读者信息全部复制到该表中。

具体步骤如下：

(1)使用对象资源管理器创建一个新表，其结构与读者基本信息表相同，表名为“读者基本信息备份表”，如图 5－10 所示。

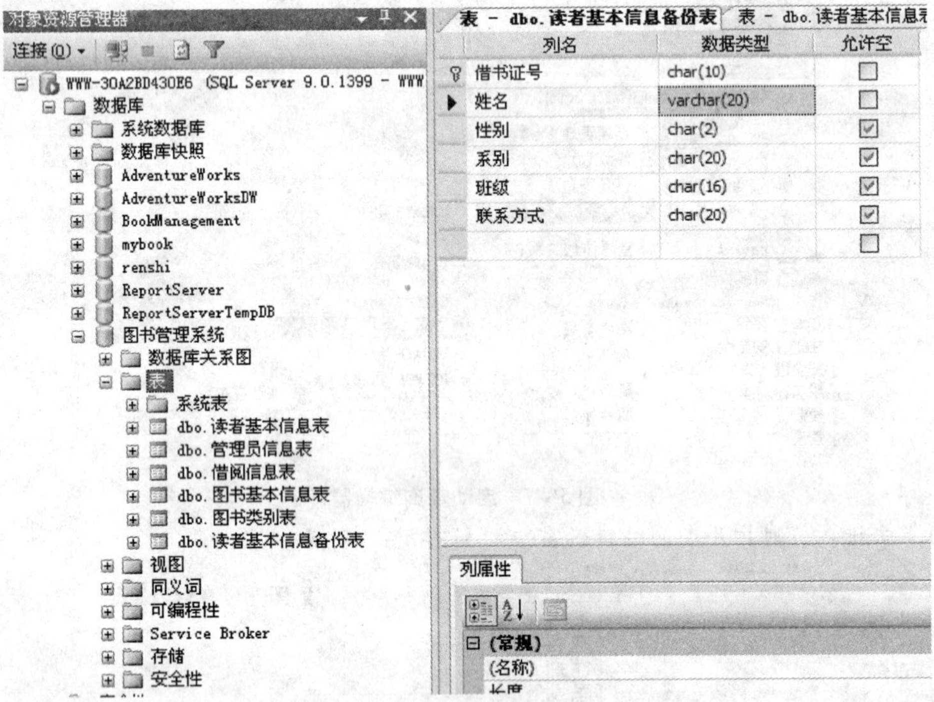

图 5－10　使用对象资源管理器建立新表

(2)建立好新表以后，可以使用插入语句复制读者基本信息表中学生读者信息到读者基本信息备份表。具体语句如下：

INSERT INTO 读者基本信息备份表 SELECT * FROM 读者基本信息表

(3) 使用对象资源管理器，右击“读者基本信息备份表”，在弹出的快捷菜单中选择“编写表脚本为”中的“INSERT 到”，点击“新查询编辑窗口”，打开查询编辑器窗口，在查询编辑器窗口输入插入语句，并运行。如图 5－11 所示。

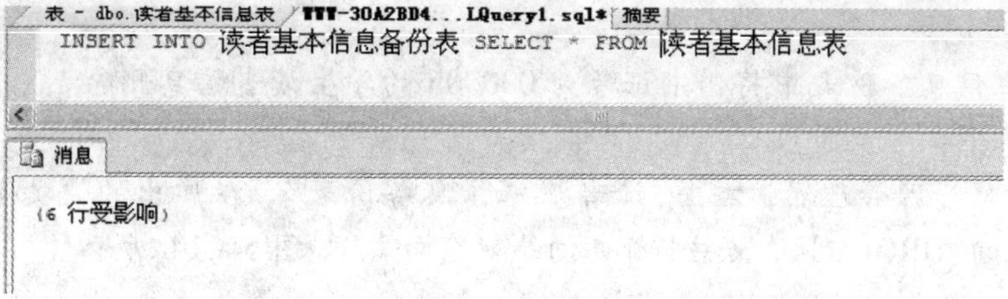

图5－11　在查询编辑器中实现插入全部记录

3. 修改单条记录

在读者基本信息备份表中将借书证号为000004的学生读者的系别改为财经系，班级改为会计3班。

具体步骤如下：

(1)使用对象资源管理器，右击"读者基本信息备份表"，在弹出的快捷菜单中选择"编写表脚本为"中的"UPDATE到"，点击"新查询编辑窗口"，如图5－12所示。

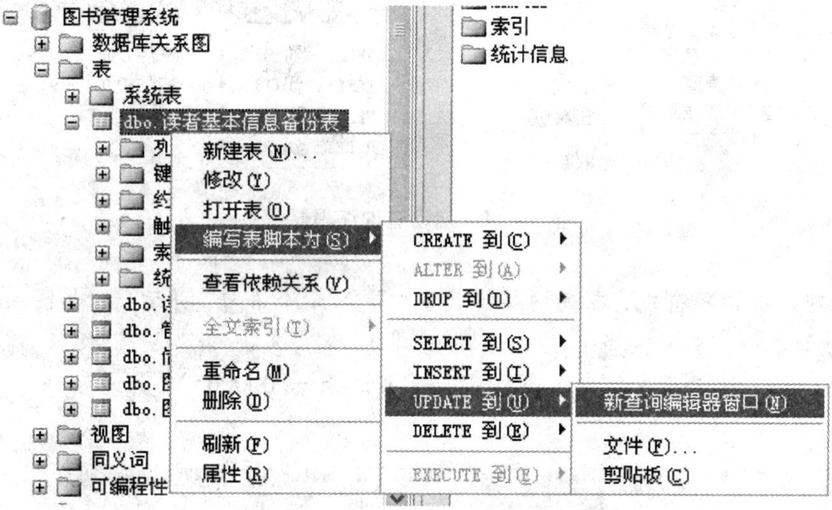

图5－12　启动查询编辑器

(2)打开查询编辑器窗口，在查询编辑器窗口输入修改语句，并运行，如图5－13所示。

具体语句如下：

UPDATE 读者基本信息备份表 SET 系别＝'财经系',班级＝'会计3班' WHERE 借书证号＝'000004'

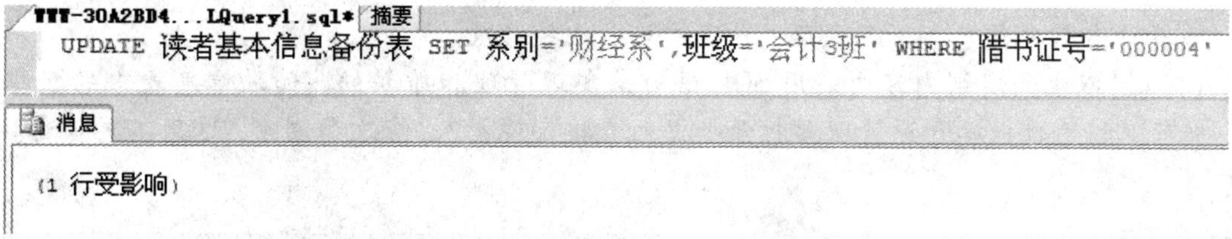

图5－13　在查询编辑器中实现修改记录

打开读者基本信息备份表之后，发现该记录已经修改。

4. 删除单条记录

在读者基本信息备份表中将借书证号为000005的学生读者信息删除。

具体步骤如下:

(1)使用对象资源管理器,右击"读者基本信息备份表",在弹出的快捷菜单中选择"编写表脚本为"中的"DROP到",点击"新查询编辑窗口",如图5-14所示。

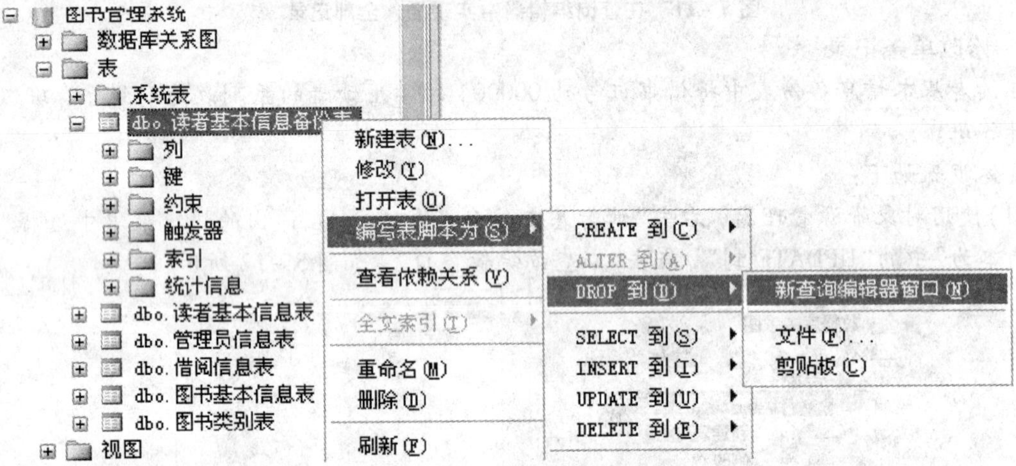

图5-14 启动查询编辑器

(2)打开查询编辑器窗口,在查询编辑器窗口输入删除语句,并运行,如图5-15所示。

具体语句如下:

DELETE FROM 读者基本信息表 WHERE 借书证号='000005'

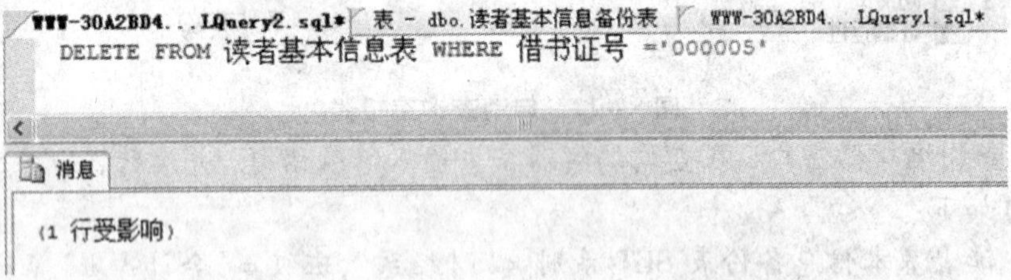

图5-15 在查询编辑器中实现删除记录

打开读者基本信息备份表之后,发现该记录已经修改。

【注意】以上的实训内容均采用SQL语句来实现管理和维护的,如果信息表中的数据较少,也可以利用数据库资源管理器打开数据表直接实现插入、修改和删除,这里不再赘述。

阅读材料

SQL 编程基础

1. SQL 语法规范

SQL 是一门 ANSI(ANSI——美国国家标准学会)的标准计算机语言,用来访问和操作数据库系统。SQL 语句用于取回和更新数据库中的数据。SQL 可与数据库程序协同工作,比如 MS Access、DB2、Informix、MS SQL Server、Oracle、Sybase 以及其他数据库系统。

不幸的是,存在着很多不同版本的 SQL 语言,但是为了与 ANSI 标准相兼容,它们必须以相似的方式共同地来支持一些主要的关键词(比如 SELECT、UPDATE、DELETE、INSERT、WHERE 等等)。

可以把 SQL 分为两个部分:数据操作语言(DML)和 数据定义语言(DDL)。

(1)数据操作语言(DML)

SQL(结构化查询语言)是用于执行查询的语法。但是 SQL 语言也包含用于更新、插入和删除记录的语法。

查询和更新指令构成了 SQL 的 DML 部分:

●SELECT - 从数据库表中获取数据

●UPDATE - 更新数据库表中的数据

●DELETE - 从数据库表中删除数据

●INSERT INTO - 向数据库表中插入数据

①SELECT - 从数据库表中获取数据

●获取指定数据的 SELECT 语句基本格式是:

SELECT 属性名 FROM 表名 [WHERE 条件]

②UPDATE - 更新数据库表中的数据

●更新指定数据的 UPDATE 语句基本格式是:

UPDATE 表名 SET 属性名=值[,…,属性名=值] 属性名

③DELETE - 从数据库表中删除数据

●删除指定数据的 DELETE 语句基本格式是:

DELETE FROM 表名 [WHERE 条件]

④INSERT INTO - 向数据库表中插入数据

●插入指定数据的 INSERT 语句基本格式是:

INSERT INTO 表名 [(属性名列表)] VALUES(表达式列表)

(2)数据定义语言(DDL)

SQL(的数据定义语言)部分可以创建或删除表格。也可以定义索引(键),规定表之间的链接,以及施加表间的约束。

SQL 中最重要的 DDL 语句:

●CREATE DATABASE - 创建新数据库

●CREATE TABLE - 创建新表

●ALTER TABLE – 变更(改变)数据库表

●DROP TABLE – 删除表

①CREATE DATABASE – **创建新数据库**

●创建指定数据库的 CREATE DATABASE 语句基本格式是:

CREATE DATABASE 数据库名

②CREATE TABLE – **创建新表**

●创建指定数据表的 CREATE TABLE 语句基本格式是:

CREATE TABLE 表名

(

<列名1> <数据类型>[列级完整性约束定义],

<列名2> <数据类型>[列级完整性约束定义],[,…]

[,表级完整性约束定义]

)

③ALTER TABLE – **变更(改变)数据库表**

●变更指定数据表的 ALTER TABLE 语句基本格式是:

ALTER TABLE 表名

[ALTER COLUMN <列名> <新数据类型>]

|[ADD <列名> <数据类型>]

|[ADD [CONSTRAINT 约束名] 完整性约束]

|[DROP [CONSTRAINT] 约束名]

|[DROP COLUMN <列名>]

④DROP TABLE – **删除表**

●删除指定数据表的 DROP TABLE 语句基本格式是:

DROP TABLE 表名

2. 常量与变量

(1)常量

常量是表示特定数据值的符号,常量也称为文字值或标量值。常量的格式取决与它所表示的数据值的数据类型。常量分为:字符串常量、Unicode 常量、二进制常量、日期常量和数值常量。

①字符串常量

字符串常量括在单引号内并包含字母数字字符(a – z、A – Z 和 0 – 9)以及特殊字符,如感叹号(!)、at 符(@)和数字号(#)。如:'This is Book.'。如果单引号中的字符串包含一个嵌入的引号,可以使用两个单引号表示嵌入的单引号。如:'O'Brien'。空字符串用中间没有任何字符的两个单引号表示。字符串常量支持增强的排序规则。

②Unicode 常量

Unicode 字符串的格式与普通字符串相似,但它前面有一个 N 标识符(N 代表 SQL – 92 标准中的区域语言)。N 前缀必须是大写字母。如,'Michél' 是字符串常量而 N'Michél' 则是 Unicode 常量。Unicode 常量被解释为 Unicode 数据,并且不使用代码页进行计算。Unicode 常量有排序规则。该排序规则主要用于控制比较和如何区分大小写。

③**二进制常量**

二进制常量具有前缀 0x 并且是十六进制数字字符串。这些常量不使用引号括起。如：0xAE、0x12Ef。

④**bit 常量**

bit 常量使用数字 0 或 1 表示，并且不括在引号中。如果使用一个大于 1 的数字，则该数字将转换为 1。

⑤**datetime 常量**

datetime 常量使用特定格式的字符日期值来表示，并被单引号括起来。如：'December 5'、'1985'、'12/5/98'都是日期常量，'14:30:24'、'04:24 PM'都是时间常量。

⑥**数值常量**

数值常量又分为：integer 常量、decimal 常量、float 和 real 常量和 money 常量。如：1873、187.2341、101.5E5、0.5E－2、$12.34 分别是 integer 常量、decimal 常量、float 和 real 常量和 money 常量。

(2)变量

变量是程序语言最基本的角色。在 Microsoft SQL Server 2005 系统中，变量可以保存单个特定类型数据值的对象。一般，批处理和脚本中的变量通常用于：作为计数器计算循环执行的次数或控制循环执行的次数；保存数据值以供控制流语句测试；保存存储过程返回代码要返回的数据值或函数返回值，等等。

①**变量的声明**

在 Transact－SQL 语言中，可以用 DECLARE 语句声明变量。例如：下面的 DECLARE 语句使用 int 数据类型创建名为 @mycounter 的局部变量。

DECLARE @MyCounter int;

在声明变量时需要注意以下三点：第一，为变量指定名称，并全名称的第一个字符必须为一个@；第二，指定系统提供的或用户定义的数据类型和长度。对于数值变量还指定精度和小数位数。对于 XML 类型的变量，可以指定一个可选的架构集合，第三，声明变量后，系统将值设置为 NULL。

若要声明多个局部变量，变量之间用逗号分开，例如，此 DECLARE 语句创建了三个名为 @LastName、@FirstName 和 @StateProvince 的局部变量，并将每个变量都初始化为 NULL：

DECLARE @LastName nvarchar(30), @FirstName nvarchar(20), @StateProvince nchar(2);

②**变量的作用域**

变量的作用域就是可以引用该变量的 Transact－SQL 语句的范围。变量的作用域从声明变量的地方开始到声明变量的批处理或存储过程的结尾。变量具有局部作用域，只在定义它们的批处理或过程中可见。用户可以通过 SET 语句为变量赋值，也可以使用 SELECT 语句选择列中当前值来为变量赋值。

3.流程控制语言

一般地，结构化程序设计语言的基本结构是顺序结构、条件分支结构和循环结构。除顺序结构外，分支结构和循环结构都需要根据程序的执行状况对程序的执行顺序进行调整和控制。在 Transact－SQL 语言中，用于控制语句流的语言被称为流程控制语言。

(1) Microsoft SQL Server 2005 系统中，提供了如下 9 种流程控制语句。

表 5－1　　流程控制语句

控制流程语句关键字	含　义
BEGIN….. END	定义语句块，这些语句块作为一组语句执行，允许语句块嵌套。
BREAK	退出 WHILE 循环内部的 WHILE 语句或 IF … ELSE 语句最里面的循环。将执行出现在 END 关键字后面的任何语句，END 关键字为循环结束标记。
CONTINUE	重新开始 WHILE 循环。在 CONTINUE 关键字之后的任何语句都将被忽略。
GOTO	将执行流更改到标签处。跳过 GOTO 后面的 Transact－SQL 语句，并从标签位置继续处理。GOTO 语句和标签可在过程、批处理或语句块中的任何位置使用。GOTO 语句可嵌套使用。由于 GOTO 语句破坏了程序的结构化语句，应该尽量少用该语句。
IF… ELSE	指定 Transact－SQL 语句的执行条件。如果满足条件，则在 IF 关键字及其条件之后执行 Transact－SQL 语句：布尔表达式返回 TRUE。可选的 ELSE 关键字引入另一个 Transact－SQL 语句，当不满足 IF 条件时就执行该语句：布尔表达式返回 FALSE。
RETURN	从查询或过程中无条件退出。RETURN 的执行是即时且完全的，可在任何时候用于从过程、批处理或语句块中退出。RETURN 之后的语句是不执行的。
TRY… CATCH	对 Transact－SQL 实现与 Microsoft Visual C# 和 Microsoft Visual C＋＋ 语言中的异常处理类似的错误处理。Transact－SQL 语句组可以包含在 TRY 块中。如果 TRY 块内部发生错误，则会将控制传递给 CATCH 块中包含的另一个语句组。
WAITFOR	在达到指定时间或时间间隔之前，或者指定语句至少修改或返回一行之前，阻止执行批处理、存储过程或事务。
WHILE	设置重复执行 SQL 语句或语句块的条件。只要指定的条件为真，就重复执行语句。可以使用 BREAK 和 CONTINUE 关键字在循环内部控制 WHILE 循环中语句的执行。

(2) 常见语句示例：

①IF … ELSE 语句

其语法格式如下：

```
IF <逻辑表达式>
    <语句 1>
ELSE
    <语句 2>
```

当逻辑表达式的值为真时，就执行<语句 1>；若为假，就执行<语句 2>，其中<语句>可以是单条语句或语句块。

【例】如果存在姓名为“张三”的学生，则输入提示文字“张三的年龄是：”及相应的年龄；

如果不存在，则输出提示文字“没有此学生”。

具体语句如下：

```
IF EXISTS(SELECT * FROM student WHERE sname = '张三')
BEGIN
    DECLARE @a int
    SELECT @a = sage from student
    WHERE sname = '张三'
    PRINT'张三的年龄是:' + CAST (@a AS char(4))
END
ELSE
    PRINT '没有此学生'
```

②CASE 语句

其语法格式如下：

```
    CASE <测试表达式>
    WHEN <表达式1>   THEN <结果表达式1>
    WHEN <表达式2>   THEN <结果表达式2>
    :
    [ELSE <结果表达式 n>]
END
```

【例】查询学生的姓名和所在系别，当 sdept 为 CS 时，显示“计算机系”；当 sdept 为 IS 时，显示“信息系”；当 sdept 为 MS 时，显示“数学系”。

具体语句如下：

```
Select 姓名 = sname,系别 =
Case sdept
    When 'cs' then'计算机系'
    When 'is' then'信息系'
    When 'ms' then'数学系'
End
From student
```

③WHILE 语句

其语法格式如下：

```
    WHILE <逻辑表达式>
    BEGIN
    <语句1>
    [BREAK]
    <语句2>
    [CONTINUE]
    <语句3>
END
```

【例】求100!

具体语句如下:

```
DECLARE @jc float,@i int
SET @jc =1
SET @i =1
WHILE @i < =100
BEGIN
    SET @jc =@jc * @i
    SET @i =@i +1
END
PRINT '100!  =' +CAST(@jc AS char(20))
```

习 题 五

一、填空题

1. 向数据表中插入新数据使用________语句，向数据表中更新数据使用________语句，向数据表中删除数据使用________语句。

2. 事务应该具有如下4个特点:________、________、________和________。

3. 显式事务的运行模式的组织结构形式:定义事务的开始使用________________语句，提交事务使用________________语句，回滚事务使用________________语句。

二、选择题

1. DELETE FROM S WHERE 年龄 >60 语句的功能是( )。

A. 从S表中彻底删除年龄大于60岁的记录

B. S表中年龄大于60岁的记录被加上删除标记

C. 删除S表

D. 删除S表的年龄列

2. 事务的原子性是指( )。

A. 事务中包括的所有操作要么都做，要么都不做

B. 事务一旦提交，对数据库的改变是永久的

C. 一个事务内部的操作及使用的数据对并发的其他事务是隔离的

D. 事务必须是使数据库从一个一致性状态变到另一个一致性状态

三、判断题

1. SQL (结构化查询语言)只能用于执行查询的语法。不能用于更新、插入和删除记录的语法。( )

2. 使用截断表后，表的结构和所有的索引仍然继续存在。( )

四、操作题

在图书管理系统数据库中，分别使用对象资源管理器和T-SQL语句实现以下操作：

1. 如图下图所示，在读者基本信息表中插入2条新记录。

借书证号	姓名	性别	系别	班级	联系方式
000007	李刚	男	信息系	计算机2班	13889947114
000002	王伟	男	临床系	临床1班	13933323418

2. 在读者基本信息表中，将借书证号为000007的读者的联系方式改为:13236538638。
3. 在读者基本信息表中，删除借书证号为000002的读者的记录。

任务6　使用索引和视图

我们知道，在使用字典查询某个字的时候，不能盲目地查阅整本字典，要先按照拼音或部首去找检索表，再根据检索表指定的页数找到所查字。同样地，在使用数据库进行表查询的时候，也不能盲目地查询整个表，可以先对该表建立一个目录，再使用目录查询具体表，这个目录就是我们要介绍的索引。

当我们需要经常查询一个表或多个表时，可以将预先定义好的查询作为一个对象存储在数据库中，然后像使用表一样在查询语句中使用它，这个对象就可以看作视图。

6.1　子任务:使用索引查询数据

6.1.1 认识索引

1. 什么是索引

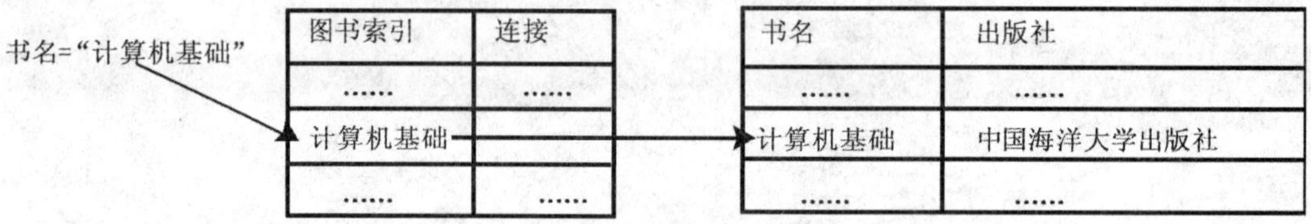

图6-1　索引示例图

如图6-1所示，索引类似于图书的目录。在图书中，目录是章节内容和相应页码的列表，用户不必翻阅整本图书，就能根据页码迅速找到所需内容;在数据库中，索引是表中特定字段值和相应记录存储位置的列表，数据库应用程序不必扫描整个数据库，就能根据相应记录存储位置迅速找到表中特定的数据。

2. 应当选择什么样的字段列建立索引

由图6-1可见，索引是建立在字段列的上面。

但是，不是表中每一列都适合创建索引，索引需要占物理空间，创建索引和维护索引也要耗费时间，这种空间和时间会随着数据量的增加而增加。创建索引时，应该考虑如下指导原则:

第一，在经常需要搜索的列上创建索引;

第二，在主键上创建索引;

第三，在经常用于连接的列上创建索引，即在外键上创建索引;

第四，在经常需要根据范围进行搜索的列上创建索引，因为索引已经排序，其指定的范围是连续的。

3. 索引的类型

按照索引值的特点分类，可以将索引分为惟一索引和非惟一索引;按照索引结构的特点分类，可以将索引分为聚集索引和非聚集索引。

(1)惟一索引和非惟一索引

惟一索引要求所有数据行中任意两行中的被索引列或索引列组合不能存在重复值，包括不能有两个空值NULL，而非惟一索引不存在这样的限制。也就是说，对于表中的任何两行记录来说，索引键的值都是各不相同的。如果表中有多行的记录在某个字段上具有相同的值，则不能基于该字段建立惟一索引；同样对于多个字段的组合，如果在多行启示上有重复值或多个NULL，则也不能在该组合上建立惟一索引。使用INSERT、UPDATE语句添加后修改记录时，SQL Sever2005将检查所使用的数据是否会造成惟一性索引键的重复，如果会造成重复的话，则INSERT或UPDATE语句执行将失败。

(2)聚集索引和非聚集索引

聚集索引会对表进行物理排序，所以这种索引对查询非常有效。表中只能有一个聚集索引。当建立主键约束时，如果表中没有聚集索引，SQL Sever2005会用主键列作为聚集索引键。可以在表的任何列或列的组合上建立聚集索引，实际应用中一般为定义成主键约束的列建立聚集索引。

非聚集索引不会对表进行物理排序。如果表中不存在聚集索引，则表是未排序的。在表中，最多可以建立250个非聚集索引或者249个非聚集索引和1个聚集索引。

在创建了聚集索引的表上执行查询操作比只创建了非聚集索引的表上执行查询速度快，但是，执行修改操作则比只创建了非聚集索引的表上执行的速度慢，这是因为表数据的改变需要更多的时间来维护聚集索引。

6.1.2 创建和维护索引

1. 创建索引

(1)使用对象资源管理器创建索引

使用对象资源管理器，在SQL Server Management Studio的表设计器下建立索引的操作步骤如下：

①启动SQL Server Management Studio，选择服务器，展开图书管理系统数据库中读者基本信息表节点前的加号，右击“索引”节点，弹出如图6-2所示的快捷菜单。

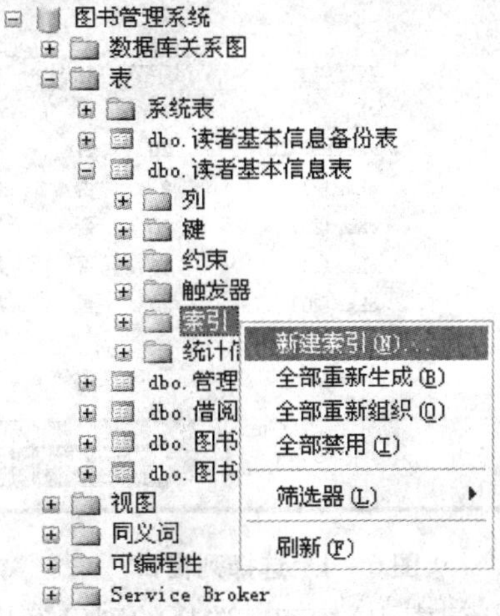

图6-2　选择“新建索引”命令

②选择“新建索引”命令，弹出如图 6－3 所示的新建索引窗口。

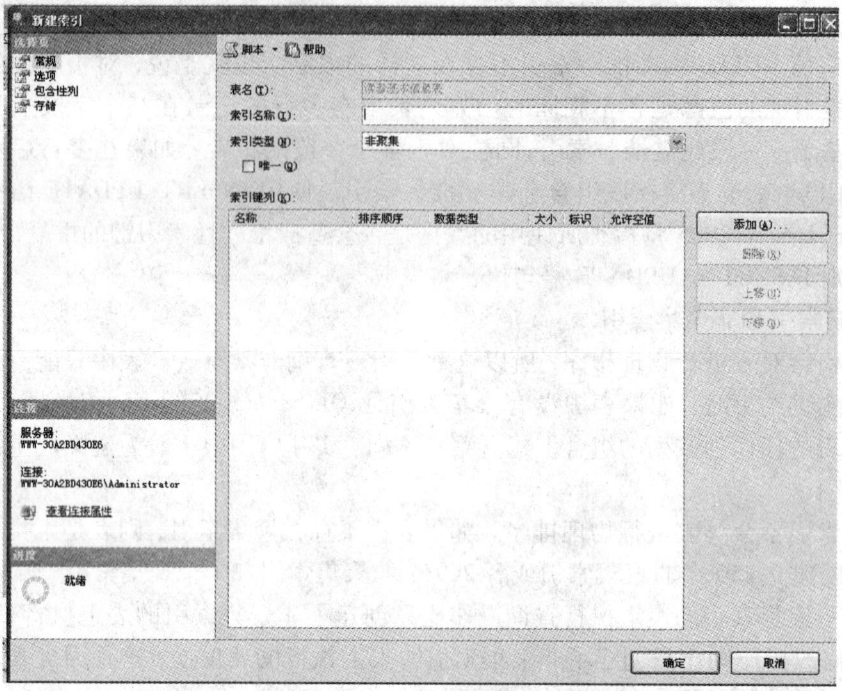

图 6－3　新建索引窗口

③在该窗口中新索引起名，选择索引类型，有 3 个选项：聚集索引、非聚集索引和主 XML。要注意的是一个表只能有一个聚集索引，若该表中已经存在聚集索引，那么“聚集”选项将不能再被选择。如果创建的是惟一索引，需要选择“惟一”复选框。

④单击“添加”按钮，弹出如图 6－4 所示的选择列窗口。该窗口列出了表中所有的列，若要选择一个字段作为索引键，选择前面的复选框。

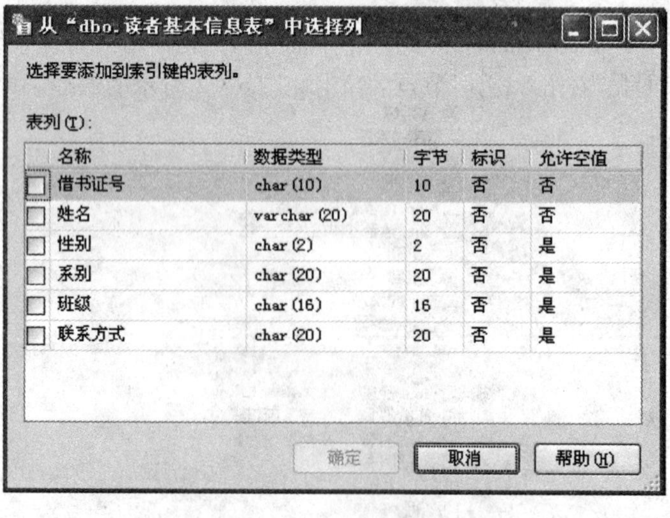

图 6－4　选择列窗口

⑤单击“确定”按钮，返回“新建索引”窗口，选择的列已经出现在该窗口中，可以为该索引设置升序还是降序，如图 6－5 所示。

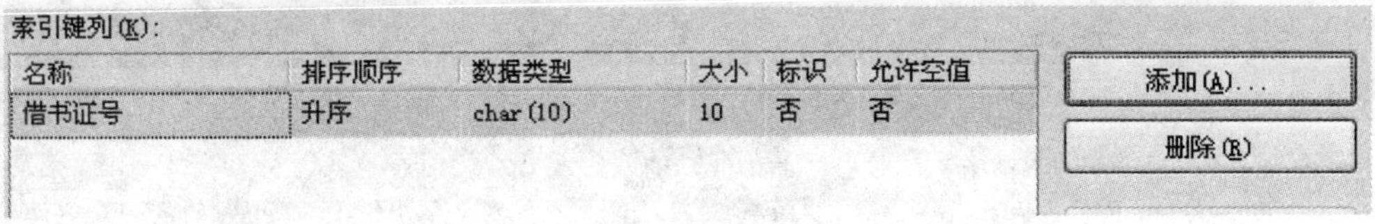

图6-5 设置索引排列顺序

⑥当所有选项设置完毕后，单击“确定”按钮，该索引设置完成。

(2)使用 CREATE INDEX 语句创建索引

在 Microsoft SQL Server 2005 系统中，可以使用 CREATE INDEX 语句在关系表上创建索引。

【例 6-1】在读者基本信息表中的借书证号列创建一个非聚集索引 index1。

命令语句为：

USE 图书管理系统

CREATE INDEX index1 ON 读者基本信息表(借书证号)

●使用 CREATE INDEX 语句在关系表上创建索引的语法格式如下：

CREATE[UNIQUE][CLUSTERED|NONCLUSTERED] INDEX 索引名

ON 表名|视图名(列名[ASC|DESC]，…，列名[ASC|DESC])

其中各选项的含义如下：

UNIQUE：表示创建惟一性的索引，在索引列中不能有两个相同的列值存在。

CLUSTERED：表示创建聚集索引。

NONCLUSTERED：表示创建非聚集索引。这是 CREATE INDEX 语句的默认值。

ON 子句：表示索引所属的表或视图，这里用于指定表或视图的名称和相应的列名称。列名称后面可以使用 ASC 或 DESC 关键字，指定是升序还是降序排列，默认值是 ASC。

2. 查看索引

(1)使用对象资源管理器查看索引信息

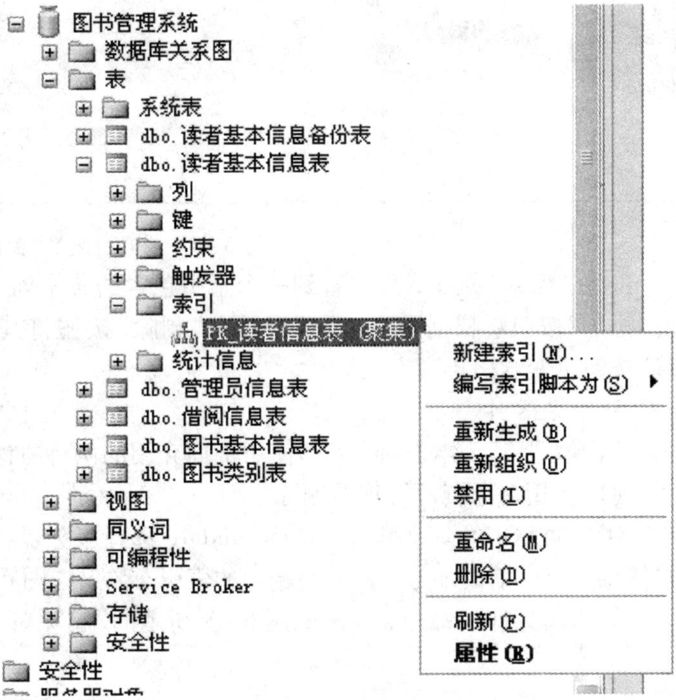

图6-6 快捷菜单

①启动 SQL Server Management Studio，选择服务器，展开图书管理系统数据库中读者基本信息表节点前的加号，右击要查看的索引，弹出如图 6-6 所示的快捷菜单。

②选择“属性”选项，弹出如图 6-7 所示的“索引属性”窗口。通过各个选项可查看该索

引的相关信息。

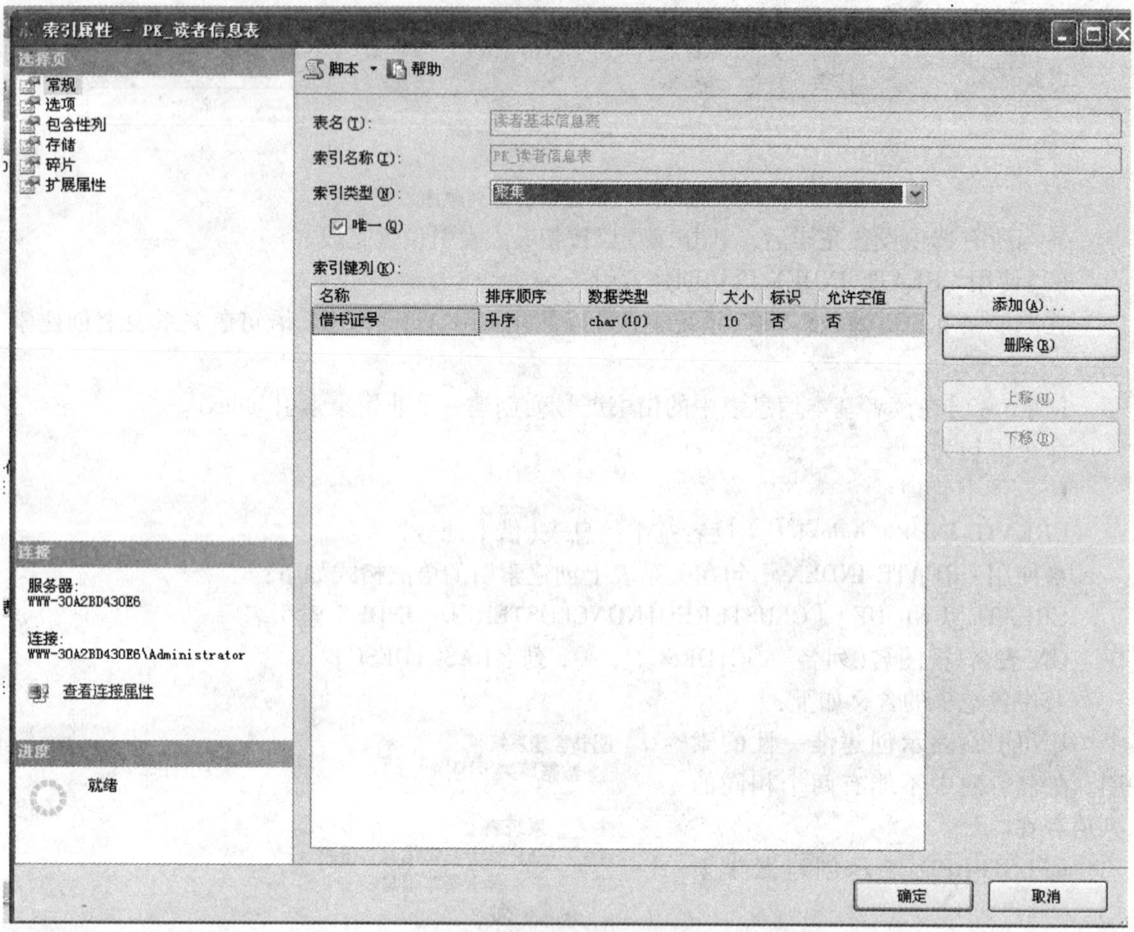

图 6－7 “索引属性”窗口

③在“常规”页中，可以看到一个索引包含的各个列。若需要为索引添加新的列，可以单击“添加”按钮。根据需要，也可以单击“删除”按钮将其删除，还可以通过单击“上移”、“下移”按钮改变索引排列方式。

3. 删除索引

当不需要某个索引时，可以使用下面介绍的两种方法删除索引。

(1)使用对象资源管理器删除索引

①启动 SQL Server Management Studio，选择服务器，展开图书管理系统数据库中读者基本信息表节点前的加号，右击要删除的索引，弹出如图 6－5 所示的快捷菜单。

②选择“删除”命令，弹出如图 6－8 所示的“删除对象”窗口。

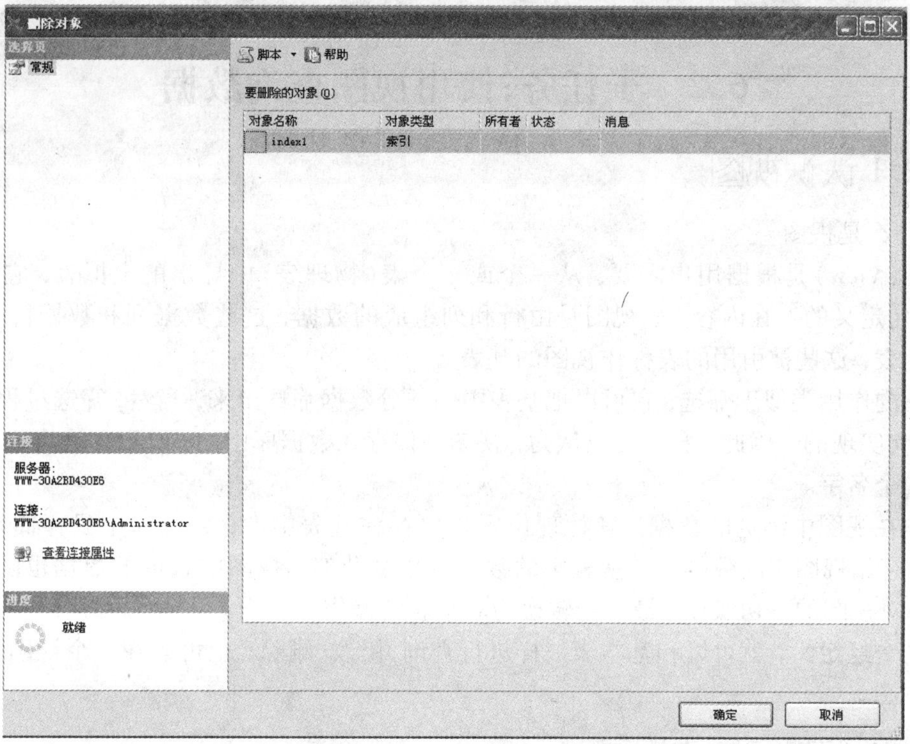

图6-8 “删除对象”窗口

③单击“确定”按钮即可删除该索引。

(2)使用DROP INDEX语句删除索引

可以使用DROP INDEX语句从当前数据库所包含的表中删除一个或多个索引。

【例6-2】删除读者基本信息表中索引index1。

命令语句为:

DROP INDEX 读者基本信息表.index1

●使用DROP INDEX语句删除一个或多个索引的语法格式如下:

DROP INDEX 表名.索引名[,... n]

【注意】

(1)在执行DROP INDEX语句时,SQL Server释放被该索引所占的磁盘空间。

(2)不能使用DROP INDEX语句删除由主键约束或惟一性约束创建的索引,要想删除这些索引,必须先删除这些约束。

(3)当删除表时,该表的全部索引也被删除。

(4)当删除一个聚集索引时,该表的全部非聚集索引将重新自动创建。

(5)不能在系统表上使用DROP INDEX语句。

6.2 子任务:使用视图查询数据

6.2.1 认识视图

1. 什么是视图

视图(View)是根据用户需要，从一个或多个表(物理表)中导出的虚拟表，它是由SELECT语句定义的。在内容上，视图是由行和列组成的数据，这些数据列和数据行来源于一个或多个表，这些被引用的表称作视图的基表。

视图的作用类似于筛选，它可以把基表中的部分数据筛选出来，当然，筛选过程是由SELECT语句实现的。因此，我们可以认为，视图是保存在数据库中的SELECT查询，它是给查询起的一个名字。

用户在视图中浏览的数据，其物理位置是保存在基表中的，数据库中只存储视图的定义，而不存储视图中的数据，当基表中的数据发生变化时，视图中查询的数据也随之改变，相应地，对视图的一切操作，最终会转换为对基表的操作。

视图一经定义，就可以和基本表一样进行查询、修改、删除，也可以在一个视图之上再定义新的视图。

6.2.2 创建和修改视图

1. 使用对象资源管理器创建视图

使用对象资源管理器，在SQL Server Management Studio的表设计器下建立视图的操作步骤如下：

(1)启动SQL Server Management Studio，选择服务器，展开图书管理系统数据库前的加号，右击“视图”节点，弹出如图6－9所示的快捷菜单。

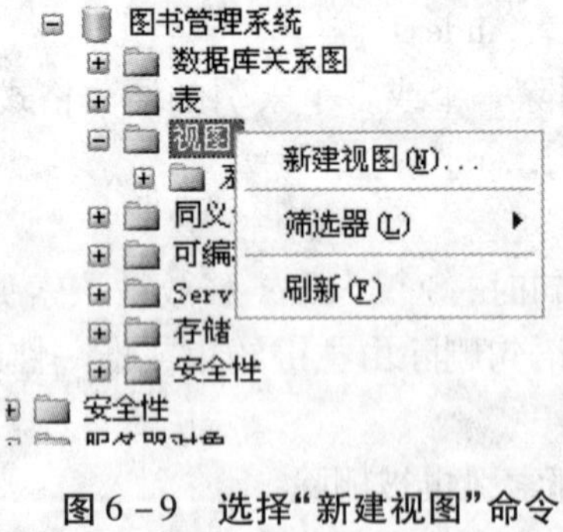

图6－9 选择“新建视图”命令

(2)从弹出的快捷菜单中选择“新建视图”选项，打开“添加表”对话框，选择创建视图所需要的表，单击“添加”按钮，如图6－10所示。

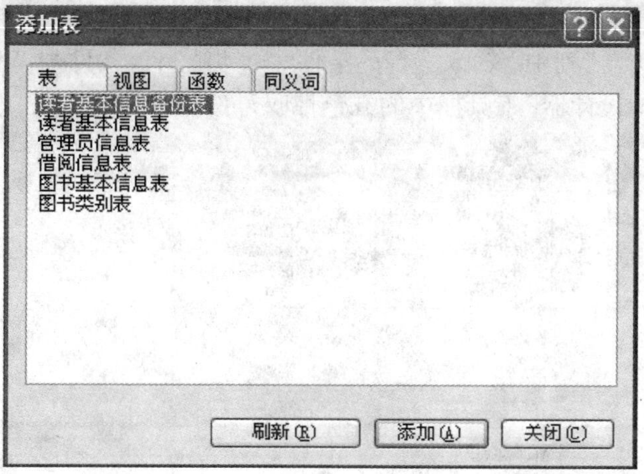

图6-10　“添加表”对话框

(3)添加完毕后单击“关闭”按钮，出现新视图窗口，如图6-11所示。

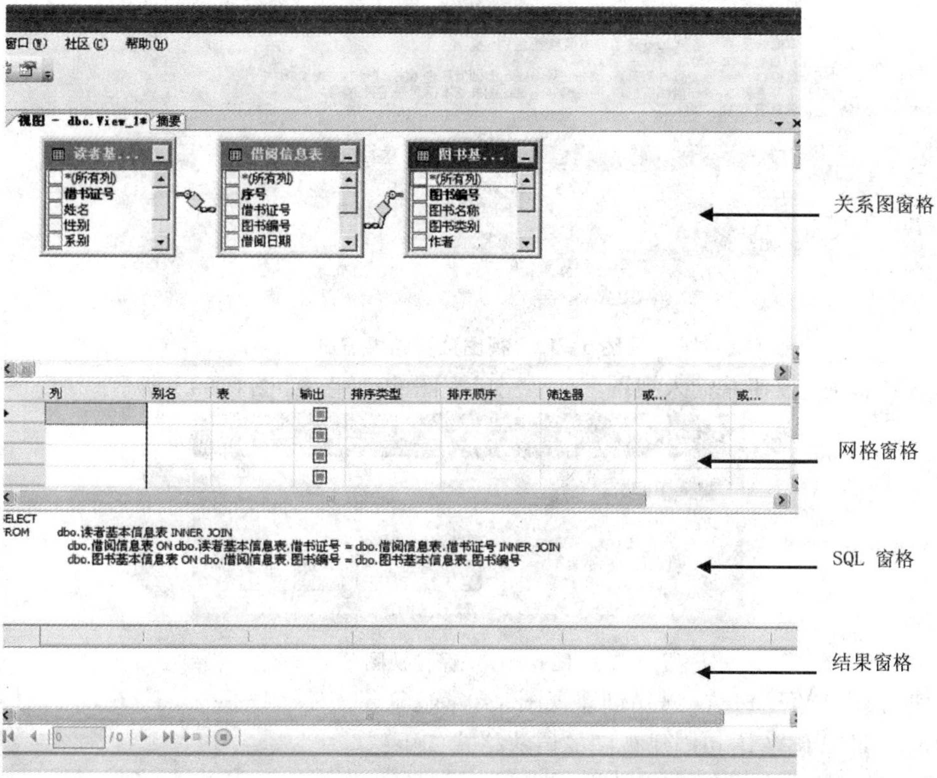

图6-11　视图窗口

视图窗口分成4个区:关系图窗格(表区)、网格窗格(列区)、SQL窗格(SQL Script区)和结果窗格(数据结果区)。

右击表区，在弹出的快捷菜单中选择“添加表”选项，或在“视图设计器”工具栏上单击按钮，都可以选择要使用的表。

①在“表区”或“列区”选择可以在视图中显示的一个或多个字段名，相应的SQL Server

脚本显示在 SQL Script 区。“输出”列控制该列是否在视图中出现。

②在性别的“筛选器”列中，输入选择的条件“ =‘男’”,该条件与 WHERE 子句中的条件是对应的。单击“查询设计器”工具栏中的红色惊叹号按钮来预览结果，如图 6 – 12 所示。

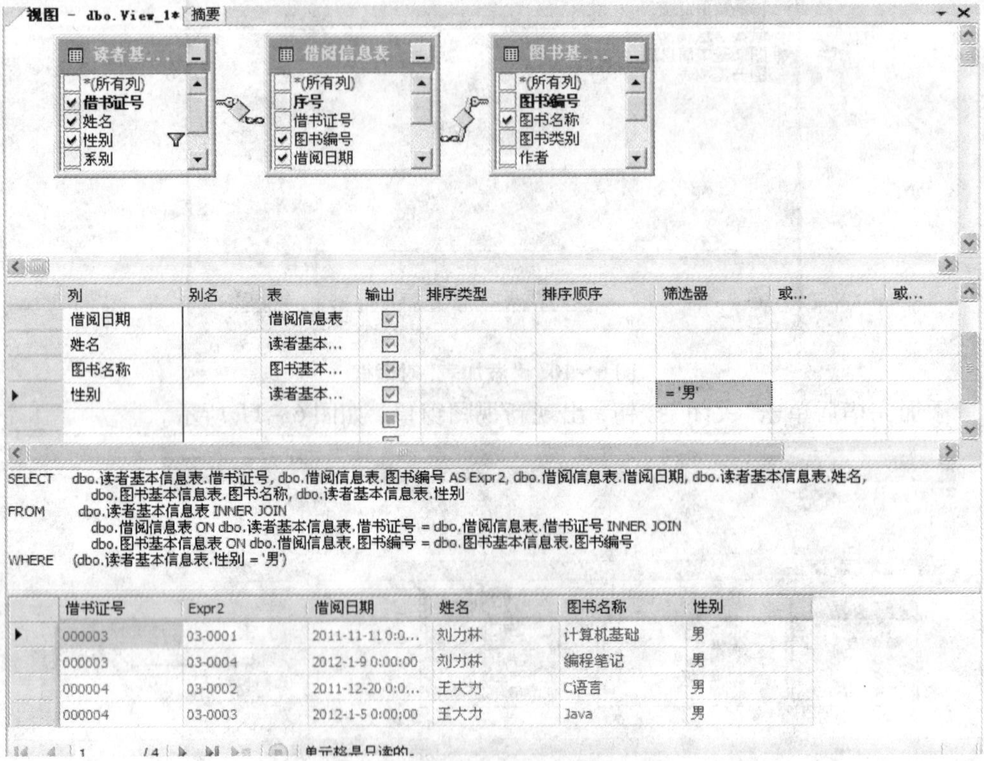

图 6 – 12　视图预览结果窗口

③单击“保存”按钮并输入视图名称，完成视图的创建，如图 6 – 13 所示。

图 6 – 13　保存视图

2. 使用 CREATE VIEW 语句创建视图

●CREATE VIEW 语句创建视图的语法格式如下：

CREATE VIEW 视图名 [(列名 [,… n])]
[WITH ENCRYPTION]
AS
SELECT_statement
[WITH CHECK OPTION]

其中，WITH ENCRYPTION 表示加密选项;AS 之后的 SELECT 语句表示视图要完成的操作;WITH CHECK OPTION 选项对视图进行 update、insert、delete 操作时，要保证更新、插入、删除的记录满足视图定义中的查询条件表达式。

【注意】

(1)组成视图的列名要么全部省略、要么全部指定，如果省略了视图的列名，则隐含该视图由 SELECT_statement 子句中结果集的列名组成。

(2)下列3种情况必须指定视图的所有列名：

①视图的列名为表达式或内部函数的计算结果而不是单纯的列名时，则需指明新的列名，在 SELECT_statement 子句中不许使用 ORDER BY 和 DISTINCT 短语，如需排序，则可在视图定义之后，对视图查询时在进行排序。

②视图由多个表连接得到，在不同的表中存在同名列，则要指定表名。

③需要在视图中为某个列重新定义列名。

【例6-3】创建一个视图 view_1，视图的功能是：在读者基本信息表中查询所有男同学的基本信息。

具体语句如下：

```
USE 图书管理系统
GO
CREATE VIEW view_1
WITH ENCRYPTION
AS
SELECT *
FROM 读者基本信息表
WHERE 性别 = '男'
```

运行结果如图6-14所示

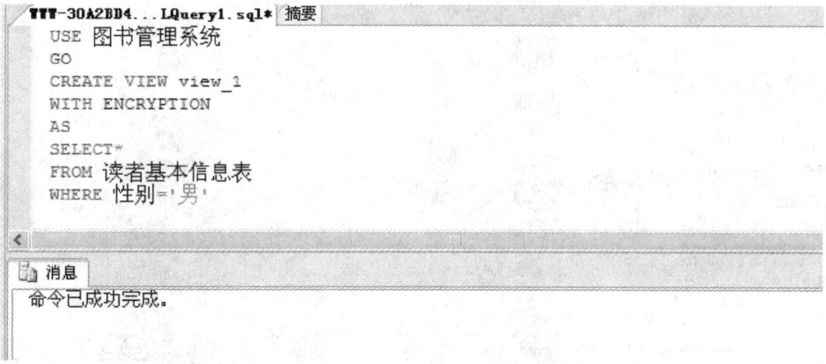

图6-14 执行成功

6.2.3 为视图创建索引

1. 使用对象资源管理器为视图创建索引

(1)启动 SQL Server Management Studio，选择服务器，展开图书管理系统数据库中选择要创建索引的视图，点击该视图节点前的加号，右击其“索引”选项，在弹出的快捷菜单中选择“新建索引”选项，如图6-15所示。

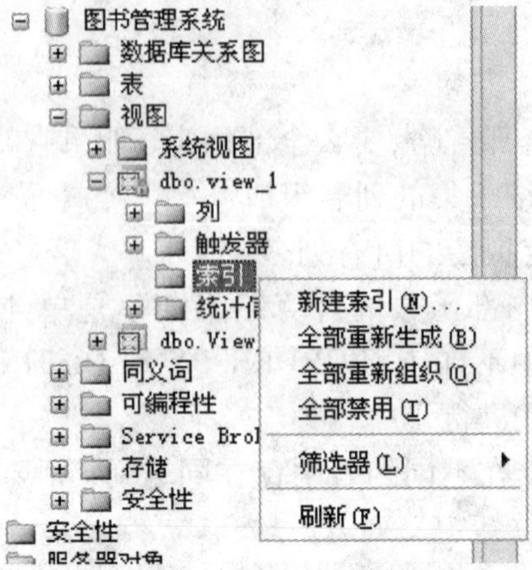

图 6-15 选择"新建索引"命令

(2)弹出"新建索引"窗口，如图 6-16 所示。

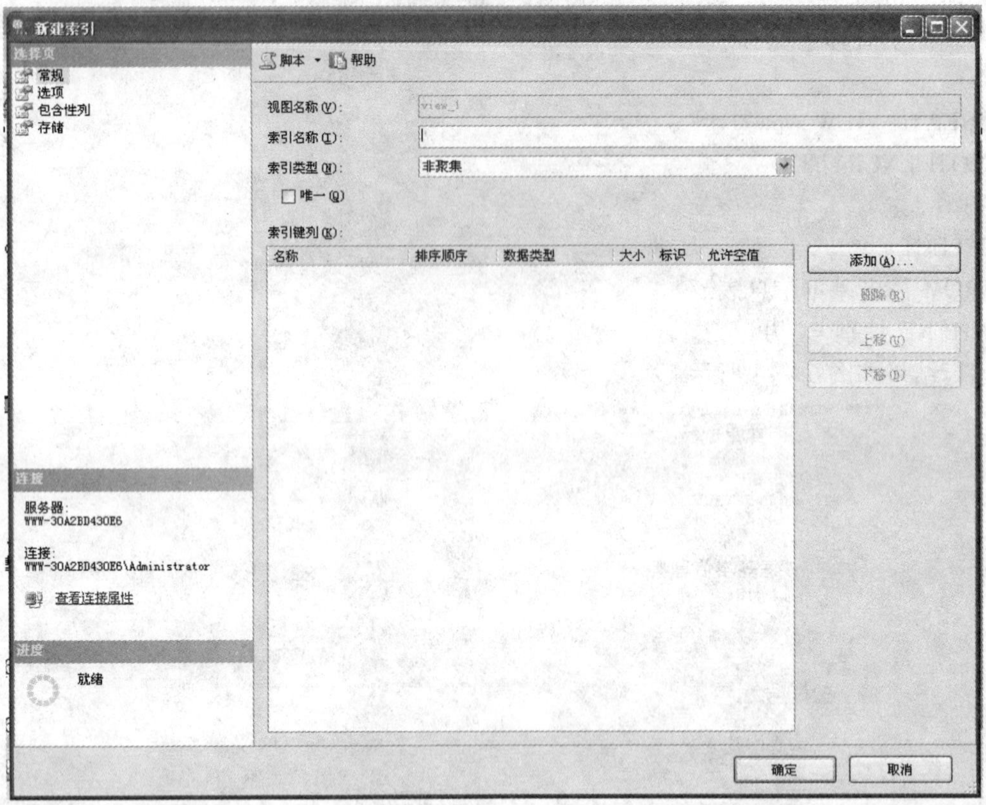

图 6-16 "新建索引"窗口

(3)其后过程与在关系表上创建索引相同，请参见 6.1.2 节，这里不再赘述。

2. 使用 CREATE INDEX 语句为视图创建索引

基本的语法格式与在关系表上创建索引相同，请参见 6.1.2 节，这里不再赘述。

6.2.4 使用视图更新数据

1. 通过视图检索表数据

在定义视图之后，对视图的查询操作与基本表的查询操作一样。

【例 6-4】查询视图 view_1 中临床系的学生信息。

具体语句如下：

SELECT * FROM view_1 WHERE 系别 ='临床系'

2. 通过视图添加表数据

用户可以通过视图更新基本表的数据，修改方式与通过 UPDATE、INSERT、DELETE 语句修改表中数据的方式一样。

【例 6-5】利用视图 view_1 向读者基本信息表中插入一条记录。

命令语句为：

INSERT INTO view_1（借书证号,姓名,性别,系别,班级,联系方式）VALUES('000005','张三丰','男','临床系','临床2班','1573345632')

●通过视图添加表数据的命令语法格式如下：

INSERT INTO 视图名(列名1[,列名2 ...])VALUES(列值1[,列值2 ...])

【注意】如果要防止用户通过视图对数据库基本表进行增删、修改，则在视图定义时要加上 WITH CHECK OPTION 子句。这样在视图上增删、修改数据时，DBMS 会检查视图定义中子查询的 WHERE 子句中的条件，若操纵的记录不满足条件，则拒绝执行相应操作。

3. 通过视图修改表数据

【例 6-6】利用视图 view_1 将学生张三丰的系别改为信息系，班级改为计算机2班。

命令语句为：

UPDATE view_1 SET 系别 ='信息系', 班级 ='计算机2班' WHERE 姓名 ='张三丰'

●通过视图修改表数据的命令语法格式如下：

UPDATE 视图名 SET 列名 = 列值[,...][WHERE 条件]

【注意】在关系数据库中，并不是所有的视图都是可更新的，因为有些视图的更新不能惟一地有意义地转换成对相应表的更新。

6.2.5 删除视图

视图不需要时，可以删除。删除视图不影响基本表中的数据，一次可以删除多个视图。

1. 使用对象资源管理器删除视图

(1)启动 SQL Server Management Studio，选择服务器，展开图书管理系统数据库中选择要删除的视图并右击，在弹出的快捷菜单中选择“删除”选项，弹出“删除对象”窗口，如图6-17所示。

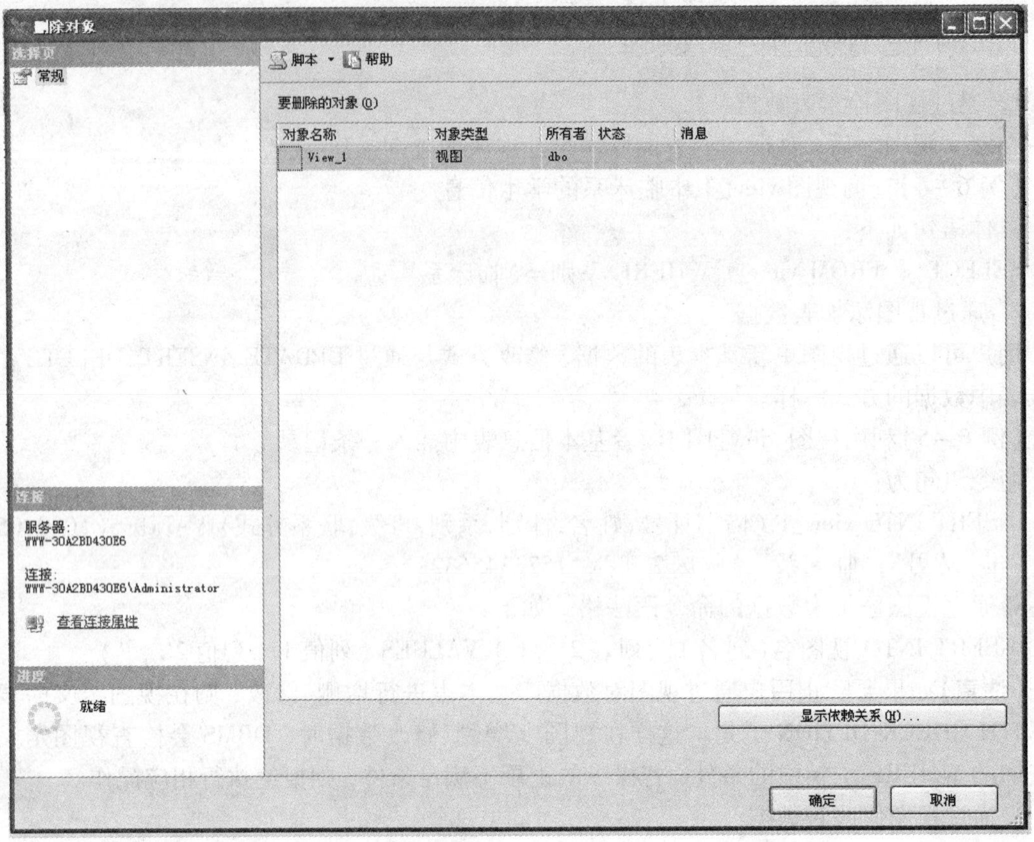

图 6 – 17 “删除对象”窗口

(2)单击“确定”按钮，可以将视图成功删除。

2. 使用 DROP VIEW 语句删除视图

【例 6 – 7】使用 SQL 语句将视图 View_1 删除。

命令语句为：

```
DROP VIEW View_1
```

●DROP VIEW 语句删除视图的语法格式如下：

```
DROP VIEW 视图名[ ,... n]
```

实训 6　在图书管理系统中创建、使用索引和视图

1. 创建索引

在图书基本信息表中的图书编号列创建一个非聚集索引 index1。

具体步骤如下：

(1)启动 SQL Server Management Studio，选择服务器，展开图书管理系统数据库中图书基本信息表节点前的加号，右击“索引”节点，弹出如图 6 – 18 所示的快捷菜单。

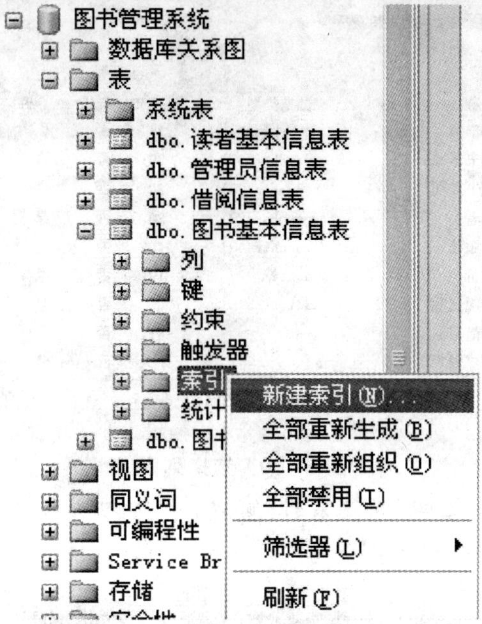

图6-18 选择"新建索引"命令

(2)选择"新建索引"命令，弹出如图6-19所示的新建索引窗口，在索引名称中输入index1。

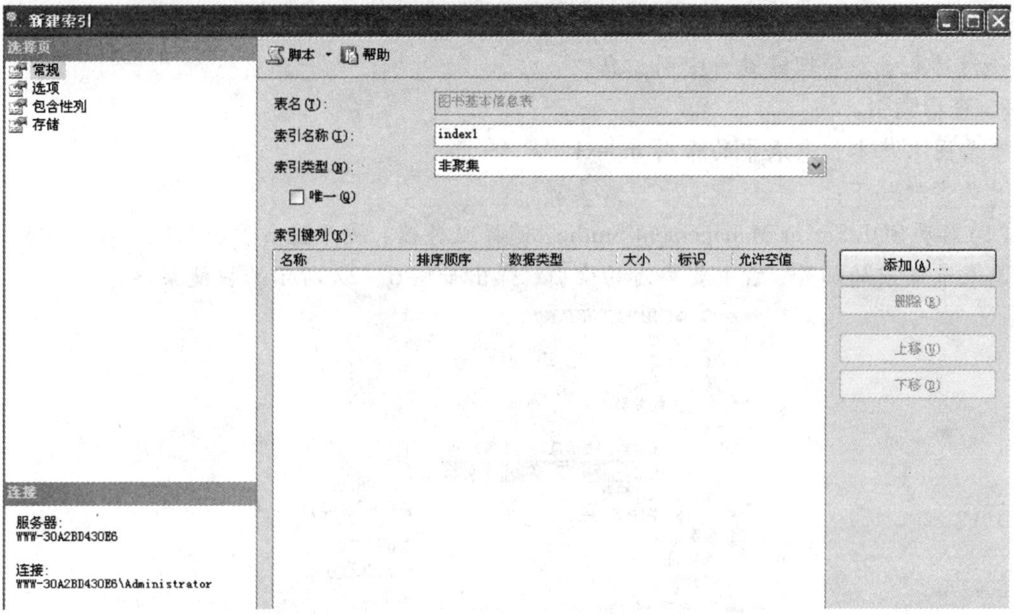

图6-19 新建索引窗口

(3)单击"添加"按钮，弹出如图6-20所示的选择列窗口。该窗口列出了表中所有的列，选择图书编号前面的复选框。

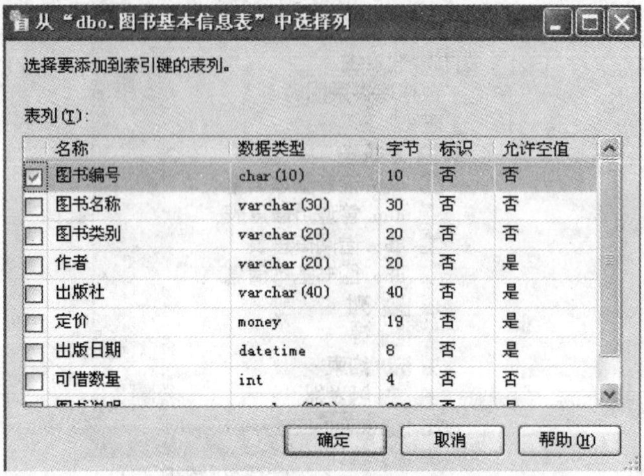

图 6－20 选择列窗口

(4)单击“确定”按钮，返回“新建索引”窗口，选择的列已经出现在该窗口中，可以为该索引设置升序还是降序，如图 6－21 所示。

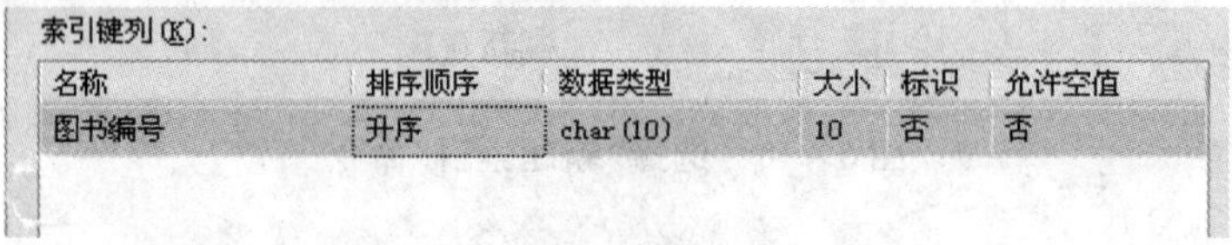

图 6－21 设置索引排列顺序

(5)当所有选项设置完毕后，单击“确定”按钮，该索引设置完成。

使用对象资源管理器查看索引信息

2. **查看索引**

查看图书基本信息表中的索引 index1。

具体步骤如下：

(1)启动 SQL Server Management Studio，选择服务器，展开图书管理系统数据库中图书基本信息表节点前的加号，右击要查看的索引，弹出如图 6－22 所示的快捷菜单。

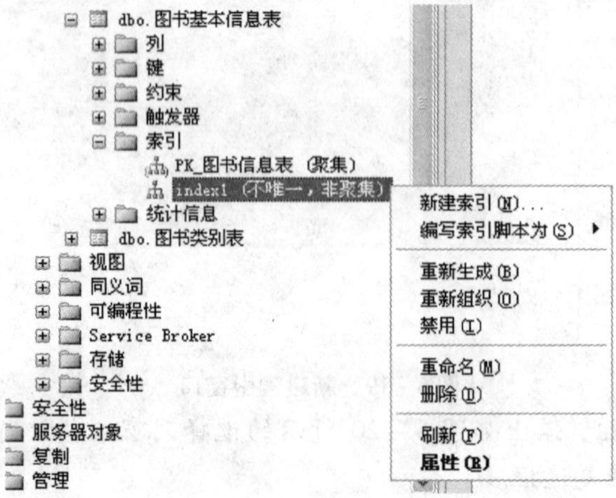

图 6－22 快捷菜单

(2)选择“属性”选项，弹出如图6-7所示的“索引属性”窗口。通过各个选项可查看该索引的相关信息。

3. **删除索引**

删除图书基本信息表中的索引index1。

具体步骤如下：

(1)启动SQL Server Management Studio，选择服务器，展开图书管理系统数据库中读者基本信息表节点前的加号，右击要删除的索引，弹出如图6-6所示的快捷菜单。

(2)选择“删除”命令，弹出如图6-23所示的“删除对象”窗口。

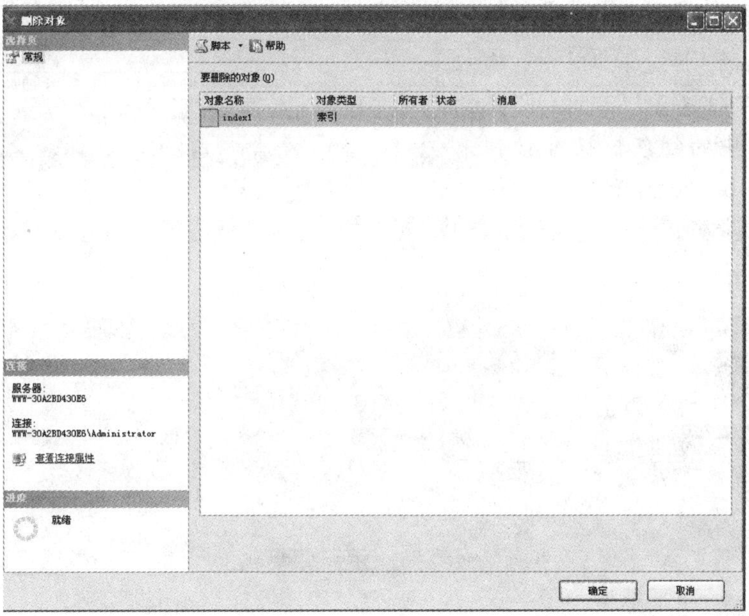

图6-23　“删除对象”窗口

(3)单击“确定”按钮即可删除该索引。

4. **创建视图**

创建一个视图View_2，视图的功能是：显示所有信息系学生借书情况。

具体步骤如下：

(1)启动SQL Server Management Studio，选择服务器，展开图书管理系统数据库前的加号，右击“视图”节点，弹出如图6-24所示的快捷菜单。

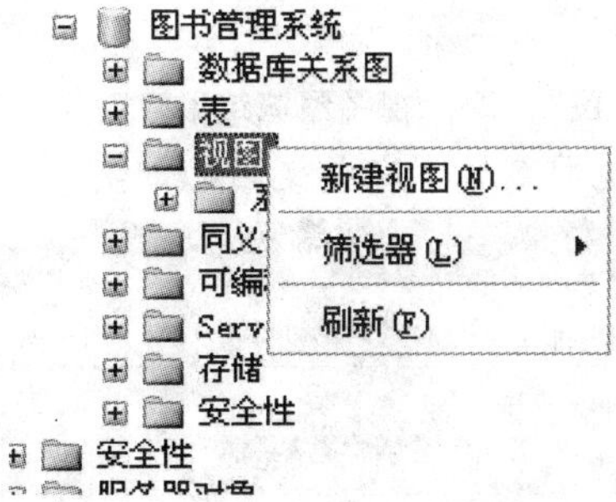

图6-24　选择“新建视图”命令

(2)从弹出的快捷菜单中选择“新建视图”选项，打开“添加表”对话框，选择创建视图所需要的读者基本信息表、图书基本信息表和借阅信息表，单击“添加”按钮，如图 6－25 所示。

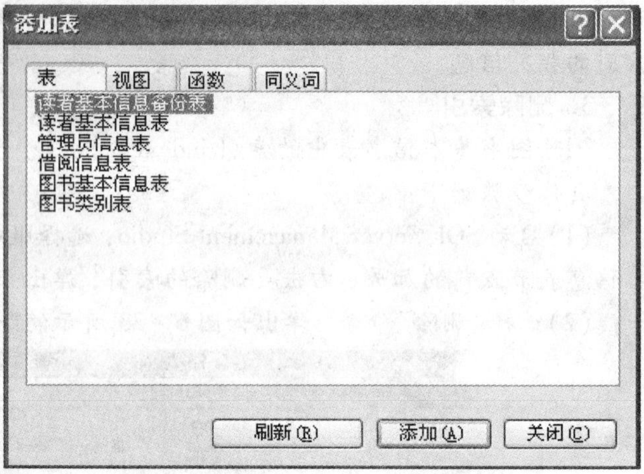

图 6－25 “添加表”对话框

(3)添加完毕后单击“关闭”按钮，出现新视图窗口。

(4)在弹出的视图窗口的“表区”或“列区”中，选择表中要查询的字段。

(5)在系别的“筛选器”列中，输入选择的条件“ =‘信息系’”。单击“查询设计器”工具栏中的红色惊叹号按钮来预览结果，如图 6－26 所示。

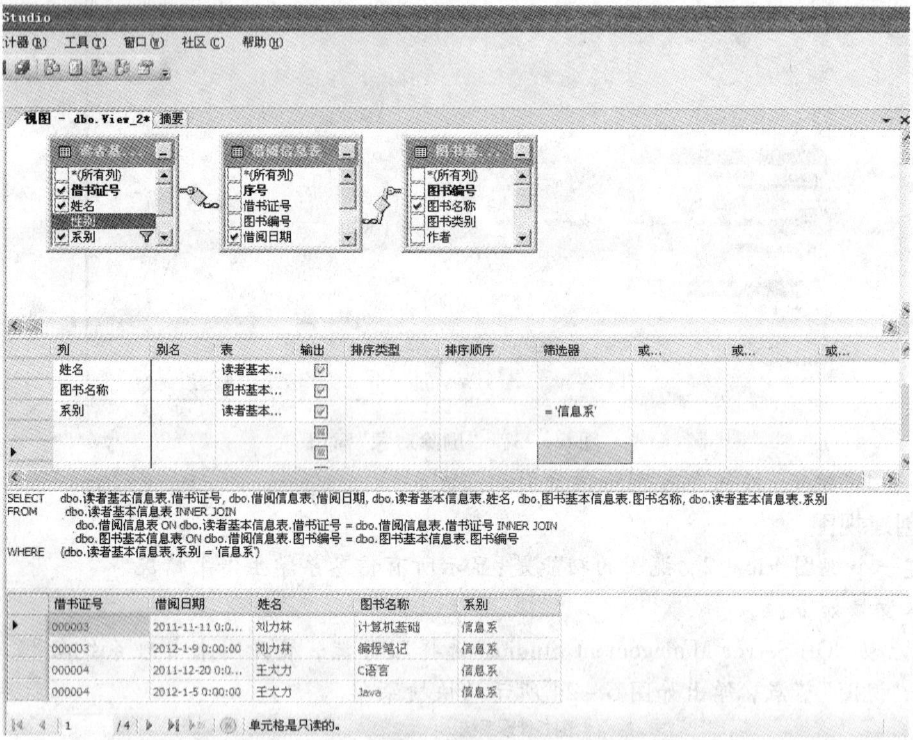

图 6－26 视图预览结果窗口

(6)单击“保存”按钮并输入视图名称，完成视图的创建，如图 6－27 所示。

图 6－27 保存视图

5. **使用视图检索表数据**

查询视图 View_2 中临床系的学生信息。

具体步骤如下：

(1)启动 SQL Server Management Studio，选择服务器，展开图书管理系统数据库中读者基本信息表节点前的加号，展开“视图”节点，右击视图 View_2，选择“修改”，如图 6－28 所示。

(2)在弹出的视图窗口的“表区”或“列区”中选择想要查询的字段，在系别的“筛选器”列中，输入选择的条件“＝‘临床系’”，单击“查询设计器”工具栏中的红色惊叹号按钮来预览结果。如图 6－29 所示。

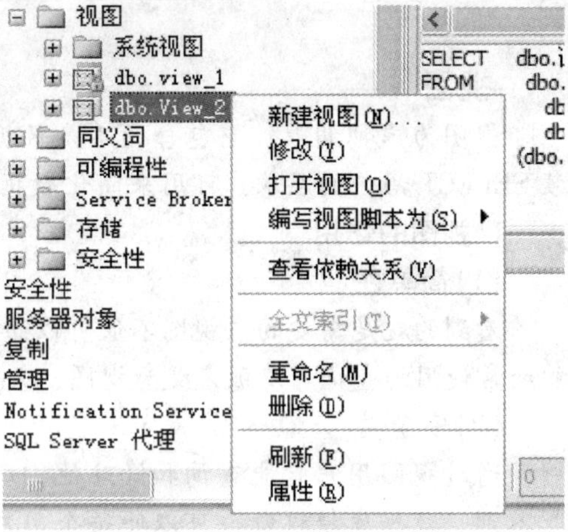

图 6－28　选择“修改”命令

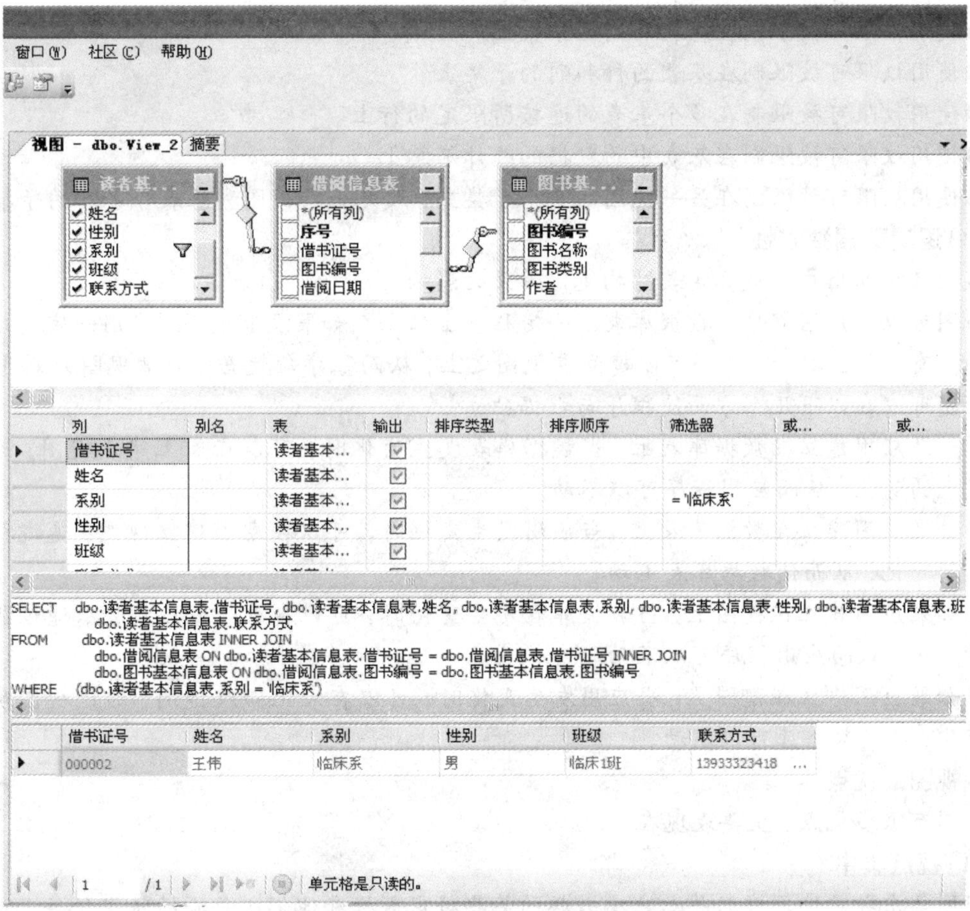

图 6－29　视图预览结果窗口

阅读材料

视图

视图为虚拟的表。它包含的不是数据而是根据需要检索数据的查询。视图提供了一种封装 SELECT 语句的层次，可用来简化数据处理以及重新格式化基础数据或保护数据。

1. 视图的作用

(1) 简单性

看到的就是需要的。视图不仅可以简化用户对数据的理解，也可以简化用户的操作。那些被经常使用的查询可以被定义为视图，从而使得用户不必为以后的操作每次指定全部的条件。

(2) 安全性

通过视图用户只能查询和修改他们所能见到的数据。数据库中的其他数据则既看不见也取不到。数据库授权命令可以使每个用户对数据库的检索限制到特定的数据库对象上，但不能授权到数据库特定行和特定的列上。通过视图，用户可以被限制在数据的不同子集上：

●使用权限可被限制在基表的行的子集上。

●使用权限可被限制在基表的列的子集上。

●使用权限可被限制在基表的行和列的子集上。

●使用权限可被限制在多个基表的连接所限定的行上。

●使用权限可被限制在基表中的数据的统计汇总上。

●使用权限可被限制在另一视图的一个子集上，或是一些视图和基表合并后的子集上。

(3) 逻辑数据独立性

视图可帮助用户屏蔽真实表结构变化带来的影响。

视图可以使应用程序和数据库表在一定程度上独立。如果没有视图，应用一定是建立在表上的。有了视图之后，程序可以建立在视图之上，从而程序与数据库表被视图分割开来。

视图可以在以下几个方面使程序与数据独立：

①如果应用建立在数据库表上，当数据库表发生变化时，可以在表上建立视图，通过视图屏蔽表的变化，从而应用程序可以不动。

②如果应用建立在数据库表上，当应用发生变化时，可以在表上建立视图，通过视图屏蔽应用的变化，从而使数据库表不动。

③如果应用建立在视图上，当数据库表发生变化时，可以在表上修改视图，通过视图屏蔽表的变化，从而应用程序可以不动。

④如果应用建立在视图上，当应用发生变化时，可以在表上修改视图，通过视图屏蔽应用的变化，从而数据库可以不动。

2. 视图的优点

视图有很多优点，主要表现在：

(1) 视点集中

视图集中即是使用户只关心它感兴趣的某些特定数据和他们所负责的特定任务。这样通过只允许用户看到视图中所定义的数据而不是视图引用表中的数据而提高了数据的安全性。

(2) 简化操作

视图大大简化了用户对数据的操作。因为在定义视图时，若视图本身就是一个复杂查询的结果集，这样在每一次执行相同的查询时，不必重新写这些复杂的查询语句，只要一条简单的查询视图语句即可。可见视图向用户隐藏了表与表之间的复杂的连接操作。

(3)定制数据

视图能够实现让不同的用户以不同的方式看到不同或相同的数据集。因此，当有许多不同水平的用户共用同一数据库时，这显得极为重要。

(4)合并分割数据

在有些情况下，由于表中数据量太大，故在表的设计时常将表进行水平分割或垂直分割，但表的结构的变化却对应用程序产生不良的影响。如果使用视图就可以重新保持原有的结构关系，从而使外模式保持不变，原有的应用程序仍可以通过视图来重载数据。

(5)安全性

视图可以作为一种安全机制。通过视图用户只能查看和修改他们所能看到的数据。其他数据库或表既不可见也不可以访问。如果某一用户想要访问视图的结果集，必须授予其访问权限。视图所引用表的访问权限与视图权限的设置互不影响。

3. 基于多个基本表的视图

视图不仅可以建立在单个基本表上，也可以建立在多个基本表上。

【**例 6-8**】建立临床系学生情况和该系学生借书情况的视图。

命令语句为：

```
CREATE VIEW View1
AS
SELECT
读者基本信息表.借书证号,读者基本信息表.姓名,读者基本信息表.性别,
读者基本信息表.系别,读者基本信息表.班级,
图书基本信息表.图书名称,图书基本信息表.图书类别
FROM      读者基本信息表,借阅信息表,读者基本信息表
WHERE     读者基本信息表.系别 = '临床系' AND
借阅信息表.借书证号 =借阅信息表.借书证号 AND
借阅信息表.图书编号 =图书基本信息表.图书编号
```

4. 基于视图的视图

视图不仅可以建立在一个或多个基本表上，也可以建立在一个或多个已定义好的视图上，或建立在基本表与视图上。

【**例 6-9**】建立临床系男学生情况和该系男学生借书情况的视图。

命令语句为：

```
CREATE VIEW View2
AS
SELECT      *
FROM      View1
WHERE     性别 ='男'
```

5. 分组视图

可以用带有聚集函数和 GROUP BY 子句的查询来定义视图，这种视图称为分组视图。

【例 6－10】按照系别分类将各系人数定义为一个视图。

命令语句为：

```
CREATE VIEW View3(系别,人数)
AS
SELECT      系别,Count(*)
FROM      读者基本信息表
GROUP BY   系别
```

习 题 六

一、填空题

1. 建立索引的目的是 ____________。

2. 使用 ________________语句删除索引。

3. 对视图的操作与对表的操作一样，可以对其进行______、______、______。

二、选择题

1. 每个数据表可创建(　　)个非聚集索引。

A. 1　　B. 100　　C. 249　　D. 无数

2. 下面(　　)数据类型不能作为索引的列。

A. char　　B. int　　C. datetime　　D. image

3. 视图是一个"虚表"，视图的构造基于(　　)。

A. 基本表　　B. 视图　　C. 基本表或视图　　D. 数据字典

三、判断题

1. 在 CREATE INDEX 语句中，使用 CLUSTERED 来建立簇索引。　　(　　)

2. 因为通过视图可以插入、修改或删除数据，因此视图也是一个实在表。　　(　　)

四、操作题

1. 为图书基本信息表的图书名称列创建索引 index1。

2. 为图书基本信息表的定价(降序)列创建索引 index2。

3. 查看刚才创建的索引。

4. 在图书管理数据库中建立一个视图(view1)，用来查询全体读者的借书证号、姓名和班级。

5. 查询视图 view1 中班级为计算机 1 班的读者信息。

任务7 数据库安全管理

在数据库存储着大量的、重要的数据，如果这些数据泄漏或遭到破坏，将会造成极大的损失。因此，对于数据库系统来说，安全性是非常重要的。合理有效的数据库安全机制既可以保证被授权用户能够方便的访问数据库，又能防止非法用户的入侵。

7.1 子任务:登录管理

7.1.1 理解 SQL Server 安全

SQL Server 2005 数据库系统具有各种高度精确的可配置安全特性，使用这些功能，管理员可根据所处环境的特定安全风险，实现经过优化的深度防御，帮助用户指定自己的信息管理安全策略。

在数据库管理系统中，用检查口令等手段来检查用户身份，从而保证只有合法的用户才能进入数据库系统，当用户对数据库执行操作时，系统自动检查用户是否有权限进行这些操作，以防止因非法用户的访问而造成数据的泄密或破坏。

SQL Server 2005 提供了两种身份验证模式:Windows 身份验证模式和混合模式(Windows 身份验证和 SQL Server 身份验证)。如果选择“混合模式”，则提示输入和确认系统管理员密码。在成功的连接到 SQL Server 2005 后，两种模式便具有相同的安全机制。

两种验证方式登录 SQL Server 2005 服务器的情况如图 7－1 所示。

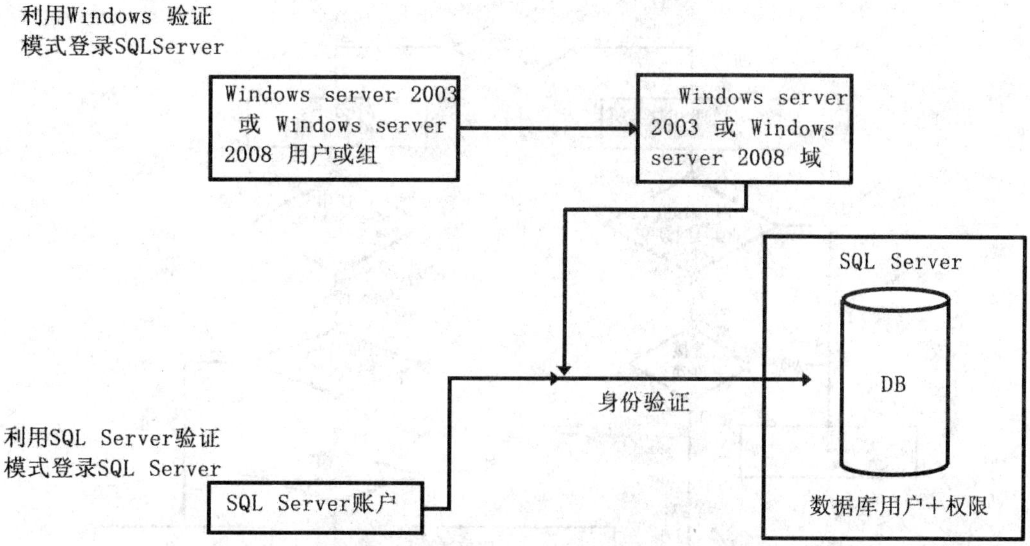

图 7－1 两种验证模式登陆 SQL Server 服务器的情况

7.1.2 Windows 身份验证模式

SQL Server 2005 通常运行在 Windows server 2003/2008 服务器平台上，而 Windows server 2003/2008 本身有一套用户管理系统，具有管理用户登录和验证用户身份的功能。当用户通过 Windows server 2003/2008 用户账户进行连接时，SQL Server 2005 通过回叫 Windows server 2003/2008 以获得信息，重新验证账户名和密码。

SQL Server 2005 通过使用网络用户的安全特性控制登录访问，以实现与 Windows server 2003/2008 的登录安全集成。用户的网络安全特性在网络登录时建立，并通过 Windows 域控制器进行验证。当网络用户尝试连接时，SQL Server 2005 使用基于 Windows 的功能确定经过的网络用户名。SQL Server 2005 接着验证该用户名是否是合法的用户名，然后只基于网络用户名允许或拒绝登录访问，而不要求单独的登录名和密码。

用户在登录 Windows server 2003/2008 进行身份验证时，应注意下面的问题：首先，必须将 Windows server 2003/2008 网络账户加入到 SQL Server 2005 中，才能采用 Windows server 2003/2008 网络账户登录 SQL Server 2005；其次，如果使用 Windows server 2003/2008 网络账户登录到另一个网络 SQL Server 2005 ，必须在 Windows server 2003/2008 网络中设置彼此的托管权限。

7.1.3 混合模式（Windows 身份验证和 SQL Server 身份验证）

在混合模式下，用户既可以使用 Windows 身份验证，也可以使用 SQL Server 身份验证。如果使用混合模式，用户在登录 SQL Server 2005 时，必须提供登录所需要的账户名和密码，之后 SQL Server 检查数据库中是否有此账户名，若有则验证用户提供的密码是否正确。如果数据库没有该账户或者有此账户但输入的密码不正确，则访问将被拒绝。

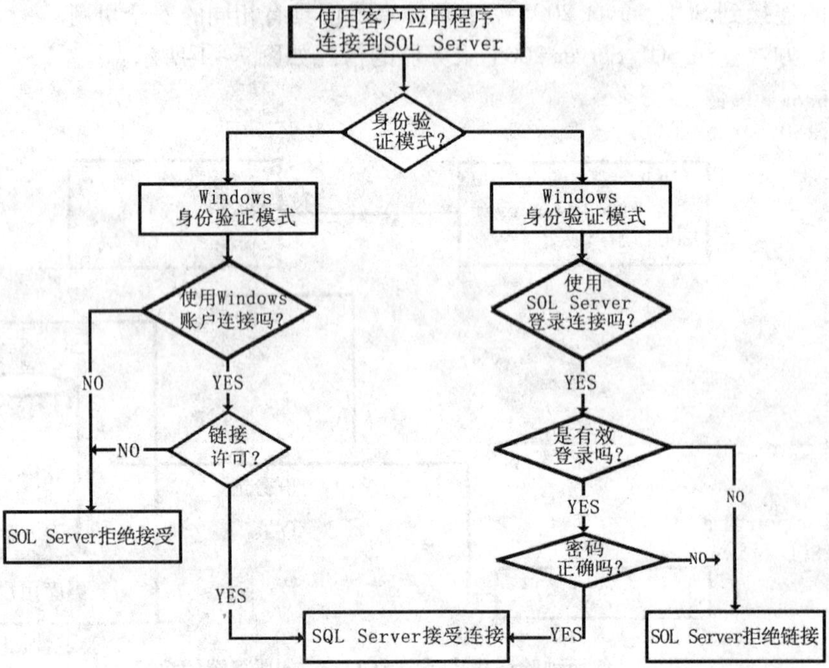

图 7-2　SQL Server 安全性决策树

为了相互的兼容性，在 SQL Server 2005 中也可以使用 SQL Server 身份验证，因为 SQL Server 7.0 版或更早的版本编写的应用程序可能要求使用 SQL Server 登录账户名和密码。图 7-2 所示为用户登录服务器时，选择身份验证时的“SQL Server 安全性决策树”。

7.1.4 管理登录名

登录名就是可以访问 SQL Server 数据库系统的账户，创建登录名可以通过 SQL Server Management Studio 图形工具，也可以利用 Transact-SQL 语句实现。

1. 利用SQL Server Management Studio 创建登录名

利用 SQL Server Management Studio 创建登录名可以通过如下 5 个步骤完成：

第一步　启动 SQL Server Management Studio 工具后，在“对象资源管理器”下，右击“安全性”下的“登录名”子目录，在弹出的快捷菜单中选择“新建登录名”命令，打开如图 7-3 所示是创建登录名对话窗口。

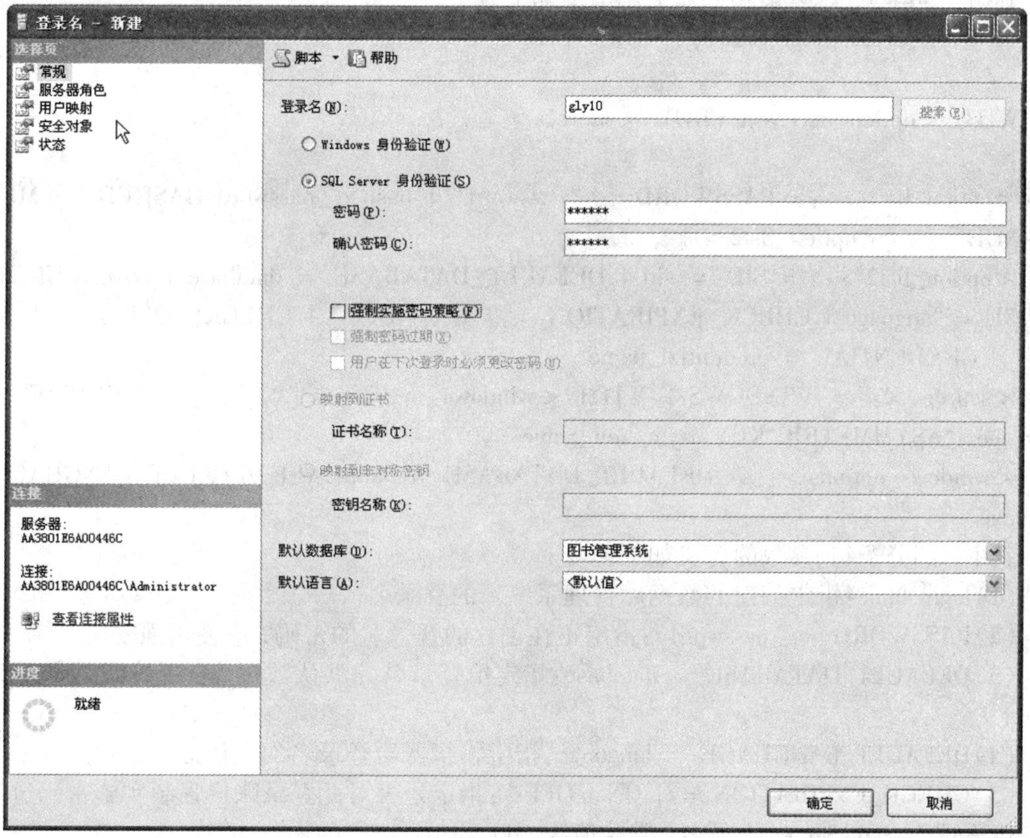

图 7-3　创建登录名对话窗口

第二步　在“登录名-新建”对话框的“常规”选项卡上，设置登录名(gly10)、身份验证模式(SQL Server 身份验证)、密码(123456)、默认数据库(图书管理系统)和语言类型等。

第三步　可以打开其他选项卡进行“服务器角色”、“用户映射”，“安全对象”和“状态”的配置。

第四步　单击确定按钮即可完成登录名的创建。

第五步　可以在“对象资源管理器”下查看新建登录名，如图 7-4 所示。

图 7-4　新建的登录名 gly10

2. 利用Transact-SQL 创建登录名

利用 Transact-SQL 语句创建登录语法如下：

CREATE LOGIN loginName

{

WITH <option_list1> | FROM <sources>

}

<option_list1> ::= PASSWORD = {'password' | hashed_password HASHED} [MUST_CHANGE] [, <option_list2> [,...]]

<option_list2> ::= SID = sid | DEFAULT_DATABASE = database | DEFAULT_LANGUAGE = language | CHECK_EXPIRATION = { ON | OFF} | CHECK_POLICY = { ON | OFF} | CREDENTIAL = credential_name

<sources> ::= WINDOWS [WITH <windows_options> [,...]] | CERTIFICATE certname | ASYMMETRIC KEY asym_key_name

<windows_options> ::= DEFAULT_DATABASE = database | DEFAULT_LANGUAGE = language

其中，部分子句、参数的含义如下：

(1) loginName：指定创建的数据库管理系统新的登录名。

(2) PASSWORD = 'password'：指定正在创建的登录名的密码，应使用强密码。

(3) DEFAULT_DATABASE = database：指定给登录名的默认数据库，系统默认数据库为 master。

(4) DEFAULT_LANGUAGE = language：指定将指派给登录名的默认语言。

(5) CHECK_EXPIRATION = { ON | OFF }：指定是否对此登录账户强制实施密码过期策略。仅适用于 SQL Server 登录名，默认值为 OFF。

(6) CHECK_POLICY = { ON | OFF }：指定应对此登录名强制实施运行 SQL Server 的计算机的 Windows 密码策略。仅适用于 SQL Server 登录名，默认值为 ON。

【例 7-1】使用 Transact-SQL 语言为 SQL Server 2005 数据库管理系统新建一个登录名 gly11，密码为 123456。

```
CREATE LOGIN [gly10]
    WITH PASSWORD = N'123456',
    DEFAULT_DATABASE = [master], DEFAULT_LANGUAGE = [简体中文],
```

```
    CHECK_EXPIRATION = OFF,
    CHECK_POLICY = OFF
GO
EXEC sys. sp_addsrvrolemember @ loginame = N'gly11',
    @ rolename = N'sysadmin'
GO
ALTER LOGIN [gly10] DISABLE
```

3. 测试登录名

下面使用 SSMS。步骤如下：

利用 SQL Server Management Studio 测试新登录名是否成功连接服务器可以通过如下3个步骤完成：

第一步　启动 SSMS 图形工具，右击“对象资源管理器”中的实例，在弹出的快捷菜单中选择“连接”命令。

第二步　在弹出的“连接到服务器”的对话框中，选择“身份验证”为“SQL Server 身份验证”选项，然后输入登录名和密码，如图7-5所示。

图7-5　利用登录名 gly10 连接服务器

第三步　单击“连接”按钮可以测试连接是否成功。若不成功，会弹出错误提示信息框，如果测试成功，则会在“对象资源管理器”中出现连接成功信息，如图7-6所示。

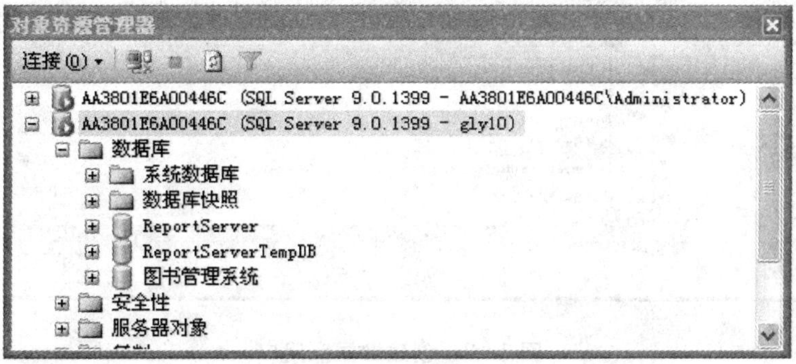

图7-6　登录名 gly10 成功连接服务器

7.2 子任务:用户管理

数据库的用户与登陆不同，登录名允许访问 SQL Server 系统，而数据库用户是访问某个特定数据库的主体，一个登录名可映射多个数据库用户，而一个用户只能映射一个登录名。

7.2.1 使用 SQL Server Management Studio 管理用户

1. 使用SQL Server Management Studio 创建数据库用户

利用 SQL Server Management Studio 创建数据库用户可以通过如下 4 个步骤完成：

第一步　启动 SSMS 图形工具。在“对象资源管理器下”，展开数据库“图书管理系统” - “安全性” - “用户”子目录，右击“用户”在弹出的快捷菜单中选择“新建” - “用户”命令。

第二步　在弹出的“数据库用户 - 新建”对话框的“常规”选项卡中，输入用户名(yh001)、选择登录名(gly10)，并选择架构，如图 7 - 7 所示，也可以指定“默认架构”项。

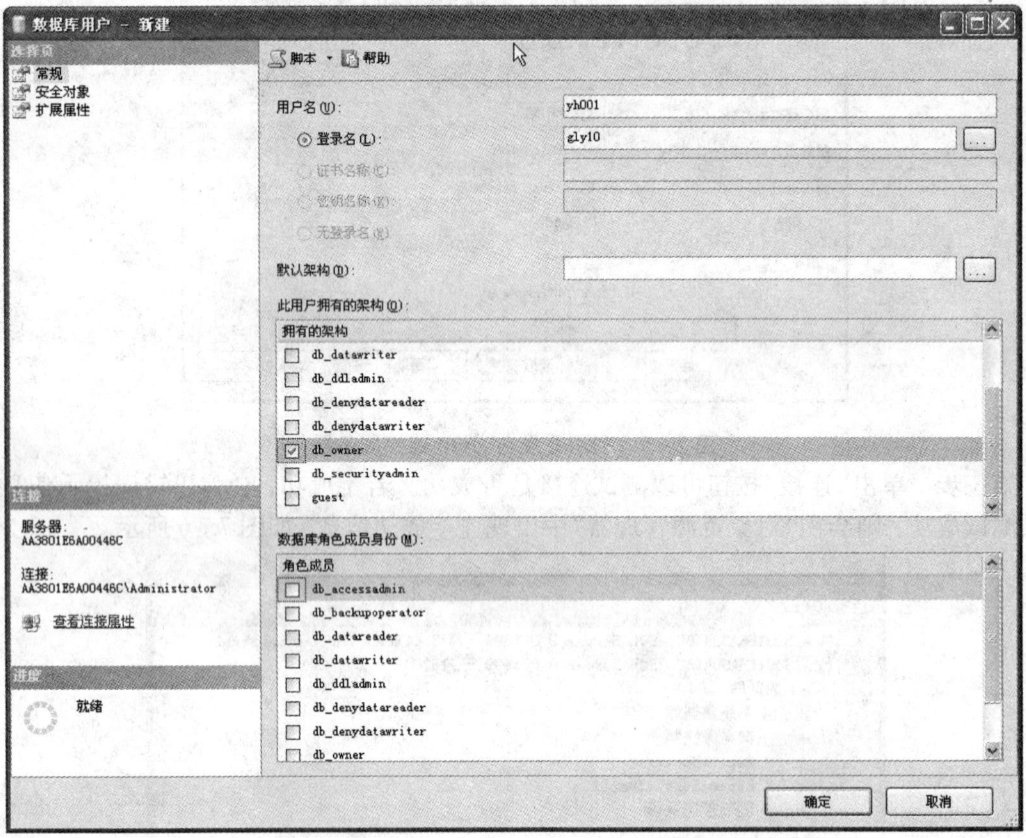

图 7 - 7　创建数据库用户

第三步 在“安全对象”选项卡中，添加用户的安全对象。

第四步 单击“确定”按钮，数据库用户 yh001 创建完毕。

2. 使用SQL Server Management Studio 查看和删除数据库用户

启动 SSMS 图形工具。在“对象资源管理器下”，展开数据库“图书管理系统”-“安全性”-“用户”子目录，然后查看或删除数据库用户。

如果要删除某一数据库用户，则右击该数据库用户，选择“删除”命令。例如，在数据库“图书管理系统”中删除数据库用户 yh001，选择删除命令后弹出一个提示框如图 7-8 所示，在该提示框中单击“确定”按钮确认对数据库用户的删除，单击“取消”按钮则返回。

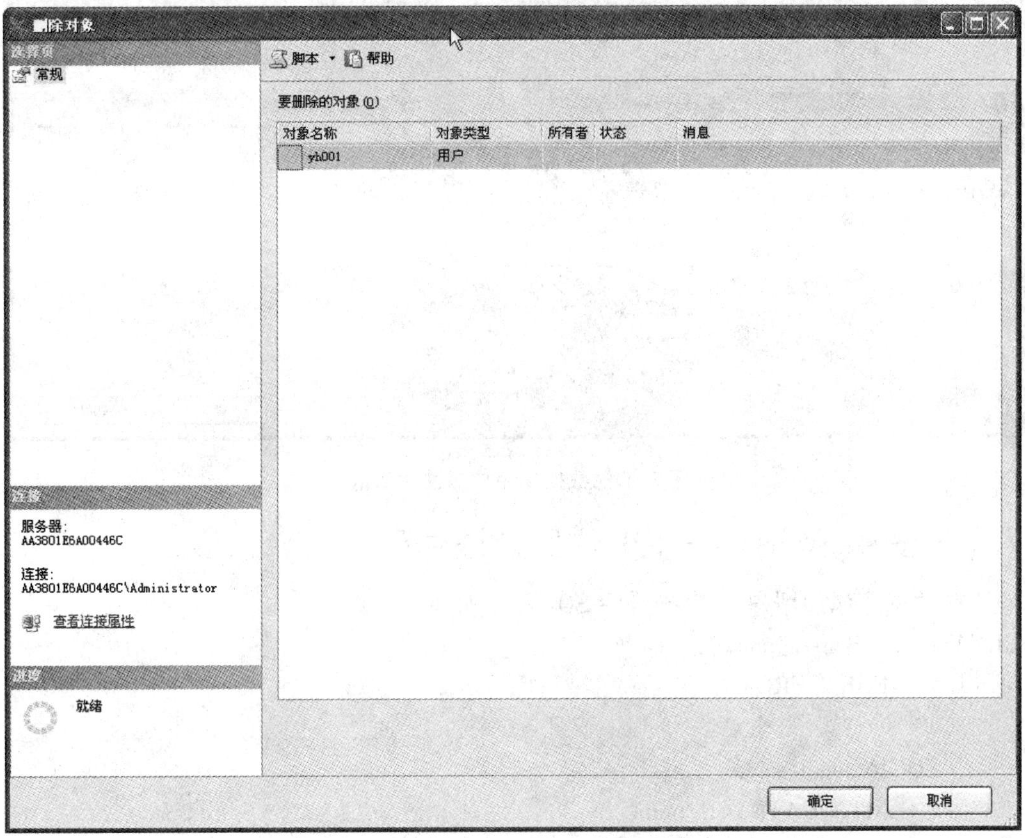

图 7-8 删除数据库用户的操作界面

如果要查看某一数据库用户，则右击该数据库用户，选择属性命令。在弹出的“数据库用户属性”对话框如图 7-9 所示，单击“安全对象”可以查看数据库用户具有权限的对象，单击“常规”可查看数据库角色属性和拥有的架构。可以对数据库角色成员和用户拥有的架构进行修改，然后单击“确定”按钮即可。

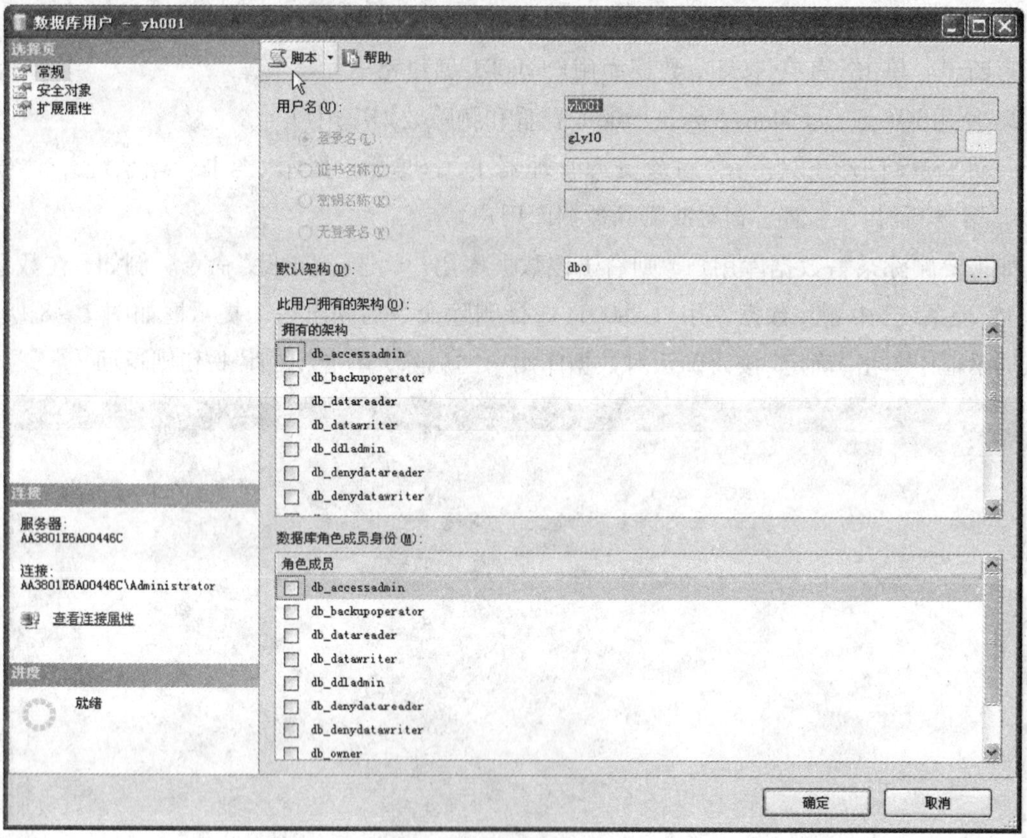

图 7-9　数据库用户属性对话框

7.2.2 使用 Transact-SQL 代码管理用户

向当前数据库添加用户的 Transact-SQL 语法如下：

```
CREATE USER user_name
    [ { { FOR | FROM }
      {
      LOGIN login_name
      | CERTIFICATE cert_name
      | ASYMMETRIC KEY asym_key_name
      }
      | WITHOUT LOGIN
    ]
    [ WITH DEFAULT_SCHEMA = schema_name ]
```

其中，部分子句、参数的含义如下：

（1）user_name：指定在此数据库中用于标识该用户的名称。user_name 是 sysname。它的长度最多是 128 个字符。

（2）LOGIN login_name：指定要为其创建数据库用户的 SQL Server 登录名。login_name 必须是服务器中有效的登录名。

(3) CERTIFICATE cert_name：指定要为其创建数据库用户的证书。

(4) ASYMMETRIC KEY asym_key_name：指定要为其创建数据库用户的非对称密钥。

(5) WITH DEFAULT_SCHEMA = schema_name：指定服务器为此数据库用户解析对象名时将搜索的第一个架构。

(6) WITHOUT LOGIN：指定不应将用户映射到现有登录名。

【例 7-2】在图书管理系统数据库中创建用户 yh002。

```
CREATE LOGIN yh002
  WITH PASSWORD = '123456';
  USE 图书管理系统;
  CREATE USER yh002;
  GO
```

当然，也可以通过 Transact-SQL 命令对数据库用户进行修改和删除。

7.3 子任务：角色管理

7.3.1 理解角色

角色是权限的载体，可以给角色指定权限，其含义类似操作系统中组的概念。管理员可以将某些用户设置为某角色的成员，属于同一角色的用户拥有相同的权限，同时某一用户还可以属于多个角色，那么该用户就可以拥有多个角色权限的叠加。

在 SQL Server 2005 中，有两种内建的角色，一种是固定服务器角色（Fixed server role），另一种是固定数据库角色（Fixed database role），其中固定数据库角色又分为固定数据库角色和用户自定义角色。

1. 固定服务器角色

服务器角色是指被授予管理 SQL Server 服务器权限的角色。服务器角色适用于服务器范围内。对数据库服务器操作的权限不能直接赋给其他登录账户，只能使某些登录账户成为固定服务器角色的成员，才能使他们具有这些权限。Microsoft SQL Server 2005 系统提供了九个固定服务器角色，其含义如下：

Bulkadmin：块数据操作管理员，拥有执行块操作的权限，即拥有 ADMINISTER BULK OPERATIONS 权限；

Dbcreator：数据库创建者，拥有创建数据库的权限，即拥有 CREATE DATABASE 权限；

Diskadmin：磁盘管理员，拥有修改资源的权限，即拥有 ALTER RESOURCE 权限；

Processadmin：进程管理员，拥有管理服务器连接和状态的权限，即拥有 ALTER ANY CONNECTION、ALTER SERVER STATE 权限；

Securityadmin：安全管理员，拥有执行修改登录名的权限，即拥有 ALTER ANY LOGIN 权限；

Serveradmin：服务器管理员，拥有修改端点、资源、服务器状态等权限，即拥有 ALTER ANY ENDPOINT、ALTERRESOURCES、ALTER SERVER STATE、ALTERSETTINGS、SHUTDOWN 和 VIEW SERVER STATE 权限；

Setupadmin：安装程序管理员，拥有修改链接服务器权限，即拥有 ALTER ANY LINKED

SERVER 权限；

Sysadmin：系统管理员，拥有操作 SQL Server 系统的所有权限；

Public：公共角色，没有预先设置的权限，用户可以向该角色授权。

固定服务器角色的权限是固定不变的（public 角色除外），既不能被删除，也不能增加。在这些角色中，sysadmin 固定服务器角色拥有的权限最多，可以执行系统中的所有操作。

2. 固定数据库角色

SQL 固定数据库角色是指 SQL Server 已经定义了这些角色所具有的管理、访问数据库的权限，而且 SQL Server 管理者不能对其所具有的权限进行任何修改。SQL Server 中的每一个数据库中都有一组固定的数据库角色，在数据库中使用 SQL 固定数据库角色可以将不同级别的数据库管理工作分给不同的角色，从而有效地实现工作权限的传递。SQL Server 2005 提供了十种常用的固定数据库角色来授予组合数据库级管理员权限，这些 SQL 固定数据库角色信息存储在系统表 sysusers 中。其含义如下：

public：维护全部默认权限；

db_owner：在数据库中有全部权限；

db_accessadmin：可以添加或删除用户 ID；

db_ddladmin：可以发出 ALL DDL 操作的所有权；

db_securityadmin：可以管理全部权限、对象所有权、角色和角色成员资格；

db_backupoperator：可以发出 DBCC、CHECKPOINT 和 BACKUP 语句；

db_datareader：可以选择数据库内任何用户表中的所有数据；

db_datawriter：可以更改数据库内任何用户表中的所有数据；

db_denydatareader：不能选择数据库内任何用户表中的任何数据；

db_denydatawriter：不能更改数据库内任何用户表中的任何数据。

在固定的数据库角色中，public 是一个特殊的数据库角色，数据库中的每个用户都是其成员。不能将用户、组或其他角色指定给 public 角色，在每一个数据库中都包含 public 角色，且不能删除这个角色。

3. 用户自定义数据库角色

用户自定义数据库角色是指由用户自己创建并定义权限的数据库角色。用户自定义数据库角色提供了分配给用户特定权限的能力，而这是固定的数据库角色所不能提供的。当需要为一些数据库用户设置相同权限，而这些权限与固定数据库角色又不同时，就可以使用用户自定义数据库角色，这样可以简化数据库权限的管理工作。

7.3.2 管理角色

1. 管理固定服务器角色

因为固定服务器角色既不能被删除，也不能被增加，所以只能够进行角色信息的查看。操作步骤如下：在 SQL Server Management Studio 的“对象资源管理器”窗口的“安全性” –“服务器角色”中查看这些固定服务器角色的名称，如图 7 – 10 所示。右击某个固定服务器角色，从弹出的快捷菜单中选择“属性”命令，可以查看该角色的成员等信息。

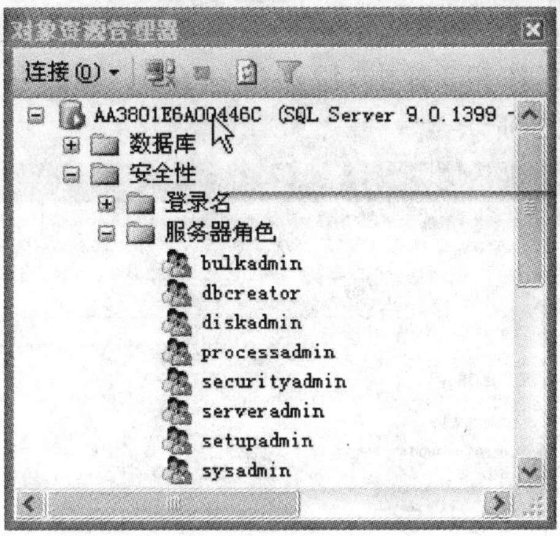

图 7-10　查看服务器角色

2. 管理固定数据库角色

将数据库用户账户添加到固定数据库角色，可以使用数据库用户获得数据库角色所具有的数据库权限。可以使用 SSMS 或 Transact-SQL 语句为数固定据库角色添加数据库用户。通过 SSMS 为数据库角色添加数据库用户的方法如下：

利用 SQL Server Management Studio 为数据库角色添加数据库用户可以通过如下 2 个步骤完成：

第一步　启动 SQL Server Management Studio 图形工具。在“对象资源管理器下”，展开数据库“图书管理系统”-“安全性”-“角色”-“数据库角色”子目录，右击要添加数据库用户的角色，选择“属性”命令，如图 7-11 所示。

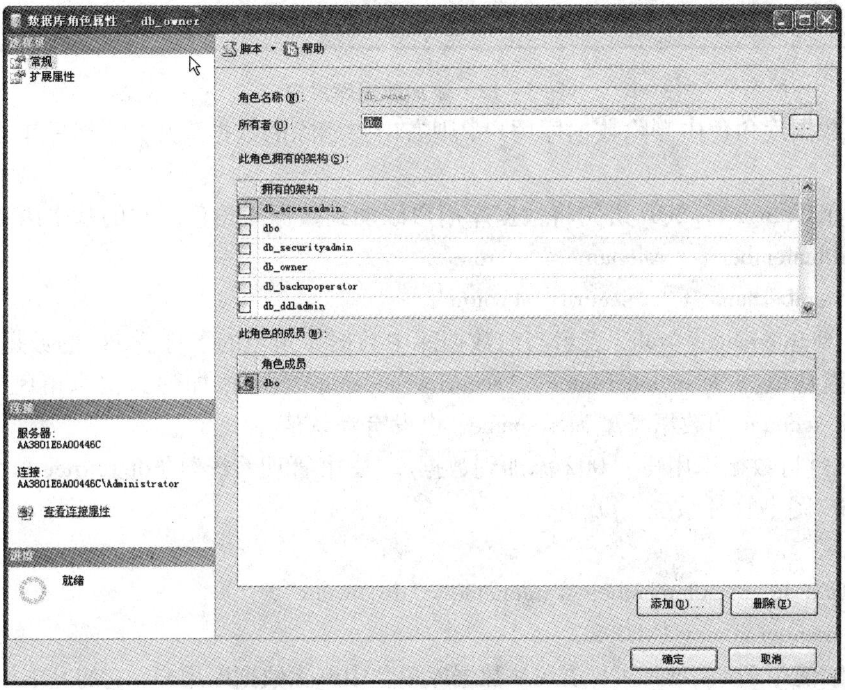

图 7-11　打开数据库角色属性

第二步　例如将数据库用户 yh002 添加到 db_securityadmin 角色中。在弹出的“数据库角色属性”对话框中单击“添加”按钮，弹出“添加角色成员”对话框，选择要添加的用户，然后单击“确定”按钮，如图 7－12 所示。

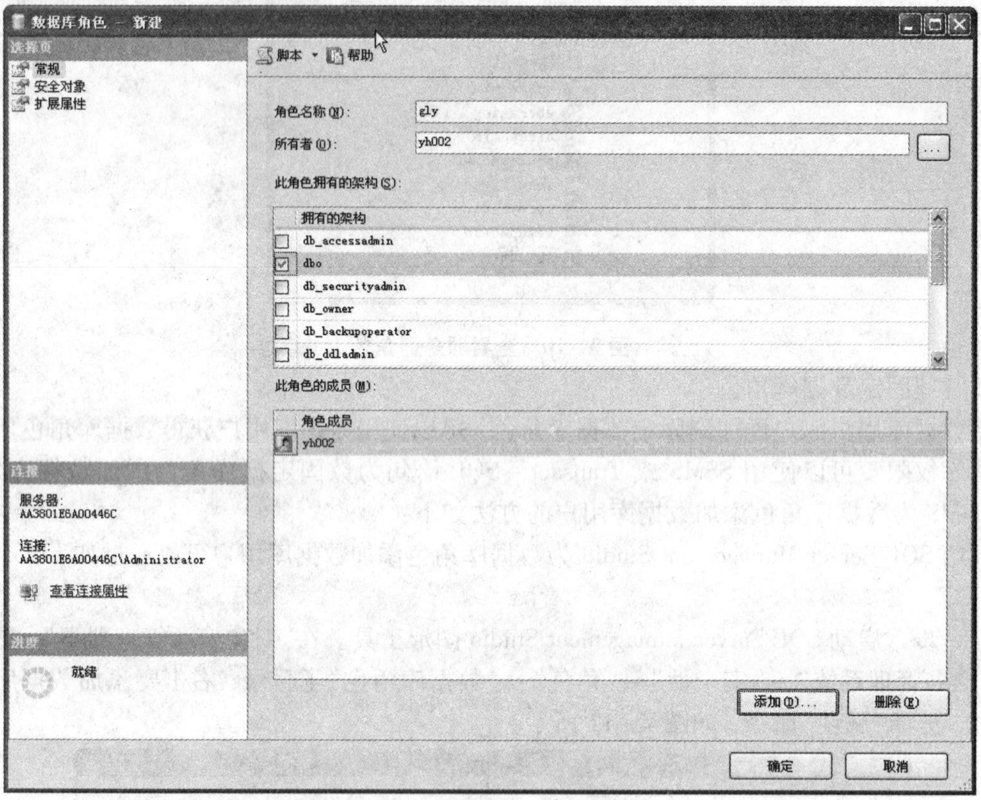

图 7－12　添加数据库用户

如果在数据库角色中删除数据库用户，则右击要删除的数据库账户，然后单击“删除”按钮即可。

也可以用 Transact－SQL 语句将数据库用户添加到数据库角色。它的基本语法格式为：

```
Sp_addrolemember [@rolename =] 'role',
    [@membername =] 'security_account'
```

其中，[@rolename] ‘role’表示当前数据库中数据库角色的名称。role 的数据类型为 sysname，没有默认值。[@membername] ‘security_account’表示添加到数据库角色的数据库账户。Security_account 的数据类型为 sysname，也没有默认值。

【例 7－3】将数据库用户 yh002 添加到数据库“图书管理系统”的 db_owner 角色中。

```
USE 图书管理系统
GO
EXEC sp_addrolemember @rolename = 'db_owner',
@membername = 'yh002'
```

同样能够使用 Transact－SQL 语句从数据库角色中删除数据库用户，它的基本语法格式为：

```
Sp_droprolemember [@rolename =] 'role'
```

[@membername =] 'security_account'

其中，[@rolename]'role'表示当前数据库中数据库角色的名称，将要从该数据库角色中删除数据库用户，role 的数据类型为 sysname，没有默认值。role 必须已经存在于当前的数据库中。[@membername] 'security_account'表示要从数据库角色中删除的数据库用户名称。security_account 的数据类型为 sysname，也没有默认值。当前数据库中必须存在 security_account。

【例 7-4】从数据库"图书管理系统"的 db_owner 角色中将数据库用户 yh002 删除。

```
USE 图书管理系统
GO
EXEC sp_droprolemember @rolename = 'db_owner',
@membername = 'yh002'
```

3. 管理自定义数据库角色

创建用户自定义数据库角色可以使用 SSMS 或 Transact-SQL 语句来完成，利用 SQL Server Management Studio 创建用户自定义数据库角色可以通过如下 5 个步骤完成：

第一步 启动 SSMS 图形工具。在"对象资源管理器"下，展开数据库"图书管理系统"-"安全性"-"角色"子目录，右击"角色"，在弹出的快捷菜单中选择"新建"-"数据库角色"命令。

第二步 在弹出的"数据库角色 - 新建"对话框的"常规"选项卡中，输入"角色名称"gly，"所有者"yh002，并选择架构，如图 7-13 所示。

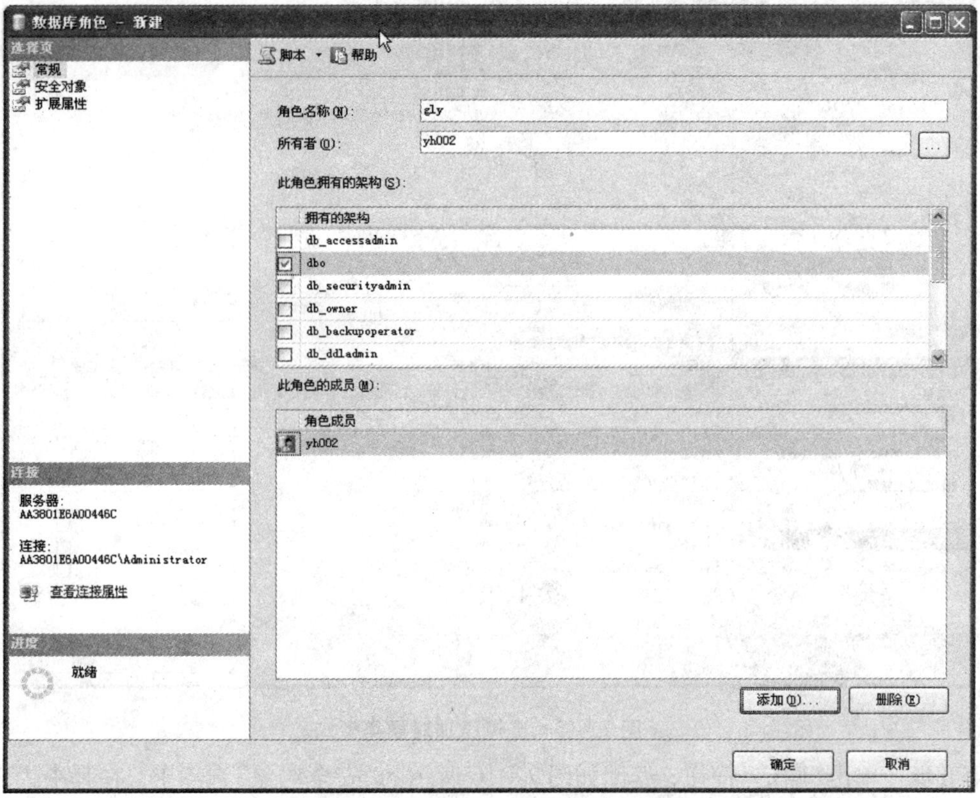

图 7-13 数据库角色"常规"选项卡设置

第三步　在“安全对象”选项卡中，单击“添加”按钮，在弹出的“添加对象”对话框中，选中其中一个单选按钮，如“特定对象”，如图 7－14 所示。

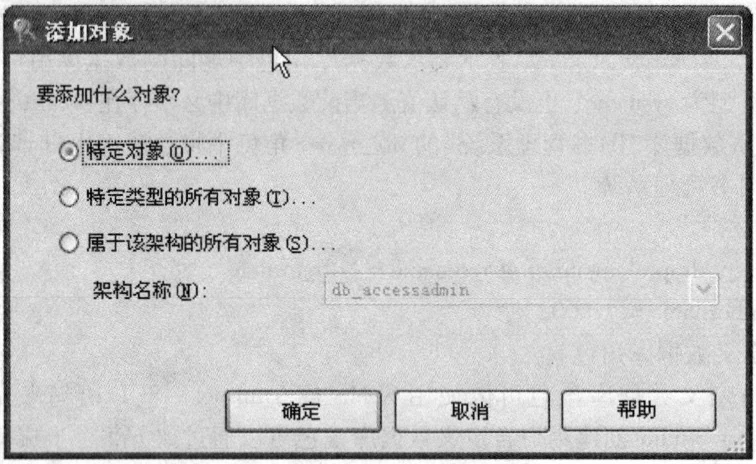

图 7－14　添加对象类型

第四步　单击“确定”按钮，按照示例选择数据对象，如图 7－15 所示。

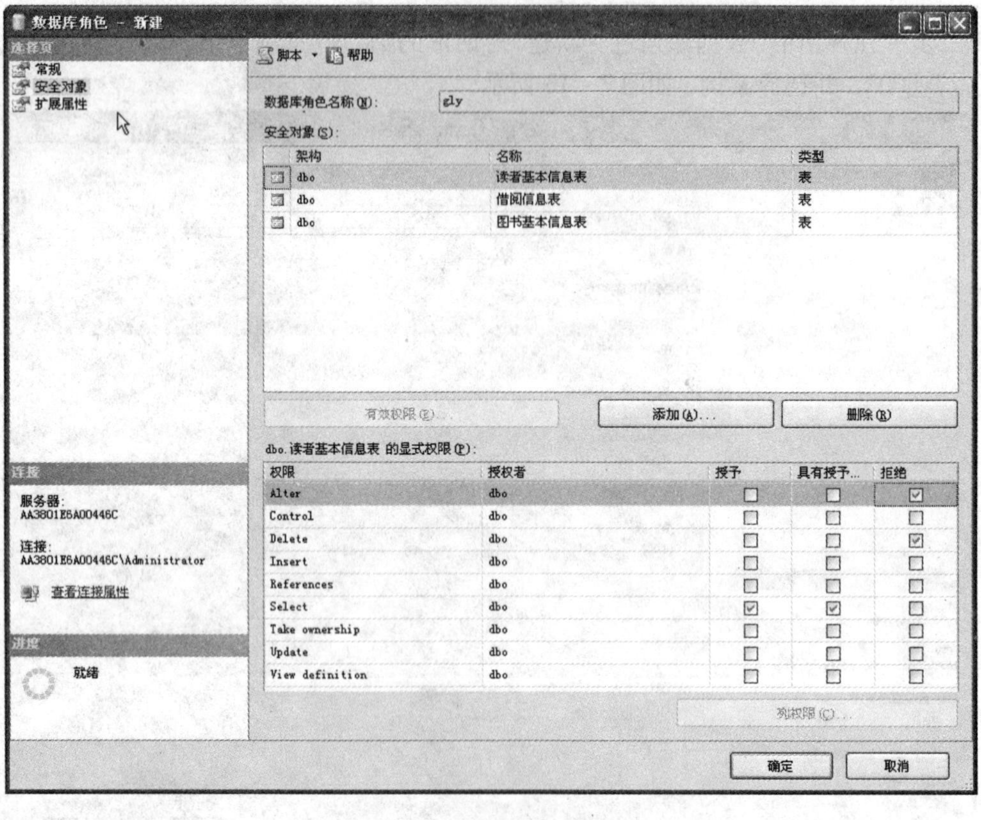

图 7－15　选择添加对象类型

第五步　单击“确定”按钮，返回如图 7－16 所示的“安全对象”选项卡，在其中为表设置权限后，单击“确定”按钮，数据库角色 gly 创建完毕。

使用 Transact－SQL 语句创建自定义数据库角色。它的基本语法格式为：

```
sp_addrole [@rolename = ] 'role'
  [,[@ownername = ] 'owner']
```

其中，[@rolename =] 'role'表示新建角色的名称。role 的数据类型为 sysname，没有默认值。role 必须是有效标识符，并且不能已经存在于当前数据库中。[@ownername] 'owner' 表示新角色的所有者，owner 的数据类型为 sysname，默认值为 dbo。owner 必须是当前数据库中的某个用户或角色。

【例 7－5】在数据库"图书管理系统"中自定义一个名为 gly1 的角色。

```
USE 图书管理系统
GO
EXEC sp_addrole @rolename  = 'gly1',
      @ownername  = 'yh002'
```

在前面介绍的服务器角色和固定数据库角色都是无法删除的，但用户自定义数据库角色是可以删除的。可以用 Transect－SQL 语句删除用户自定义数据库角色。它的基本语法格式为:

```
sp_droprole [@rolename = ] 'role'
```

其中，[@rolename =] 'role'表示将要从当前数据库中删除的角色的名称。role 的数据类型为 sysname，没有默认值。role 必须已经存在于当前的数据库中。

【例 7－6】在数据库"图书管理系统"中，删除用户自定义数据库角色 gly1。

```
USE 图书管理系统
GO
EXEC sp_droprole @rolename  = 'gly1'
```

在用户自定义数据库角色中添加和删除数据库用户的方法与在固定数据库角色中一样，在这里就不再赘述。

实训 7　实现图书管理系统数据库安全

1. 创建一个 SQL Server 登录，登录名 gly005，密码为 123456。

第一步　在 SQL Server Management Studio 中展开"对象资源管理器"－"安全性"，右击"登录名"，在弹出的快捷菜单中选择"新建登录名"命令。

第二步　在"登录名－新建"界面上，设置登录名 gly005、身份验证模式为 SQL Server 身份验证、密码为 123456，并默认数据库(图书管理系统)和语言的类型等参数。

第三步　选择"服务器角色"选项卡，选择服务器角色 sysadmin。

第四步　选择"用户映射"选项卡，选择图书管理系统数据库，用户名为 gly005，默认架构为 dbo，如图 7－16 所示。

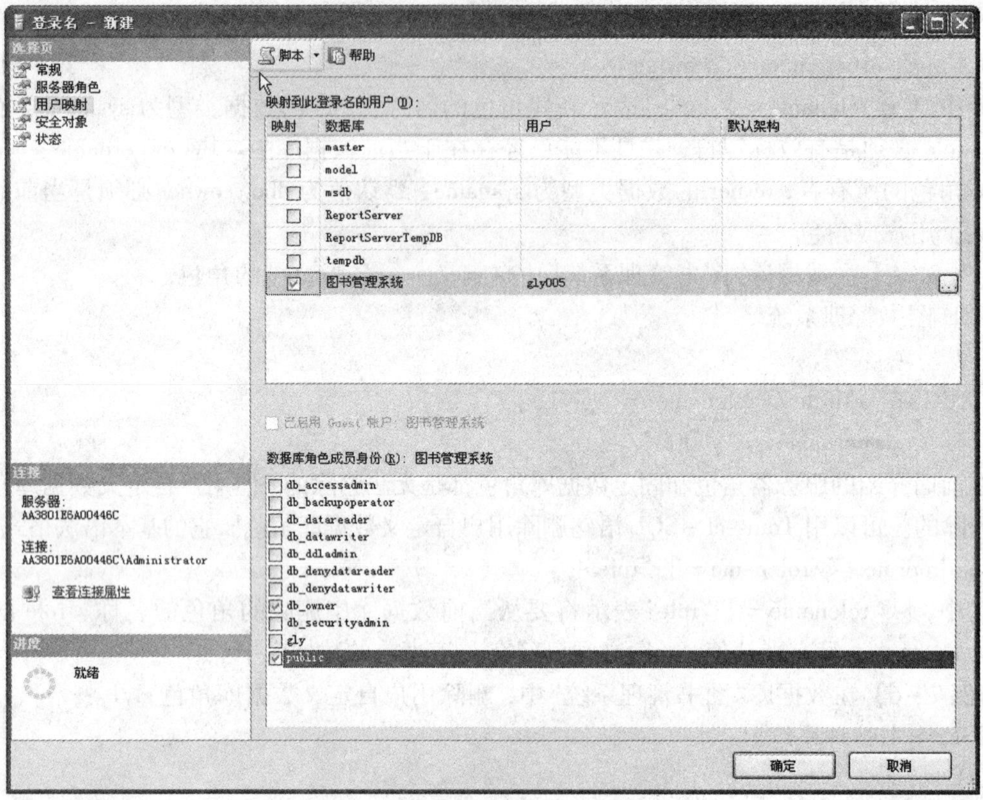

图 7－16 用户映射

第五步 其他选项卡可以选择默认设置，然后单击“脚本”按钮，可以在查询设计器中查看创建登录的代码。

第六步 单击“确定”按钮即可完成登录名 gly005 的创建。

第七步 分别展开“安全性”－“登录名”节点和图书管理系统数据库的“安全性”－“用户”节点查看登录名 gly005。

2. 练习利用登录名 gly005 连接服务器。

第一步 右击 SQL Server Management Studio 中的实例，在弹出的快捷菜单中选择“连接”命令。

第二步 在弹出的“连接服务器”界面中选择 SQL Server 身份验证，然后输入登录名 gly005 和密码 123456。

第三步 单击“连接”按钮可以测试连接是否成功。若不成功，会出现错误信息提示框。

第四步 若测试成功，则会在“对象资源管理器”中出现连接成功的信息。

3. 练习为图书管理系统数据库添加用户 gly005，并为其赋予查询借阅信息表的权限。

第一步 展开数据库图书管理系统－“安全性”－“用户”，右击数据库用户 gly005。

第二步 在弹出的快捷菜单中选择“属性”选项，打开“数据库用户－gly005”对话框。在属性对话框中选择“安全对象”项。

第三步 单击“添加”按钮，打开“添加对象”对话框。在“添加对象”对话框中单击“特定对象”，并单击“确定”按钮，打开“选择对象”对话框。

第四步　在“选择对象”对话框中单击“对象类型”，打开“选择对象类型”对话框。

第五步　在“选择对象类型”对话框中选中“表”，并单击“确定”按钮。在“选择对象”对话框中选择“浏览”按钮，会打开“查找对象”对话框。

第六步　在“查找对象”对话框中选中借阅信息表前面的复选框，如图7－17所示。然后单击两次“确定”按钮，返回数据库用户属性窗口。

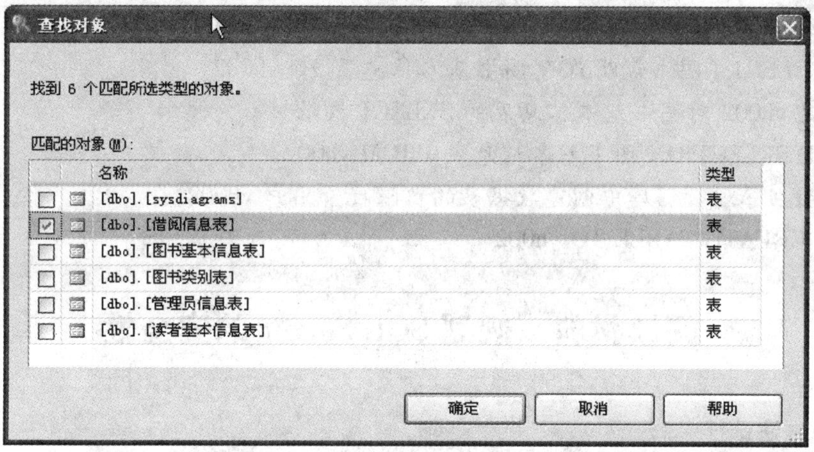

图7－17　选择对象

第七步　在选择结果对话框中选中SELECT权限对应的“授予”复选框，如图7－18所示，并单击“确定”按钮，即完成了此题的要求。

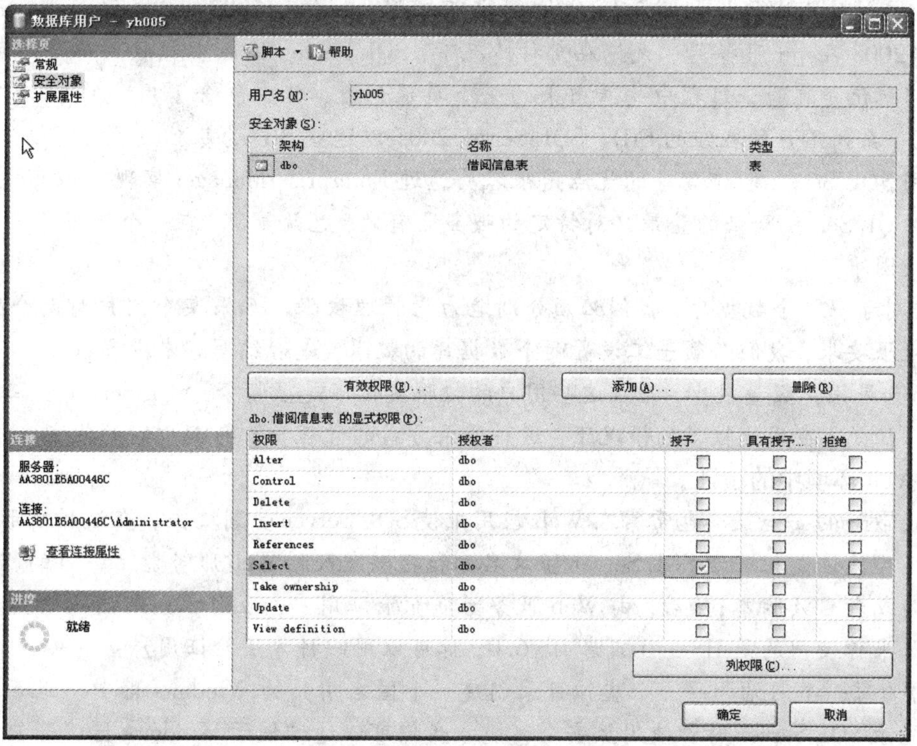

图7－18　选择对象授予权限

4. 利用 Transact - SQL 语句完成下面的操作。

```
USE 图书管理系统
GO
——将数据库图书管理系统中图书基本信息表的SELECT权限授予数据库用户yh002。
GRANT SELECT ON 图书基本信息表 TO yh002
——拒绝yh002对图书基本信息表中图书说明列的SELECT权限。
DENY SELECT (图书说明)ON 图书基本信息表 TO yh002
——撤销yh002对图书基本信息表的SELECT权限。
REVOKE SELECT ON 图书基本信息表 FROM yh002
——在图书管理数据库中创建数据表的权限授予用户yh002。
GRANT CREATE TABLE TO yh002
```

阅读材料　规划 SQL Server 的安全性

1. 验证方法选择

验证是指检验用户的身份标识;授权是指允许用户做些什么。验证过程在用户登录 SQL Server 2005 的时候出现，授权过程在用户试图访问数据或执行命令的时候出现。

如何确定 SQL Server 2005 用哪种方式验证用户？一般地，如果服务器可以访问域控制器，我们应该使用 Windows 验证。域控制器可以是 Windows 2003 server 服务器，也可以是 Windows 2008 server 服务器。无论在哪种情况下，SQL Server 2005 都接收到一个访问标记。

访问标记是在验证过程中构造出来的一个特殊列表，其中包含了用户的 SID(安全标识号)以及一系列用户所在组的 SID。SQL Server 2005 以这些 SID 为基础授予访问权限。

使用 SQL Server 验证登录的优点是很容易通过 Enterprise Manager 实现。但其缺点在于：

(1)SQL Server 验证的登录只对特定的服务器有效，也就是说，在一个多服务器的环境中管理比较困难。

(2)对于每一个数据库，我们必须分别地为它管理权限。如果某个用户对两个数据库有相同的权限要求，我们必须手工设置两个数据库的权限，或者编写脚本设置权限。

(3)如果用户数量较少，而且这些用户的权限变化不是很频繁，SQL Server 验证的登录或许适用。但是，在用户较多的情况下，这种登录方式的管理负担将超过它的优点。

2. Web 环境中的验证

即使最好的安全策略也常常在 Web 应用中使 SQL Server 受到攻击。在这种情形下，进行验证的典型方法是把一组 SQL Server 登录名称和密码嵌入到 Web 服务器上运行的程序，比如 ASP 页面或者 CGI 脚本;然后，由 Web 服务器负责验证用户，应用程序则使用它自己的登录账户。如果你使用的是 IIS 5.0 或者 IIS 6.0，你可以用四种方法验证用户：

(1)为每一个网站和每一个虚拟目录创建一个匿名用户的 Windows 账户。此后，所有应用程序登录 SQL Server 时都使用该安全环境。我们可以通过授予 Windows 匿名账户合适的权限，改进审核和验证功能。

(2)让所有网站使用 Basic 验证。此时，只有当用户在对话框中输入了合法的账户和密码，IIS才会允许他们访问页面。IIS依靠一个NT安全数据库实现登录身份验证，NT安全数据库既可以在本地服务器上，也可以在域控制器上。当用户运行一个访问SQL Server数据库的程序或者脚本时，IIS把用户为了浏览页面而提供的身份信息发送给服务器。

(3)可以在Web网站上和虚拟目录上都启用Windows验证。IE会把用户登录计算机的身份信息发送给IIS，当该用户试图登录SQL Server时IIS就使用这些登录信息。使用这种简化的方法时，我们可以在一个远程网站的域上对用户身份进行验证。

(4)你可以把用户的数字证书映射到本地域的Windows账户上。个人数字证书与服务器数字证书以同样的技术为基础，它证明用户身份标识的合法性，所以可以取代NT的Challenge/Response(质询/回应)验证算法。Firefox和IE等浏览器都自动在每一个页面请求中把证书信息发送给IIS。IIS提供了一个让管理员把证书映射到NT账户的工具。因此，我们可以用数字证书取代通常的提供账户名字和密码的登录过程。

由此可见，通过Windows账户验证用户时我们可以使用多种实现方法。即使当用户通过IIS跨越Internet连接SQL Server时，选择仍旧存在。因此，你应该把Windows验证作为首选的用户身份验证办法。

3. 设置全局组

通常，每一个组织或应用程序的用户都可以按照它们对数据的特定访问要求分成许多类别。每一组用户都有不同的数据库访问要求。对于每一组用户，分别地为它创建一个满足该组用户权限要求的、域内全局有效的组。管理员既可以为每一个应用分别创建组，也可以创建适用于整个企业的、涵盖广泛用户类别的组。

然而，如果想要能够精确地了解组成员可以做些什么，应该为每一个应用程序分别创建组是一种较好的选择。为了简化管理，最好为组取一个能够明确表示出作用的名字。

4. 允许数据库访问

在数据库内部由于对登录验证的处理方式不同，可以把权限分配给角色而不是直接把它们分配给全局组。这种能力能够轻松地在安全策略中使用SQL Server验证的登录。即使从来没有使用SQL Server登录账户，本文建议分配权限给角色，这样能够为未来可能出现的变化做好准备。

正如对登录过程的处理，如果访问标记中的任意SID已经在Sysusers系统表登记，SQL将允许用户访问数据库。因此，既可以通过用户的个人Windows账户SID授权用户访问数据库，也可以通过用户所在的一个(或者多个)组的SID授权。

为了简化管理，可以创建一个名为DB_Name Users的拥有数据库访问权限的全局组，同时不把访问权授予所有其他的组。这样，只需简单地在一个全局组中添加或者删除成员就可以增加或者减少数据库用户。

5. 分配权限

实施安全策略的最后一个步骤是创建用户定义的数据库角色，然后分配权限。完成这个步骤最简单的方法是创建一些名字与全局组名字配套的角色。例如对于前面例子中的会计系统，我们可以创建Accounting Data Entry Operators、Accounting Data Entry Managers之类的角色。

只要规划得恰当，便能够在域控制器上完成所有的访问和权限维护工作，使得服务器反映出管理员在域控制器上进行的各种设置调整。虽然实际应用中情况可能有所变化，但基本措施不会有根本性的变化，它们能够帮助管理员构造出很容易管理的安全策略。

创建好角色之后就可以分配权限。在这个过程中，只需用到标准的 GRANT、REVOKE 和 DENY 命令。但应该注意 DENY 权限，这个权限优先于所有其他权限。如果用户是任意具有 DENY 权限的角色或者组的成员，SQL Server 将拒绝用户访问对象。

接下来就可以加入所有 SQL Server 验证的登录。用户定义的数据库角色可以包含 SQL Server 登录以及 Windows 全局组、本地组、个人账户，这是它最宝贵的特点之一。用户定义的数据库角色可以作为各种登录的通用容器，使用用户定义角色而不是直接把权限分配给全局组的主要原因就在于此。

由于内建的角色一般适用于整个数据库而不是单独的对象，因此这里建议只使用两个内建的数据库角色，即 db_securityadmin 和 db_owner。其他内建数据库角色，例如 db_datareader，它授予对数据库里面所有对象的 SELECT 权限。

虽然可以用 db_datareader 角色授予 SELECT 权限，然后有选择地对个别用户或组拒绝 SELECT 权限，但使用这种方法时，管理员可能忘记为某些用户或者对象设置权限。一种更简单、更直接而且不容易出现错误的方法是为这些特殊的用户创建一个用户定义的角色，然后只把那些用户访问对象所需要的权限授予这个用户定义的角色。

6. 简化安全管理

SQL Server 验证的登录不仅能够方便地实现，而且与 Windows 验证的登录相比，它更容易编写到应用程序里。但是，如果用户的数量超过 25，或者服务器数量在一个以上，或者每个用户都可以访问一个以上的数据库，或者数据库有多个管理员，SQL Server 验证的登录不容易管理。

由于 SQL Server 没有显示用户有效权限的工具，要记忆每个用户具有哪些权限以及他们为何要得到这些权限就更加困难。即使对于一个数据库管理员还要担负其他责任的小型系统，简化安全策略也有助于减轻问题的复杂程度。因此，首选的方法应该是使用 Windows 验证的登录，然后通过一些精心选择的全局组和数据库角色管理数据库访问。

下面是一些简化安全策略的经验规则：用户通过 SQL Server Users 组获得服务器访问，通过 DB_Name Users 组获得数据库访问；用户通过加入全局组获得权限，而全局组通过加入角色获得权限，角色直接拥有数据库里的权限；需要多种权限的用户通过加入多个全局组的方式获得权限。

习 题 七

一、填空题

1. 用户在登录时，系统会核对连接到 SQL Server 实例的登录账户名和密码是否正确，这个过程称为__________。

2. SQL Server 2005 提供了两种身份验证模式：__________和混合模式。

3. 无论是使用 Windows 身份验证模式还是使用混合身份验证，用户用来连接到 SQL Server 2005 服务器的账户均称为__________。

4. SQL Server 2005 中有三个默认的登录账户：sa、__________和 guest。

二、选择题

1. SQL Server 2005 默认的用户登录账号是( )。

A. BUILTIN\Administrators　B. guest　C. dbo　D. sa

2. 下列命令中，( )命令用于撤销 SQL Server 用户对象权限。

A. REVOKE　B. GRANT　C. DENY　D. CREATE

3. SQL Server 2005 角色中没有成员的是( )角色。

A. 标准　B. 固定数据库　C. 应用程序　D. 服务器

4. SQL Server 2005 中的主体对安全对象的权限层次( )。

A. 不分层　B. 分 3 层　C. 分 2 层　D. 分 4 层

5. SQL Server 2005 数据库用户不能够创建( )。

A. 数据库角色　B. 登录名　C. 服务器角色　D. 应用程序角色

三、判断题

1. 对象权限表示对特定的数据库的操作权限，它决定了能对表、视图等数据库对象执行的操作。（ ）

2. 一个登录名可以映射多个数据库用户，而一个用户只能应对一个登录名。（ ）

3. 对于某个数据库而言，每一个固定数据库角色都有它特定的许可权限，即固定数据库角色的成员的许可对于某个数据库是有限的。（ ）

4. 撤销权限只删除所撤销级别上的已经授予的权限或已经拒绝的权限。而在另一层次上所授予或拒绝的同一权限仍然有效。（ ）

四、操作题

1. 利用 Transact－SQL 语句创建登录名。

2. 将图书管理系统数据库中创建表的权限授予用户 USER1。

任务8　数据备份与转换

为了降低数据丢失的可能性，并能够及时恢复已经丢失的数据，可以在数据库系统中实施备份和恢复策略。依据可能发生的错误和数据保护的级别，用户需要很好的规划、实施和测试恢复策略。

8.1　任务:备份和还原数据库

8.1.1 认识备份

数据备份就是将数据库中的数据进行导出，生成副本，然后在系统发生故障后能够根据副本恢复全部或部分数据。

数据还原就是在数据库的一定生命周期，通过备份恢复遭到破坏或损毁的数据。作为数据管理员，应该将数据还原的频率减到最低，并在问题发生之前进行监视，预计潜在灾难所能影响到的范围，当灾难发生时，加快还原速度并快速地验证还原是否成功。

8.1.2 备份数据库

SQL Server 2005 对所要备份内容的选项设置，提供了 4 种不同的方式：

●数据库完全备份:数据库完全备份(Database - complete)是整个数据库的一个备份。该备份复制在一个文件中。

●差异备份或称增量备份:数据库增量备份(database - differential)包含了自上次完全数据库备份以来数据库中所有变化的复制。

●事务日志备份:事务日志备份(Transaction Log)包含事务日志的复制，它包括数据库中所发生的每个数据改动前后的映像。

●数据库文件和文件组备份:数据库文件和文件组备份(Flie and Filegroup)是针对某一个文件或文件组的复制。

下面将重点介绍数据库完全备份和差异备份的操作。

1. 设备

SQL Server 数据库的备份设备可以是不同类型的存储设备。常见的备份设备有磁带设备和磁盘设备两种类型，由于现在磁带设备已经不常用了，所以我们这里只讨论在磁盘设备上的备份过程。

利用 SQL Server Management Studio 备份设备可以通过如下 4 个步骤完成：

(1)在“对象资源管理器”中，展开“服务器对象” -“备份设备”子目录，然后右击“备份设备”。

(2)在弹出的快捷菜单中选择“新建备份设备”命令，弹出“备份设备”对话框，如图 8－1 所示。

(3)若要确定目标位置，则选中图 8－1 中的“文件”单选按钮并指定该文件的完整路径 D:\sqlprogram，然后输入设备名称如 booksysbak。

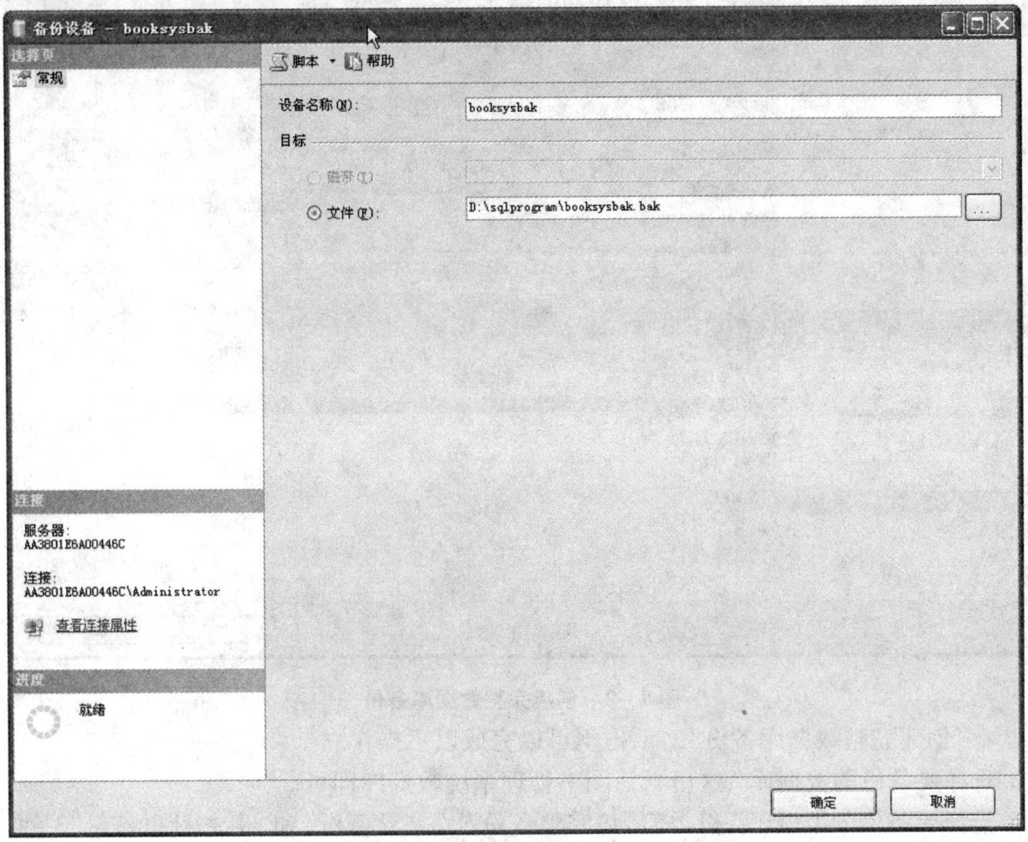

图 8－1　创建备份设备

(4)单击“确定”按钮，备份设备 booksysbak 成功。

2. 执行完整数据库备份

(1)使用 SQL Server Management Studio 备份数据库

利用 SQL Server Management Studio 完整数据库备份可以通过如下 7 个步骤完成：

①启动 SQL Server Management Studio，在“对象资源管理器”窗口里展开树形目录，展开“数据库”－图书管理系统子目录。

②右击图书管理系统，在弹出的快捷菜单里选择“任务”－“备份”命令，弹出如图 8－2 所示的“创建完整数据库备份”对话框。

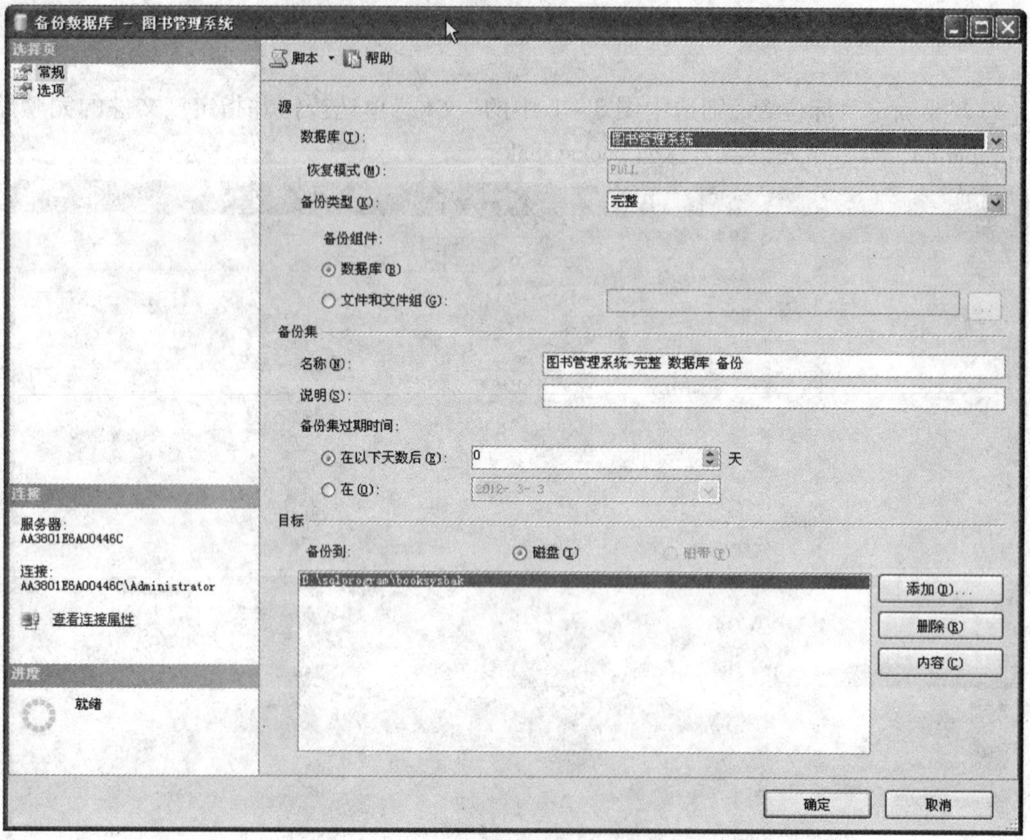

图 8－2　创建完整数据库备份

③在“创建完整数据库备份”对话框里可以完成以下操作。

a. 选择要备份的数据库，这里默认图书管理系统数据库即可。

b. 选择要备份的类型，备份类型为“完整备份”、“差异备份”和“事务日志备份”3 种。在“备份类型”下拉列表框里选择“完整”选项。

c. 设置备份信息，在“备份集”区域里可以设置备份集的信息，其中在“名称”文本框里输入“图书管理系统完整备份”；在“说明”文本框里输入“完整备份练习”。

d. 在“备份集过期时间”区域，可以设置本次备份在几天后过期或在哪一天过期。如此在“在以下天数后”文本框里可以输入的范围 0～99999，备份集过期后会被新的备份覆盖。

e. 将数据库默认备份到 D：\Program Files\Microsoft SQL Server \ MSSQL. 1\MSSQL\Backup \图书管理系统. bak。

④单击“确定”按钮，开始备份数据库图书管理系统。

⑤也可以单击“创建完整数据库备份”对话框中的“添加”按钮添加备份路径。在弹出的“选择备份目标”对话框（如图 8－3）中选择“备份设备”单选按钮，并在其下拉列表框中选择 booksysbak 选项。

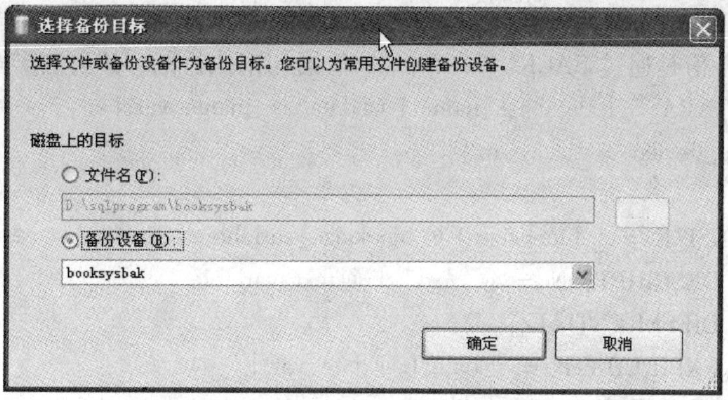

图8－3　选择备份设备

⑥单击“确定”按钮，返回“创建完整数据备份”对话框，若要查看或选择高级选项，则在“选项”选项卡中进行设置，然后单击“确定”按钮即可完成完整数据库备份。

⑦查看备份文件。展开“对象资源管理器”窗口，展开“服务器对象”－“备份设备”－booksysbak子目录，右击booksysbak，在弹出的快捷菜单中选择“属性”命令。在弹出的“备份设备－booksysbak”对话框中打开“媒体内容”选项卡，如图8－4所示，即可观察到图书馆里数据库的完整备份文件“图书管理系统完整备份”。

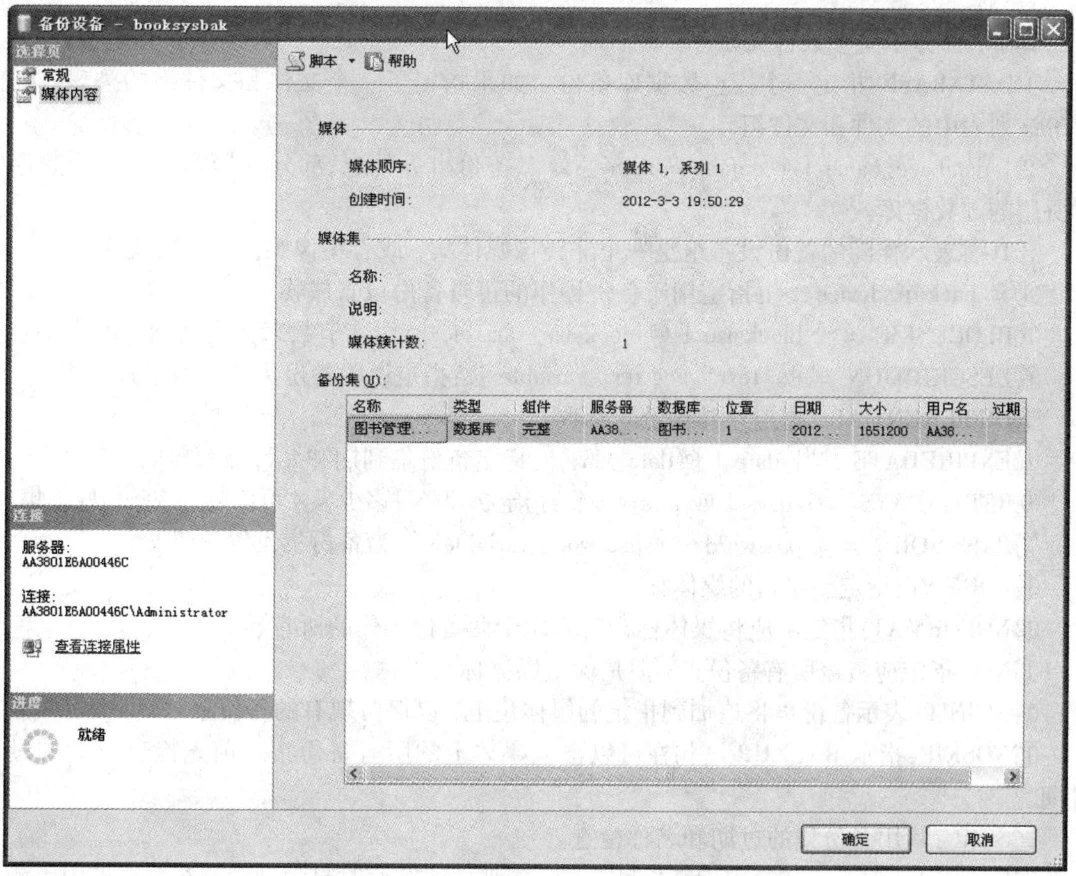

图8－4　“备份设备－booksysbak”

(2)利用 Transact-SQL 语句创建完整数据库备份

完整数据库备份是通过 BACKUP DATABASE 语句来执行的，其语法形式如下：

```
BACKUP DATABASE { database_name | @database_name_var }
TO < backup_device > [ ,...n ]
[ WITH
     [ BLOCKSIZE = { blocksize | @blocksize_variable } ]
     [ [ , ] DESCRIPTION = { 'text' | @text_variable } ]
     [ [ , ] DIFFERENTIAL ]
     [ [ , ] EXPIREDATE = { date | @date_var }
     | RETAINDAYS = { days | @days_var } ]
     [ [ , ] PASSWORD = { password | @password_variable } ]
     [ [ , ] { FORMAT | NOFORMAT } ]
     [ [ , ] { INIT | NOINIT } ]
     [ [ , ] { NOSKIP | SKIP } ]
     [ [ , ] STATS [ = percentage ] ]
     [ [ , ] COPY_ONLY ]
]
```

其中，部分子句参数含义如下：

①DATABASE：指定一个完整数据库备份。如果指定了一个文件和文件组的列表，则仅备份该列表中的文件和文件组。

②{ database_name | @database_name_var } 备份事务日志、部分数据库或完整的数据库时所用的源数据库。

③TO：表示伴随的备份设备组是一个非镜像媒体集，或者镜像媒体集中的镜像之一。

④< backup_device >：指定用于备份操作的逻辑备份设备或物理备份设备。

⑤BLOCKSIZE = { blocksize | @blocksize_variable }：用字节数来指定物理块的大小。

⑥DESCRIPTION = { 'text' | @text_variable }：指定说明备份集的自由格式文本。

⑦DIFFERENTIAL：指定差异备份的参数。

⑧EXPIREDATE = { date | @date_var }：指定备份集到期和允许被覆盖的日期。

⑨RETAINDAYS = { days | @days_var }：指定必须经过多少天才可以覆盖该备份媒体集。

⑩PASSWORD = { password | @password_variable }：为备份集设置密码。

⑪FORMAT：指定创建新的媒体集。

⑫NOFORMAT：指定不应将媒体标头写入用于此备份操作的所有卷。

⑬NIT：指定应覆盖所有备份集，但是保留媒体标头。

⑭NOINIT：表示备份集将追加到指定的媒体集上，以保留现有的备份集。

⑮NOSKIP：指示 BACKUP 语句在可以覆盖媒体上的所有备份集之前先检查它们的过期日期。

⑯SKIP：禁用备份集的过期和名称检查。

⑰STATS [= percentage]：每当另一个 percentage 结束时显示一个消息，它被用于测量进度。如果省略 percentage，则 SQL Server 在每完成 10% 就显示一条消息。

⑱COPY_ONLY：指定此备份不影响正常的备份序列。仅复制不会影响数据库的全部备份和还原过程。

【例8－1】创建逻辑设备名为booksysbak的备份设备，并执行完整数据库备份。

```
USE master
GO
Exec sp_addumpdevice'disk','booksysbak',
    'D:\sqlprogram\booksysbak.bak'
GO
BACKUP DATABASE 图书管理系统
TO
    DISK = N'D:\sqlprogram\booksysbak.bak'
WITH
    NAME = N'图书管理系统－完整数据库备份',
    NOUNLOAD, STATS = 10
GO
```

3.执行差异数据库备份

通过SSMS进行差异备份的操作步骤与进行完整备份操作步骤完全相同，惟一不同点是差异备份需要在"创建完整数据备份"对话框里选择差异备份，在这里就不赘述了。下面介绍利用Transact－SQL语句创建差异备份，其简单语法格式如下：

```
BACKUP DATABASE { database_name | @database_name_var }
TO < backup_device > [ ,... n ]
[ WITH
    [ [ , ] DIFFERENTIAL ]
]
```

【例8－2】在备份设备sad10上为数据库test01创建差异备份。

```
USE master
GO
BACKUP DATABASE test01 TO disk = 'D:\sqlprogram\backup\sad10.bak'
WITH DIFFERENTIAL , EXPIREDATE = '10/01/2011 00:00:00',
    NAME ='TEST01 差异备份' , STATS = 10
GO
```

完整数据库备份是其他所有数据库备份类型都依赖的备份类型。由于其他数据库备份类型都需要一个重建的数据库才能工作，所以他们都依赖于完整数据库备份。因此，完整数据库备份并不只在执行完整数据库备份的恢复策略中占有重要地位，对其他类型的备份策略同样重要。

8.1.3 还原数据库

SQL Server 2005提供了两种还原方式，即自动还原和手动还原。

自动还原，就是指每次在将SQL Server数据库出现错误或关机重启后，SQL Server会自动运行带有容错功能的特性。它读取每个数据库事务日志的活动部分，并且检查所有自最新的检查点以来发生的事务，把它们重新应用于数据库，使数据库还原到某个时间的状态。

手动还原，就是通过需要指定数据库恢复工作的应用程序，按照创建事务日志的顺序，使数据库处于和事务日志最后一次备份时一致的状态。

下面主要介绍分别从完整备份和差异备份还原数据库的手动还原操作过程。

1. 从完整数据库备份中还原

(1)在 SSMS 中还原数据库

利用 SQL Server Management Studio 从完整备份还原数据库可以通过以下 3 个步骤完成：

①启动 SQL Server Management Studio，在“对象资源管理器”窗口中，展开“数据库”－图书管理系统子目录。右击图书管理系统，在弹出的快捷菜单中选择“任务”－“还原”－“数据库”命令，弹出“还原数据库”对话框如图 8－5 所示。

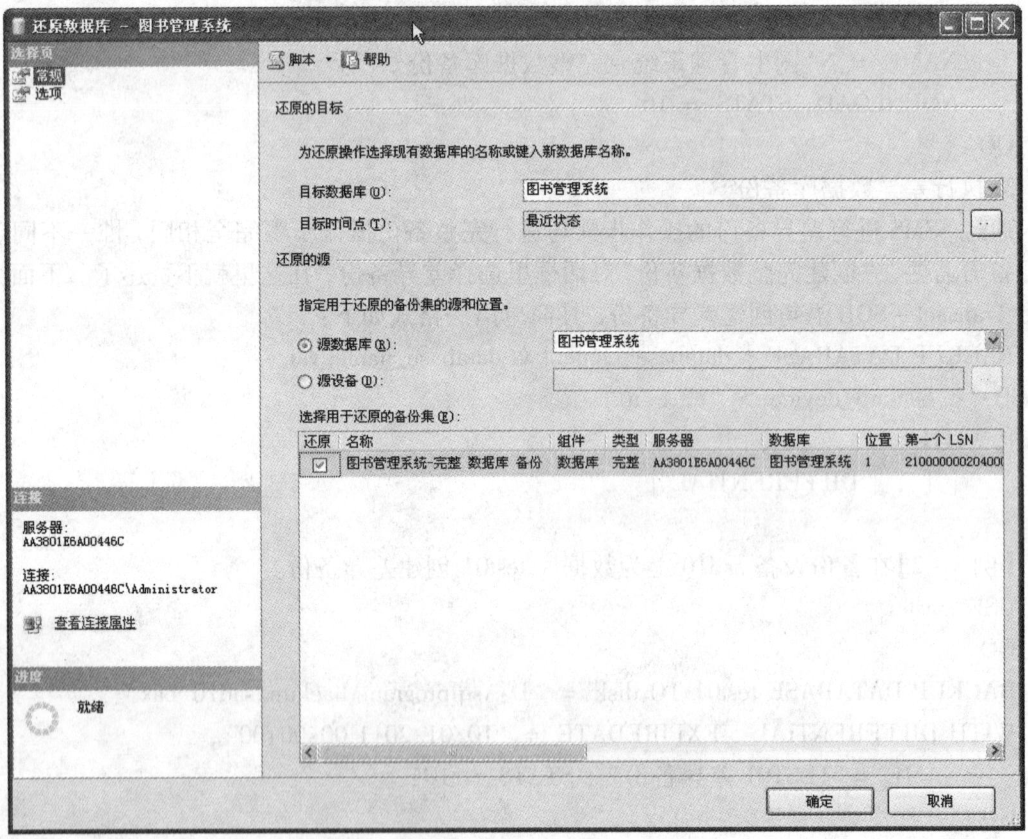

图 8－5　还原数据库

②在“还原数据库”对话框里有很多选项，不同的还原情况选择不同的选择项。

a. 目标数据库：在该下拉列表框里可以选择要还原的数据库，这里采用默认值。

b. 目标时间点：如果备份文件或备份设备里备份集很多，还可以选择“目标时间点”，只要事务日志备份支持，就可以还原到某个时间的数据库状态。这里采用默认值“最近状态”。

c. 还原到源：在该区域里可以指定用于还原的备份集和源的位置。在“源数据库”下拉列表框中选择图书管理系统选项。

d. 选择用于还原的备份集：在该区域里列出了所有可用的备份集。确保选中了“图书管理系统完整备份”。

③设置完毕后单击“确定”按钮完成还原操作。

(2)使用 Transact-SQL 语句还原数据库

完整语法形式如下：

```
RESTORE DATABASE { database_name | @database_name_var }
[ FROM <backup_device>[ ,...n ] ]
[ WITH
    [ { CHECKSUM | NO_CHECKSUM } ]
    [ [ , ] { CONTINUE_AFTER_ERROR } ]
    [ [ , ] FILE = { file_number | @file_number } ]
    [ [ , ] MOVE 'logical_file_name'
        TO 'operating_system_file_name' ] [ ,...n ]
    [ [ , ] PASSWORD = { password | @password_variable } ]
    [ [ , ] { RECOVERY | NORECOVERY | STANDBY = {standby_file_name } } ]
    [ [ , ] REPLACE ]   [ [ , ] RESTRICTED_USER ]
    [ [ , ] STATS [ = percentage ] ]
    [ [ , ] {STOPAT = { date_time | @date_time_var }
        | STOPBEFOREMARK = 'mark_name'[ AFTER datetime ] }
] ]
```

其中，部分子句、参数的含义如下：

①{ database_name | @database_name_var}：指定目标数据库，即将日志或整个数据库还原到的数据库。

②FROM { <backup_device>[,...n] | <database_snapshot>}：通常指定要从哪些备份设备还原备份。

③RECOVERY：指示还原操作回滚任何未提交的事务。

④NORECOVERY：指示还原操作不回滚任何未提交的事务。

⑤STANDBY ={standby_file_name}：指定一个允许撤消恢复效果的备用文件。

⑥MOVE ‘logical_file_name_in_backup’ TO ‘operating_system_file_name’ [...n]：指定对于逻辑名称由 logical_file_name_in_backup 指定的数据或日志文件，应当通过将其还原到 operating_system_file_name 所指定的位置来对其进行移动。

⑦REPLACE：指定即使存在另一个具有相同名称的数据库，SQL Server 也应该创建指定的数据库及其相关文件，也就是覆盖操作。

⑧RESTRICTED_USER：限制只有 db_owner、dbcreator 或 sysadmin 角色的成员才能访问新近还原的数据库。

⑨FILE ={ backup_set_file_number | @backup_set_file_number }：标识要还原的备份集。例如，backup_set_file_number 为 1 指示备份介质中的第一个备份集，backup_set_file_number 为 2 指示第二个备份集。

⑩PASSWORD = { password | @password_variable }：提供备份集的密码。备份集密码是一个字符串。

⑪{ CHECKSUM | NO_CHECKSUM }:默认行为是在存在校验和时验证校验和，在不存在校验和时不进行验证并继续执行操作。

⑫CONTINUE_AFTER_ERROR:指定遇到错误后继续执行还原操作。

⑬STATS [=percentage]:每当另一个百分比完成时显示一条消息，并用于测量进度。

⑭STOPAT = { 'datetime' | @ datetime_var }:指定将数据库还原到它在 datetime 或 @ datetime_var 参数指定的日期和时间时的状态。

⑮STOPBEFOREMARK = 'mark_name' [AFTER 'datetime']:指定恢复至指定的恢复点为止。

【例 8-3】从完全备份中还原图书管理系统数据库。

```
RESTORE DATABASE 图书管理系统
FROM
    DISK = N'D:\sqlprogram\booksysbak'
WITH
FILE = 1, NOUNLOAD, REPLACE ,STATS = 10
GO
```

2. 从差异数据库备份中还原

通过 SQL Server Management Studio 进行差异数据库还原，操作步骤与完全数据备份还原基本一致，只是，要求先还原一个完整备份之后，才能进行差异数据库备份还原。这里就不再赘述了。

通过 Transact-SQL 语句从差异数据库备份中还原数据库应注意以下几点。

(1)在执行从差异备份中恢复数据库之前，应先从完整数据库备份中恢复。

(2)执行从差异备份中恢复数据库和完整备份数据库中恢复的语法相同，不同点在于 FORM 子句指定的备份文件不同,读者可以通过例 8-3 和例 8-4 加以区别。

(3)当有事务日志需要还原时，可以指定 NORECOVERY 选项。

【例 8-4】从差异备份中还原数据库图书管理系统数据库。

```
RESTORE DATABASE 图书管理系统
FROM
    DISK = N'D:\sqlprogram\booksysbak'
WITH
FILE = 2, NOUNLOAD, REPLACE ,STATS = 10
GO
```

8.2 子任务:分离和附加数据库

SQL Server 2005 允许分离数据库的数据和事务日志文件，然后将其重新附加到同一台或另一台服务器上。分离数据库将从 SQL Server 删除数据库，但是保持在组成该数据库的数据和事务日志文件中的数据库完好无损。然后这些数据和事务日志文件可以用来将数据库附加到任何 SQL Server 实例上，这使数据库的使用状态与它分离时的状态完全相同。

这个方法涉及到 SQL Server 分离数据库和附加数据库这两个互逆操作工具。

(1)分离数据库就是将某个数据库(如 student_Mis)从 SQL Server 数据库列表中删除，使其不再被 SQL Server 管理和使用，但该数据库的文件(.MDF)和对应的日志文件(.LDF)完好无损。分离成功后，我们就可以把该数据库文件(.MDF)和对应的日志文件(.LDF)拷贝到其他磁盘中作为备份保存。

(2)附加数据库就是将一个备份磁盘中的数据库文件(.MDF)和对应的日志文件(.LDF)拷贝到需要的计算机，并将其添加到某个 SQL Server 数据库服务器中，由该服务器来管理和使用这个数据库。

8.2.1 分离数据库

在 SQL Server Management Studio 中分离数据库。

利用 SQL Server Management Studio 分离数据库可以通过以下 6 个步骤完成：

(1)启动 SQL Server Management Studio 并连接到数据库服务器后，在对象资源管理器中展开服务器节点。在数据库对象下找到需要分离的数据库名称，这里以图书管理系统数据库为例。右击图书管理系统数据库，在弹出的快捷菜单中选择“属性”。打开“数据库属性 - 图书管理”对话框。

(2)在“数据库属性 - 图书管理系统”对话框的左边“选择页”选项中选定“选项”对象，然后右边区域的“其他选项”列表中找到“状态”项，单击“限制访问”文本框，在其下拉列表中选择“Single”，如图 8 - 6 所示。

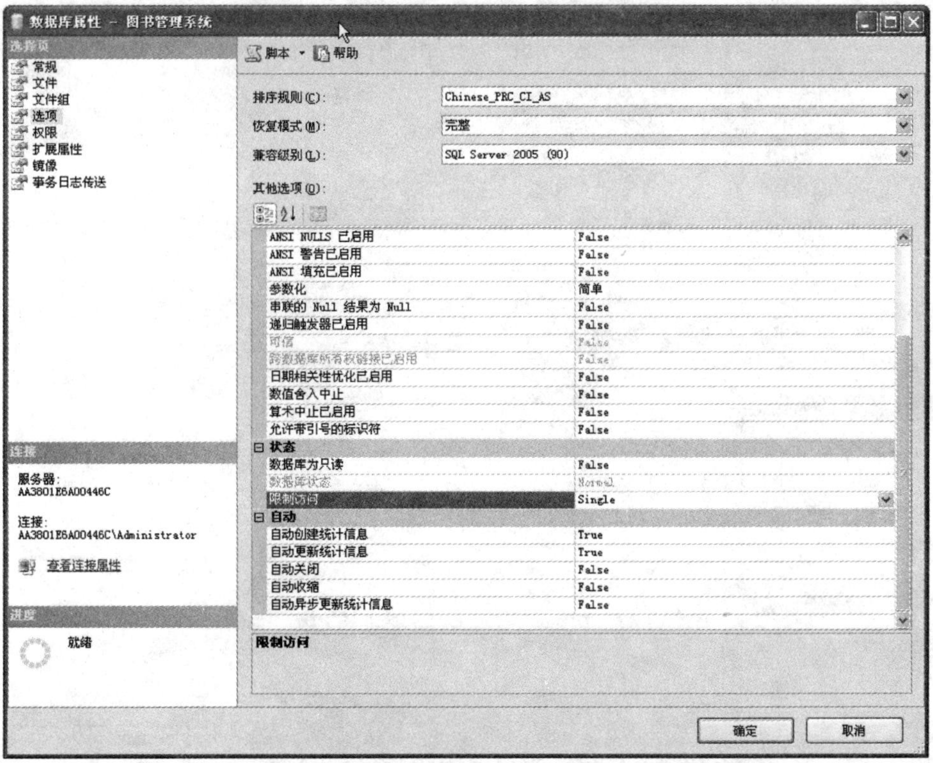

图 8 - 6　数据库属性 - 图书管理系统

(3)在数据库属性 - 图书管理系统中单击“确定”按钮后将出现一个消息框，通知我们此操作将关闭所有与这个数据库的连接，是否继续这个操作，如图 8－7。注意：在大型数据库系统中，随意断开数据库的其他连接是一个危险的动作，因为我们无法知道连接到数据库上的应用程序正在做什么，也许被断开的是一个正在对数据进行复杂更新操作、且已经运行较长时间的事务。

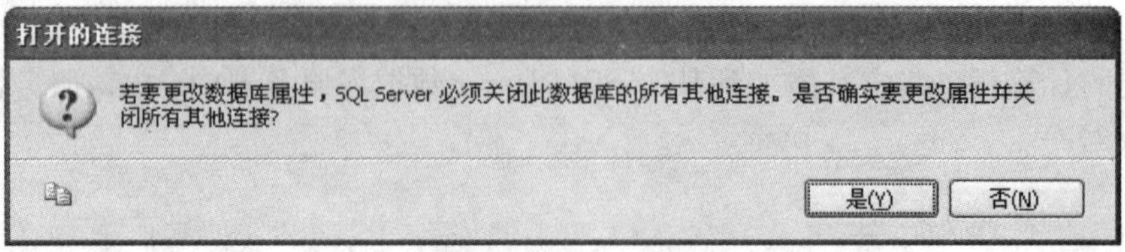

图 8－7　确认关闭数据库连接窗口

（4）在打开的连接对话框中单击"是"按钮后，数据库名称后面增加显示"单个用户"。右击图书管理数据库的数据库名称，在快捷菜单中选择"任务"的二级菜单项"分离"项。

（5）在"分离数据库"对话框中列出了我们要分离的数据库名称。请选中"更新统计信息"复选框。若"消息"列中没有显示存在活动连接，则"状态"列显示为"就绪"；否则显示"未就绪"，此时必须勾选"删除连接"列的复选框，如图 8－8 所示。

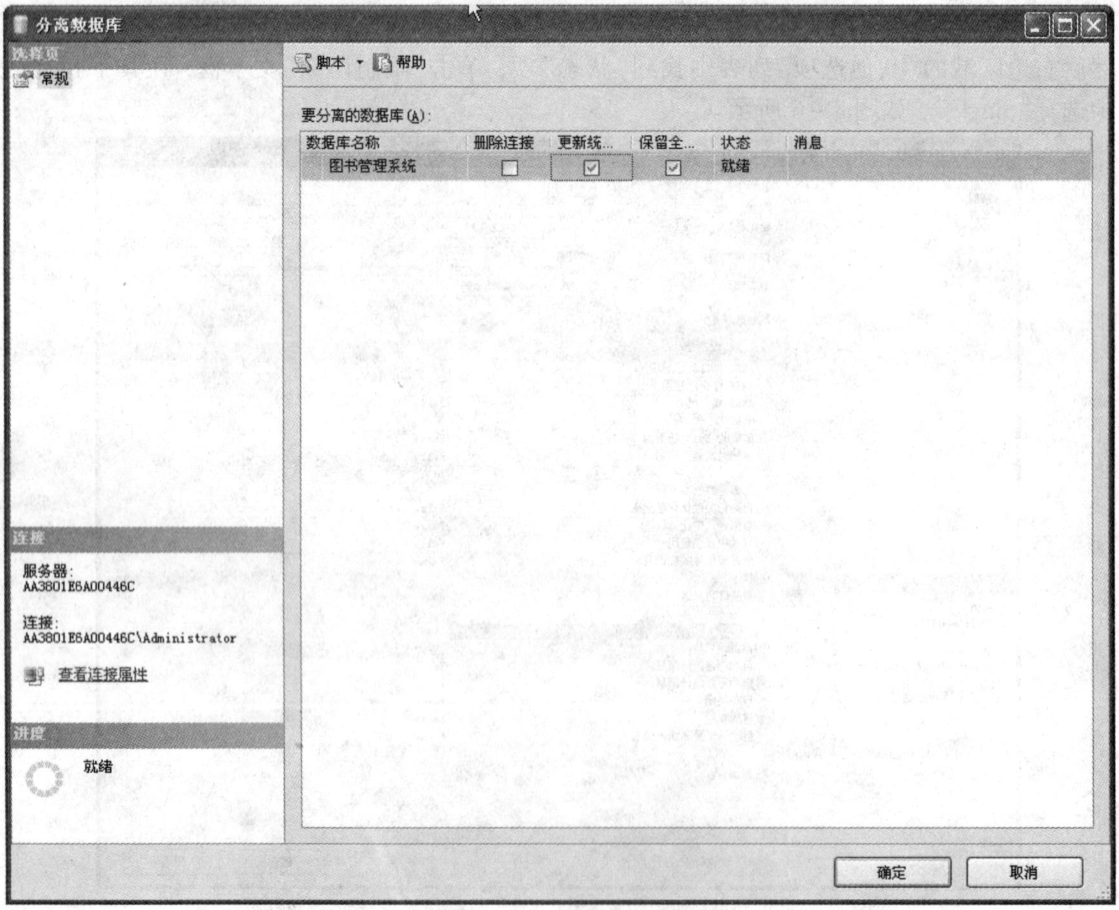

图 8－8　分离数据库

（6）分离数据库参数设置完成后，单击"确定"按钮，就完成了所选数据库的分离操作。

这时，在对象资源管理器的数据库对象列表中，就见不到被分离的图书管理数据库的数据库名称了。

8.2.2 附加数据库

在 SQL Server Management Studio 中附加数据库。

利用 SQL Server Management Studio 附加数据库可以通过以下 4 个步骤完成：

(1)将需要附加的数据库文件和日志文件拷贝到某个已经创建好的文件夹中。出于教学目的，我们将该文件拷贝到安装 SQL Server 时所生成的目录 DATA 文件夹中。

(2)在“对象资源管理器”窗口中右击数据库对象，并在快捷菜单中选择“附加”命令，打开“附加数据库”窗口，如图 8-9 所示。

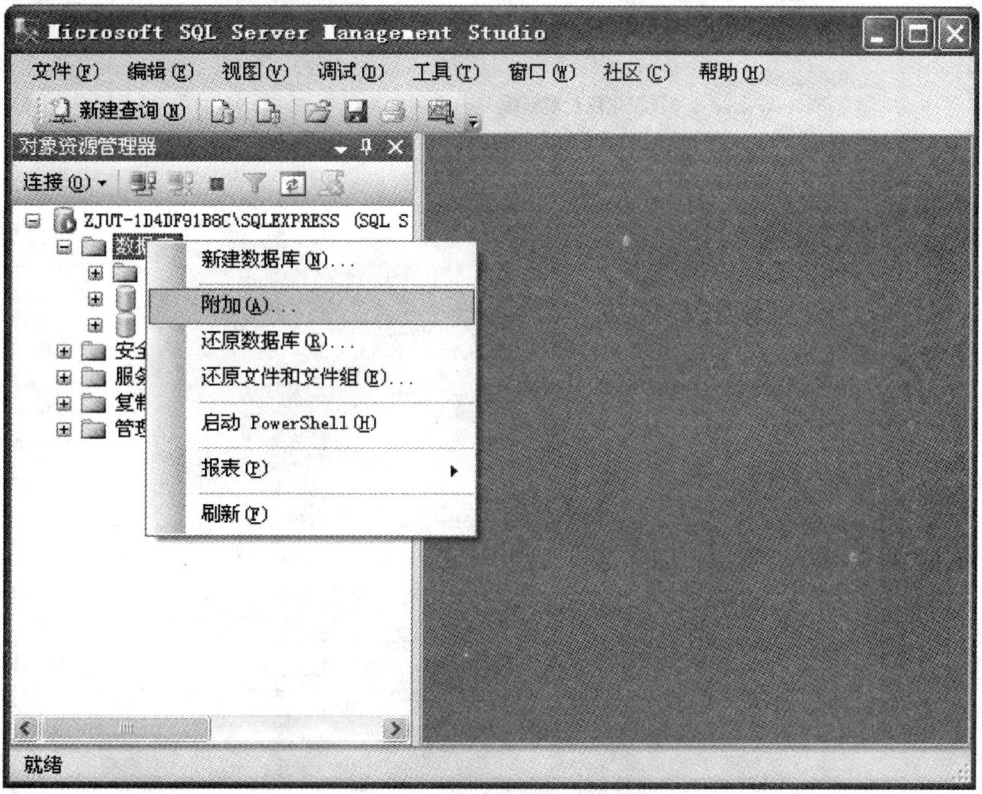

图 8-9　附加数据库窗口

(3)在“附加数据库”窗口中，单击页面中间的“添加”按钮，打开定位数据库文件的窗口，在此窗口中定位刚才拷贝到 SQL Server 的 DATA 文件夹中的数据库文件目录，选择要附加的数据库文件(后缀. MDF)，如图 8-10 所示。

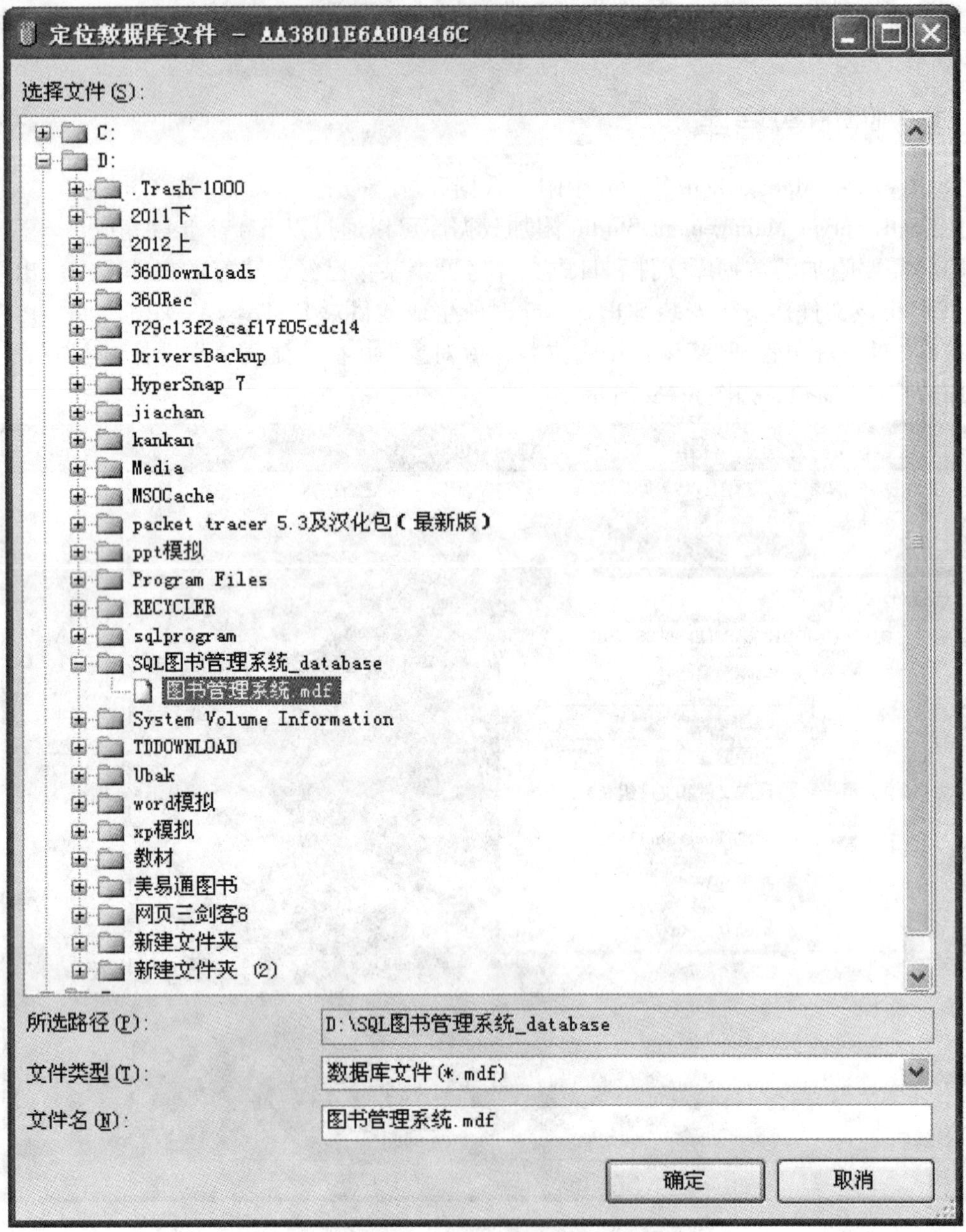

图 8－10　定位数据库文件到附加数据库窗口中

(4)单击“确定”按钮就完成了附加数据库文件的设置工作。这时，在附加数据库窗口中列出了需要附加数据库的信息，如图 8－11。如果需要修改附加后的数据库名称，则修改“附加为”文本框中的数据库名称。我们这里均采用默认值,因此，单击“确定”按钮，完成数据库的附加任务。

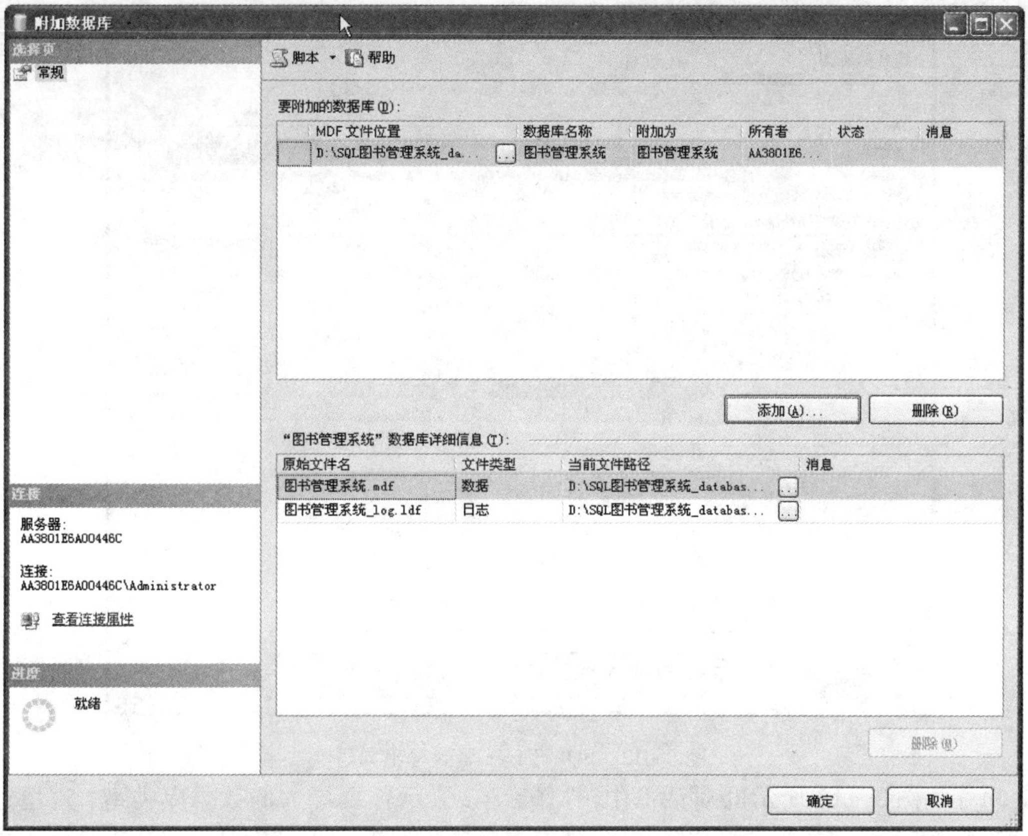

图 8－11　添加附加的数据库后的附加数据库窗口

完成以上操作，我们在 SQL Server Management Studio 的对象资源管理器中就可以看到刚刚附加的数据库。

8.3　子任务:导入和导出数据

当我们建立一个数据库时，并且想将分散在各处的不同类型的数据库分类汇总在这个新建的数据库中时，尤其是在进行数据检验和转换等操作时，将会面临很大的挑战，如:数据格式不匹配，不符合 CHECK 约束的条件等。SQL Server 提供了强大、丰富的数据导入导出功能，并且在导入导出的同时可以对数据进行灵活的处理。

8.3.1 导入数据

下面介绍通过 SQL Server Management Studio 完成导入 Excel 文件类型数据的导入操作。

(1)在“对象资料管理器”窗口里，右击你要导入数据的数据库，选择“任务”里的“导入数据”选项。

(2)在“导入导出向导”对话框中选择数据源，数据源就表示你要从哪个类型的文件向数据库导入数据，这里要选择的数据源为“Microsoft Excel”类型，如图 8－12 所示。在“Excel 文件路径”指向存放 Excel 文件的地址即可，单击“下一步”。

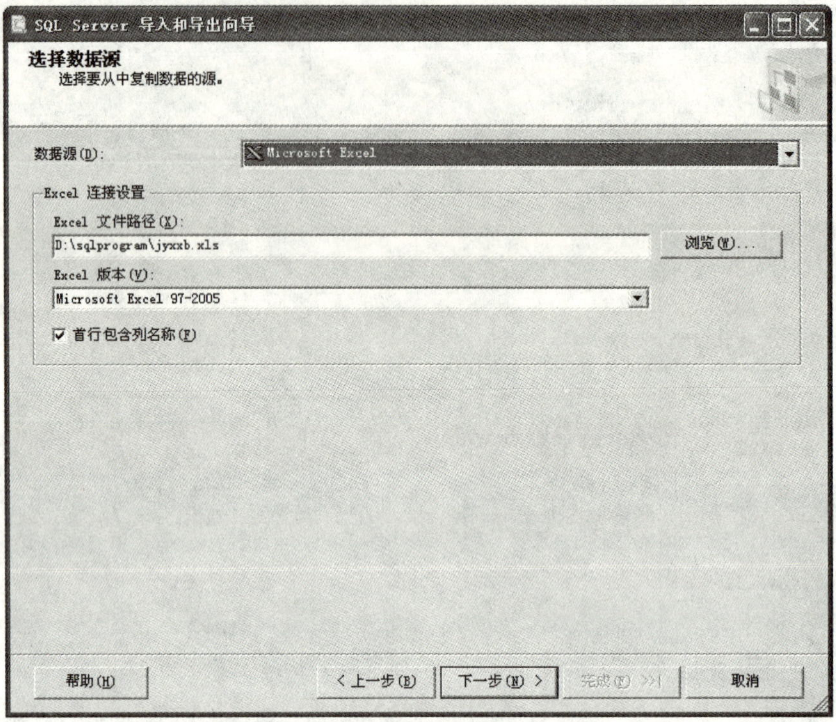

图 8－12　SQL Server 导入导出向导

(3)在如图 8－13 所示的对话框中，“目标”项表示你要导入的数据库类型，这里选择“SQL Native Client”类型。“服务器名称”项如果是本地服务器保持默认即可，要是远程数据库，同样直接输入 IP 地址。身份验证方式选择 Windows 身份验证，单击“下一步”。

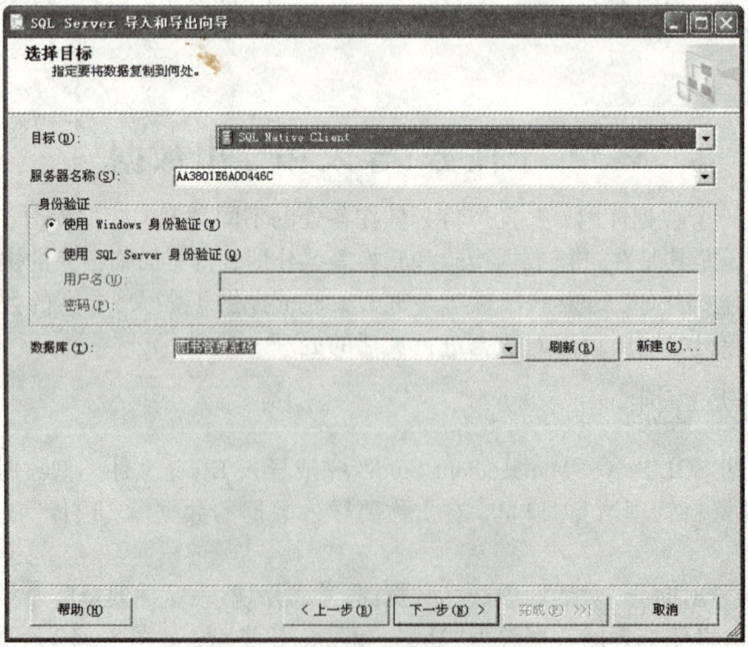

图 8－13　选择导入的数据目标

(4)在如图8－14所示的指定表复制或查询对话框中选择默认项，然后单击“下一步”。

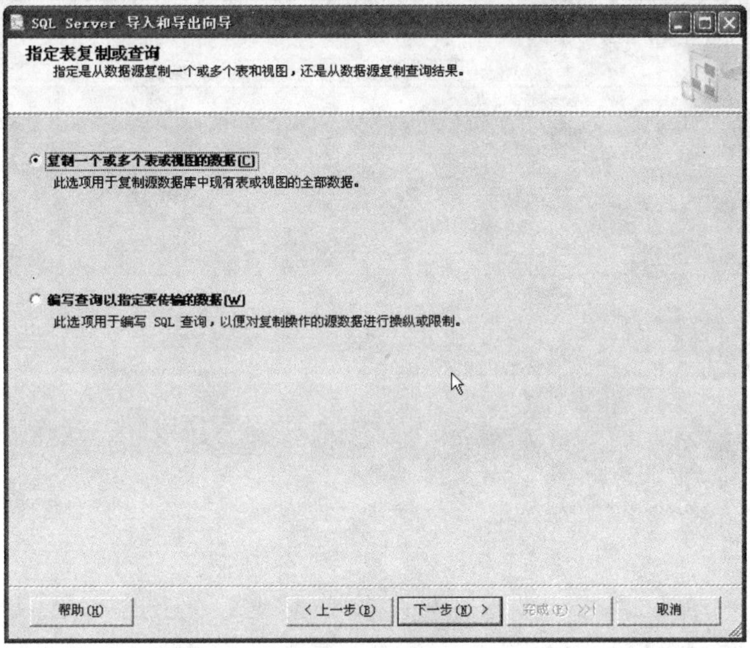

图8－14　指定表复制或查询

(5)在如图8－15所示的“选择源表和源视图”对话框中，将需要导入的表前面打上钩，在目标里就会有相应的数据库，如果没有在目标库里找到表，就会自动新建个表，在此后的操作过程中一直单击“下一步”直至在出现如图8－16所示的“保存并执行包”对话框中单击“完成”即可。

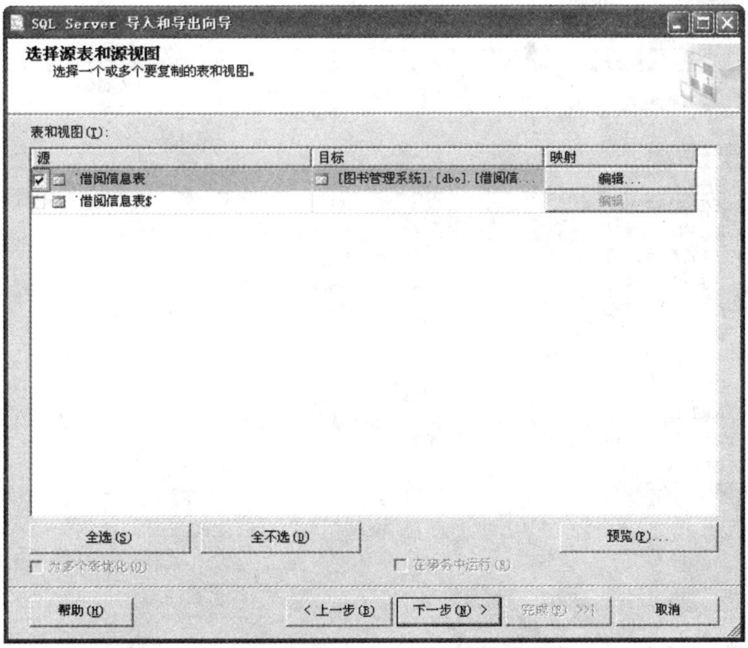

图8－15　选择源表和源视图

图 8－16　保存并执行包

(6)如图 8－17 所示就说明已在导入数据了。

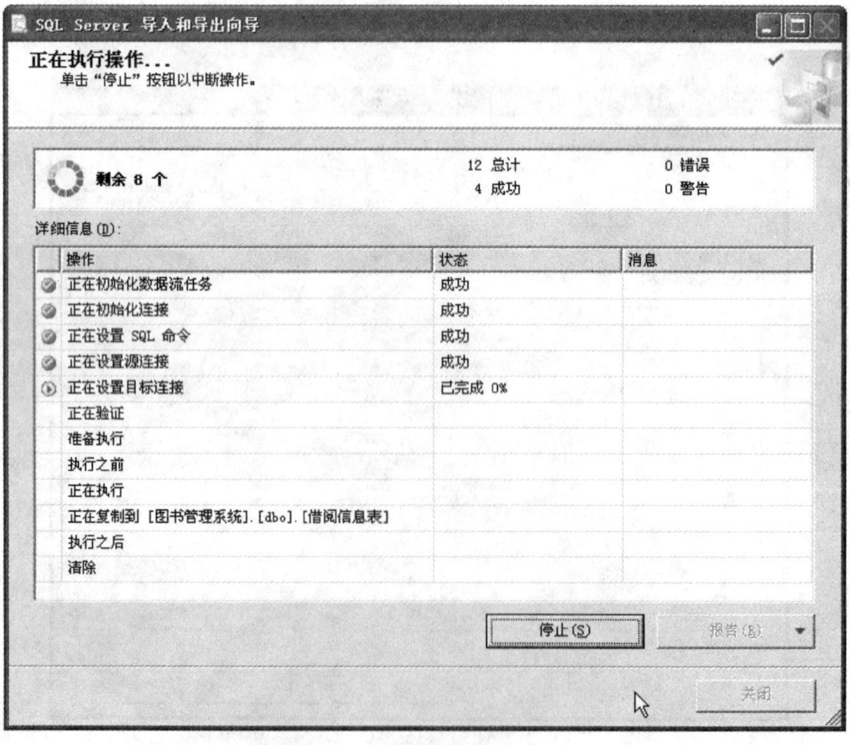

图 8－17　导入数据完成

8.3.2 导出数据

下面介绍将 SQL Server 2005 数据库中的数据分别导出到 Access 数据库的过程。

导出数据至 Access 的过程与将 Excel 数据导入数据库的过程相似，不同的是导入/导出的源和目的不同。将数据库导出到 Access，其数据源是 SQL Server 数据库，其目标是 Access 数据库文件。现在计划将 SQL Server 2005 服务器上的图书管理系统数据库导出到 Access 数据库文件中。如果目标 Access 数据库文件不存在，则需要先打开 Access，并建立一个空的 Access 数据库，为了保持一致，将其取名为图书管理系统. mdb。

(1)与导入的步骤一样，但要选择"导出数据"直接进入如图 8－18 所示的"选择数据源"窗口，在该窗口中选择数据源为"SQL Native Client"选项，数据库为"图书管理系统"，然后单击"下一步"按钮。

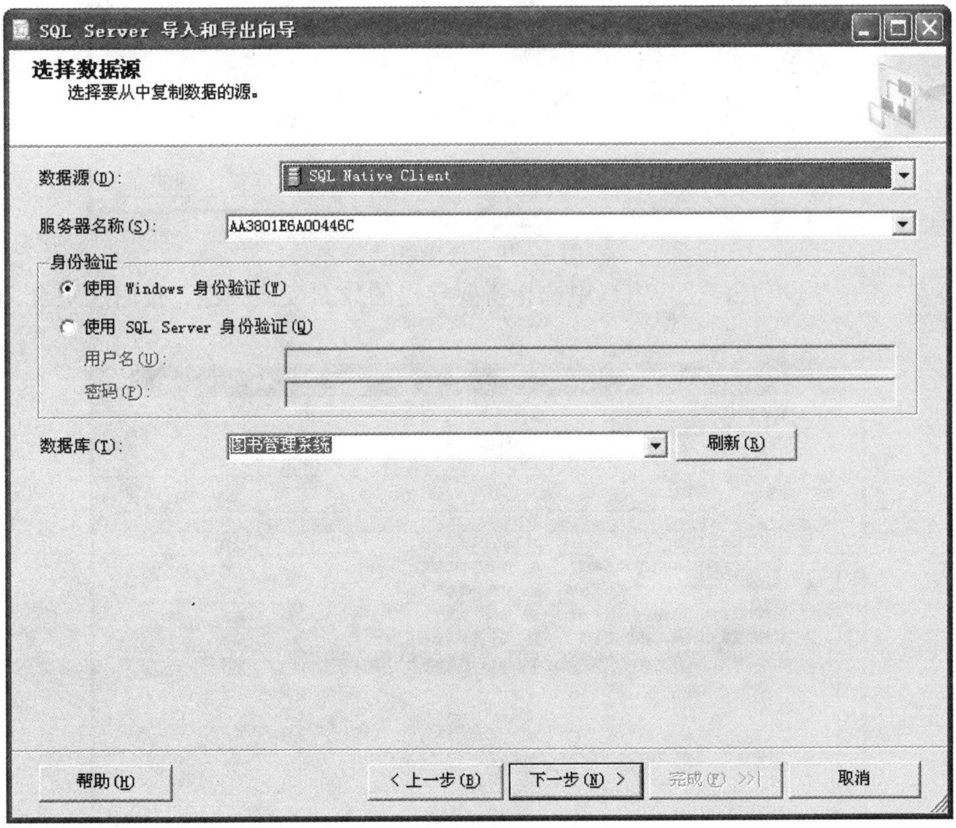

图 8－18　选择数据源

(2)在如图 8－19 所示的"选择目标"窗口中，在"目标"下拉列表框中选择"Microsoft Access"选项，并单击"文件名"旁边的"浏览"按钮，选择刚才在 Access 中建立的空数据库文件图书管理系统. mdb，然后单击"下一步"按钮。

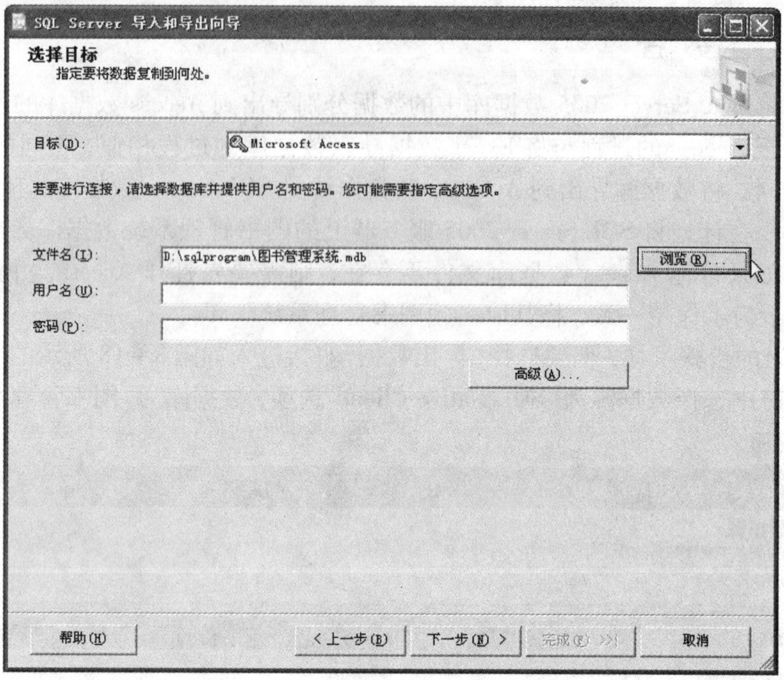

图 8－19　选择目标

(3)在“选择源表和源视图”窗口中选择所要导出的数据表或视图，我们这里全选，如图 8－20 所示。

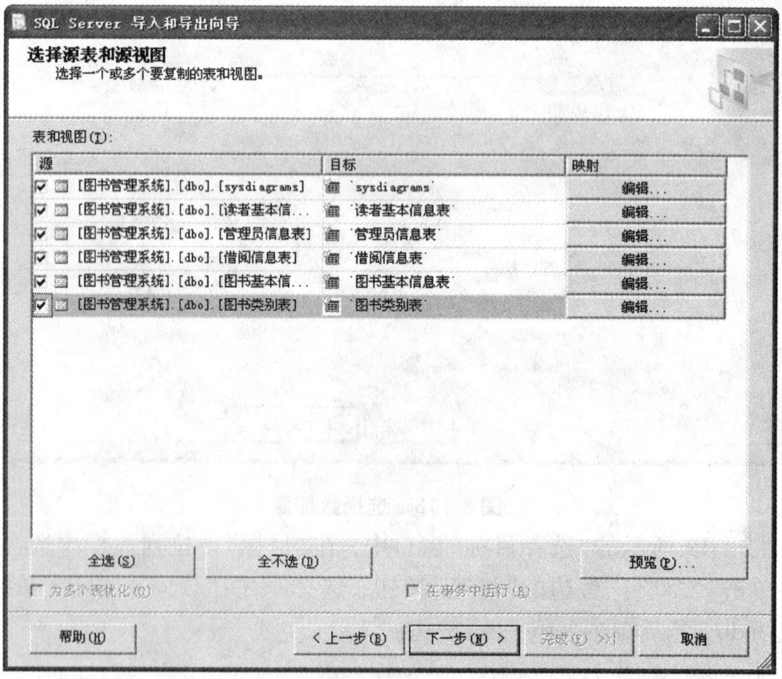

图 8－20　选择源表和源视图

(4)其他步骤与导入操作基本一致，读者根据向导提示就可完成整个数据库导出到 Access 的操作。

实训8 备份和还原图书管理系统数据

一、联系使用SSMS创建数据库图书管理系统的完全备份、差异备份

1. 完整数据库备份：在SSMS的“对象资源管理器”窗口中选择图书管理系统数据库。

2. 右击图书管理数据库，在弹出的快捷菜单中选择“任务”–“备份”命令，弹出“备份数据库”对话框。在对话框中进行如下操作：

选择要备份的数据库图书管理系统数据库。

选择要备份的类型“完整备份”，即在“备份类型”下拉列表中选择“完整”。

设置备份集信息，在“名称”文本框中输入“图书管理系统完整备份”；在“说明”文本框中输入“完整备份实验”。

在“在以下天数后”文本框中可以输入的范围为0～99999，如果为0则表示不过期。备份集过期后会被新的备份覆盖。这里设置为0。

设置备份设备的存放位置默认是C:\Programe Files\Microsoft SQL Server\MSSQL.1\MSSQL\Backup\图书管理系统.bak。

3. 其他选项保持默认设置，单击“确定”按钮，开始数据库备份图书管理系统数据库。数据库的完成备份完成。

4. 数据库差异备份：重复第12步，选择要备份类型“差异备份”，即在“备份类型”下拉列表框中选择“差异”。单击“确定”按钮也可以完成差异数据库备份。

二、练习利用差异备份还原数据库图书管理系统

读者可以利用上个项目中已备份好的数据库备份，试进行数据库的还原，因篇幅所限具体步骤这里就不赘述了，可以参照8.1.3完成。

三、利用Transact–SQL语句完成下列操作

——创建一个新的备份设备booksysbak3，并将数据库图书管理系统完全备份到booksysbak3上。

```
USE 图书管理系统
GO
EXEC sp_addumpdevice 'disk','booksysbak3','E:\booksysbak3.BAK'
GO
BACKUP DATABASE 图书管理系统 TO booksysbak3
```

——从booksysbak3备份设备进行还原完整数据库操作，还原以后的数据库名称为TEST1

```
USE master
GO
RESTORE DATABASE TEST1
FROM booksysbak3
WITH REPLACE
```

阅读材料 数据备份与数据备份策略

备份与容灾是存储领域两个极其重要的部分，二者有着紧密的联系。首先，在备份与容灾中都有数据保护工作，备份大多采用磁带方式，性能低、成本低；容灾采用磁盘方式进行数据保护，随时进行，性能高、成本高。其次，备份是存储领域的一个基础，在一个完整的容灾方案中必须包括备份的部分；同时备份还是容灾方案的有效补充，因为容灾方案中的数据可能丢失，存储也有完全被破坏的可能，而备份提供了额外的一条防线，即使数据丢失也可以从备份数据中恢复。要保护数据，需要数据备份和容灾系统。但是很多用户在搭建了备份系统之后就认为高枕无忧了，其实还需要搭建容灾系统。数据容灾与数据备份的联系主要体现在以下几个方面：

一、数据备份是数据容灾的基础

数据备份是保证数据安全的最后一道防线，其目的是为了系统数据崩溃时能够快速的恢复数据。虽然它也算一种容灾方案，但它的容灾能力非常有限，因为传统的备份主要是采用数据内置或外置的磁带机进行冷备份，备份磁带也是在机房中统一管理，一旦整个机房出现了灾难，如火灾、盗窃和地震等灾难时，这些备份磁带也会随之毁坏，所存储的磁带备份起不到任何容灾功能。

二、数据容灾能力的分级

真正的数据容灾就是要避免传统冷备份的先天不足，它能在灾难发生时全面、及时地恢复整个系统。数据容灾按其能力的高低可分为多个层次，例如，国际标准 SHARE78 定义的容灾系统有 7 个级别，即从最简单的仅在本地进行磁带备份，到将备份的磁带存储在异地，再到建立应用系统实时切换的异地备份系统，恢复时间也可以从几天到小时级到分钟级、秒级或 0 数据丢失等。

1. 数据备份类型

数据备份有多种方式，应根据具体情况选择最合适的方式。选择备份类型时，一般的规则如下：

(1) 对于操作系统和应用程序代码，可在每次系统更新或安装新软件时进行一次全备份。

(2) 对于一些日常数据更新量大，但总体数据量不是非常大的关键应用数据，可每天在用户使用量较小的时候安排全备份。

(3) 对于日常更新量相对于总体数据量较小，而总体数据量非常大的关键应用数据，可每隔一个月或一周安排一次全备份，在此基础上，每隔一个较短的时间间隔做增量备份。

2. 数据备份方式

按照备份的数据量来分，有以下 4 种备份方式：

(1) 全备份。备份系统中所有的数据。优点是恢复时间最短，操作最方便，也最可靠；缺点是备份数据量大，数据多时可能做一次全备份需很长时间。全备份也可以称为完全备份。

(2) 增量备份。备份上一次备份以后更新的所有数据，其优点是每次备份的数据量少，占用空间少，备份时间短；缺点是恢复时需要全备份及多份增量备份。

(3) 差分备份。备份上一次全备份以后更新的所有数据，其优缺点介于全备份和增量备份两者之间。

(4)按需备份。根据临时需要有选择地进行备份。

三、数据备份系统的组成

数据备份应采用自动化备份方式，它由以下几个部分组成：

1. 备份客户端。需要备份数据的任何计算机都称为备份客户端。通常是指应用程序、数据库或文件服务器。备份客户端也用来表示能从在线存储器上读取数据并将数据传送到备份服务器的软件组件。

2. 备份服务器。将数据复制到各类介质并保存历史备份信息的计算机系统称为备份服务器。备份服务器通常分成主备份服务器和介质服务器两类。

3. 备份存储单元。备份存储单元包括数据磁带、磁盘或光盘。通常由介质服务器控制和管理。备份是主备份服务器、备份客户端和介质服务器三方协作的过程。

4. 备份管理软件。备份硬件是完成备份任务的基础，而备份软件则关系到是否能够将备份硬件的优良特性完全发挥出来。必须采用具有自动加载的磁带库硬件产品与具有在线备份功能的自动备份软件。

四、数据备份策略

1. 选择合适的备份频率(如经常备份，有规律备份，做了结构上的修改应及时备份等)。尽量采用定时器、批处理等由计算机自动完成的方式，以减少备份过程中的手工干预，防止操作人员的漏操作或误操作。

2. 根据数据的重要性可选择一种或几种备份交叉的形式制定备份策略。

3. 若数据量比较小或者数据实时性不强或者是只读的，备份的介质可采用磁盘或光盘。在备份策略上可执行每天一次数据库增量备份，每周进行一次完全备份。备份时间尽量选择在晚上等服务器比较空闲的时间段进行，备份数据要妥善保管。

4. 就一般策略来说，当对数据的实时性要求较强，或数据的变化较多且数据需要长期保存时，备份介质可采用磁带或磁盘。在备份策略上可选择每天两次，甚至每小时一次的数据完全备份或事务日志备份。为了把灾难损失减少到最低，备份数据应保存一个月以上。另外每当存储数据的数据库结构发生变化，或进行批量数据处理前应做一次数据库的完全备份，且这个备份数据要长期保存。数据备份也可以考虑光盘备份。

5. 当实现数据库文件或者文件组备份策略时，应时常备份事务日志。当巨大的数据库分布在多个文件上时，必须采用这种策略。

6. 备份数据的保管和编册记录是防止数据丢失的另一个重要方法。为了避免数据备份进度的混乱，应清楚记录所有步骤，并为实施备份的所有备份人员提供此类信息，以免发生问题时因忙乱找不到应使用的备份数据。数据备份与关键应用服务器最好是分散保管在不同的地方，通过网络进行数据备份。定时清洁及维护磁带机或光盘。把磁带或光盘放在合适的地方，避免将磁带或光盘放置在过热和潮湿的环境中。备份的磁带或光盘最好只允许网络管理员和系统管理员访问。要完整、清晰地做好备份磁带或光盘的标签。

7. 对需要备份的数据，可以采用完全备份、增量备份、差分备份或按需备份这4种方式中的一种或者几种的组合。

无论是采用哪种容灾方案，数据备份还是最基础的，没有备份的数据，任何容灾方案都没有现实意义。但光有备份是不够的，容灾也必不可少。容灾对于数据中心而言，就是提供一个能防止各种灾难的计算机信息系统。

习 题 八

一、填空题

1. ______________是制作数据结构、对象和数据的副本，以便在数据库遭到破坏时能够修复数据库。数据库恢复是指将______________加载到系统中。

2. SQL Server 2005 提供了四种数据库备份和恢复的方式：______________备份、______________备份、差异备份和______________备份。

3. 在 SQL Server 2005 中常用的备份设备包括______________、______________和命名管道。

二、选择题

1. 下面(　)选项表示要执行差异备份。

A. RECOVERY　　B. NORECOVERY　　C. DIFFERENTIAL　　D. NOINT

2. 下面数据库中，(　)数据库不允许进行备份操作。

A. 图书管理系统　　B. model　　C. msdb　　D. tempdb

3. 还原数据库时，首先要进行(　)操作。

A. 创建最近的事务日志备份　　B. 创建完整数据库备份

C. 创建备份设备　　D. 删除最近事务日志备份

4. 创建数据库文件或文件组备份时，首先要进行(　)操作。

A. 创建事务日志备份　　B. 创建完整数据库备份

C. 创建备份设备　　D. 删除差异备份

5. 下面故障发生时，(　)需要数据库管理员进行手动操作恢复。

A. 停电　　B. 不小心删除表数据　　C. 死锁　　D. 操作系统错误

三、判断题

1. 当一些数据在上一次完整备份后被改变多次的时候，差异备份只存储更改数据的最新版。(　)

2. 差异备份适合在完整备份已经存在，且数据库中的数据变化较快的情况下进行。(　)

3. 如果使用完整数据库备份来还原数据库，则 SQL Server 2005 恢复最近的差异数据库备份。(　)

4. 在数据还原过程中应确保要还原的数据库没有打开的连接。(　)

5. 数据库还原前，不需要进行活动事务日志备份。(　)

四、操作题

1. 使用 Transact－SQL 语言对数据库图书管理系统创建完整数据库备份。

2. 对上题备份好的图书管理数据库进行恢复。

任务9　开发存储过程

9.1　子任务:认识存储过程

9.1.1 什么是存储过程

当开发一个应用程序时，为了易于修改和扩充，经常会将负责不同功能的语句集中起来而且按照用途分别独立放置，以便能够反复调用，而这些独立放置且拥有不同功能的语句，即是“过程”(Procedure)。SQLServer2005 的存储过程包含一些 TransacTransacTransact - SQL 语句并以特定的名称存储在数据库中(存储过程也是一种数据库对象)。可以在存储过程中声明变量、有条件地执行以及其他各项强大的程序设计功能。

SQLServer2005 的存储过程与其他程序设计语言的过程类似，同样能按下列方式运行：

1. 它能够包含执行各种数据库操作的语句，并且可以调用其他的存储过程。

2. 能够接受输入参数，并以输出参数的形式将多个数据值返回给调用程序(Calling Procedure)或批处理(Barch)。

3. 向调用程序或批处理返回一个状态值，以表明成功或失败(以及失败的原因)。

4. 存储过程(Stored Procedures)是一组为完成特定功能的 SQL 语句集，经编译后存储在数据库中。用户通过指定存储过程的名字给出参数(如果该存储过程带有参数)来执行它。

9.1.2 存储过程的优势

1. 通过本地存储、代码预编译和缓存技术实现高性能的数据操作。

2. 通过通用编程结构和过程实现编程框架。如果业务规则发生变化，可以通过修改存储过程来适应新的业务规则，而不必修改客户端的应用程序。这样所有调用该存储过程的应用程序就会遵循新的业务规则。

3. 通过隔离和加密的方法提高数据库的安全性。数据库用户可以通过得到权限来执行存储过程，而不必给予用户直接访问数据库对象的权限。这些对象将由存储过程来执行操作，另外，存储过程可以加密，这样用户就无法阅读存储过程中的 TransacTransacTransact - SQL 语句。这些安全特性将数据库结构和数据库用户隔离开来，这也进一步保证数据的完整性和可靠性。

9.2 子任务:创建和执行存储过程

9.2.1 创建和执行不带参数的存储过程

1. 创建存储过程

```
CREATE PROCEDURE procedure_name
[WITH ENCRYPTION]
[WITH RECOMPILE]
AS
Sql_statement
```

其中,

WITH ENCRYPTION:对存储过程进行加密。

WITH RECOMPILE:对存储过程重新编译。

【例 9－1】使用 TransacTransacTransact－SQL 语句在图书管理数据库中创建一个名为 book1 的存储过程,该存储过程返回图书基本信息表中所有出版社为“高等教育出版社”的记录。

在 SQL Server Management Studio 查询窗口中运行如下指令:

```
USE 图书管理系统
GO
CREATE PROCEDURE bookl
AS
SELECT * FROM 图书基本信息表 WHERE 出版社 =‘高等教育出版社’
```

2. 执行存储过程

在存储过程创建成功后,用户可以执行存储过程来检查存储过程的返回结果。

执行存储过程的基本语法如下:

```
EXEC procedure_name
```

【例 9－2】使用 Transact_SQL 语句执行【例 9－1】中创建的存储过程。

在 SQL Server Management Studio 查询窗口中运行如下指令:

```
USE 图书管理系统
GO
EXEC bookl
```

在运行完毕后,在 SQL SERVER MANAGEMENT STUDIO 查询窗口中返回的结果,如图 9－1 所示,表示存储过程创建成功同时返回相应存储过程的结果。

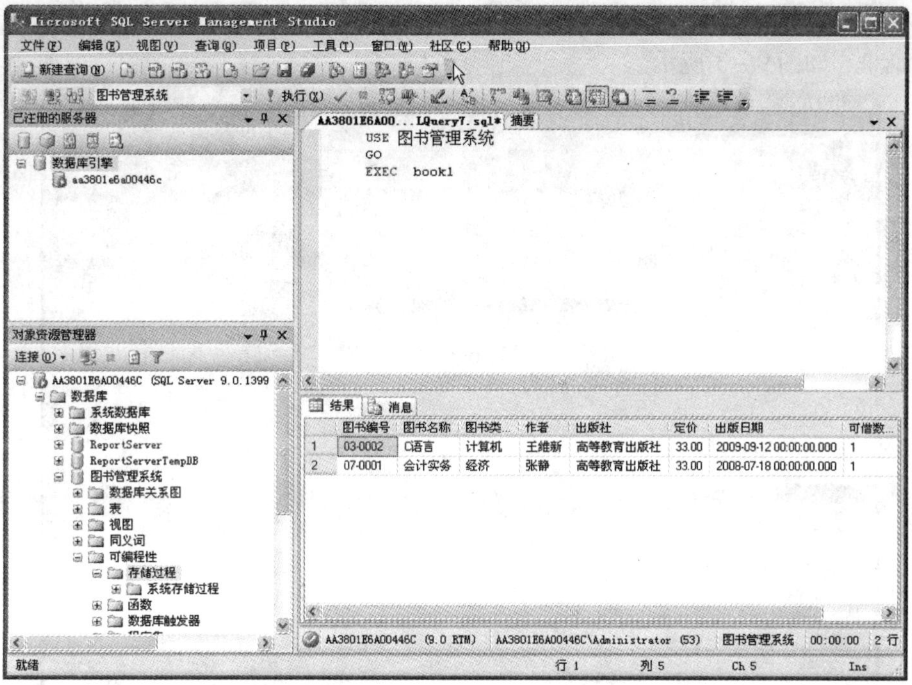

图9－1　执行 book1 存储过程

3. 在 SQL Server Management Studio 窗口中查看存储过程属性

(1)在“对象资源管理器”中展开“图书管理系统”选项。

(2)再展开“可编程性”选项，在列表中可以看见名为 book1 的存储过程，如图9－2所示。

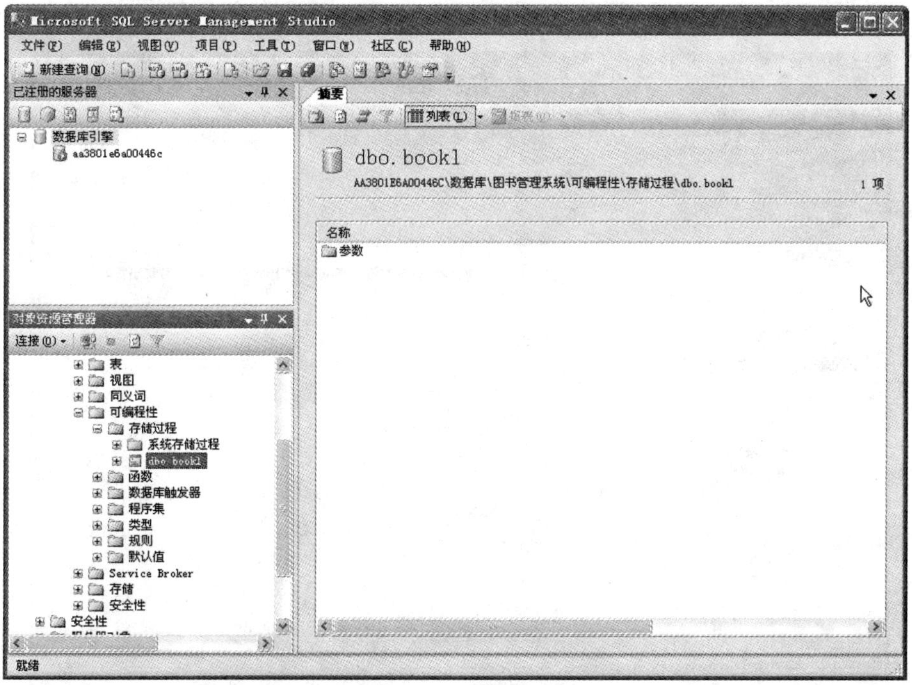

图9－2　查看存储过程路径

(3)右击 dbo. book1，在弹出的快捷菜单中，选择“属性”命令弹出“存储过程属性 - book1”对话框，如图 9 - 3 所示。

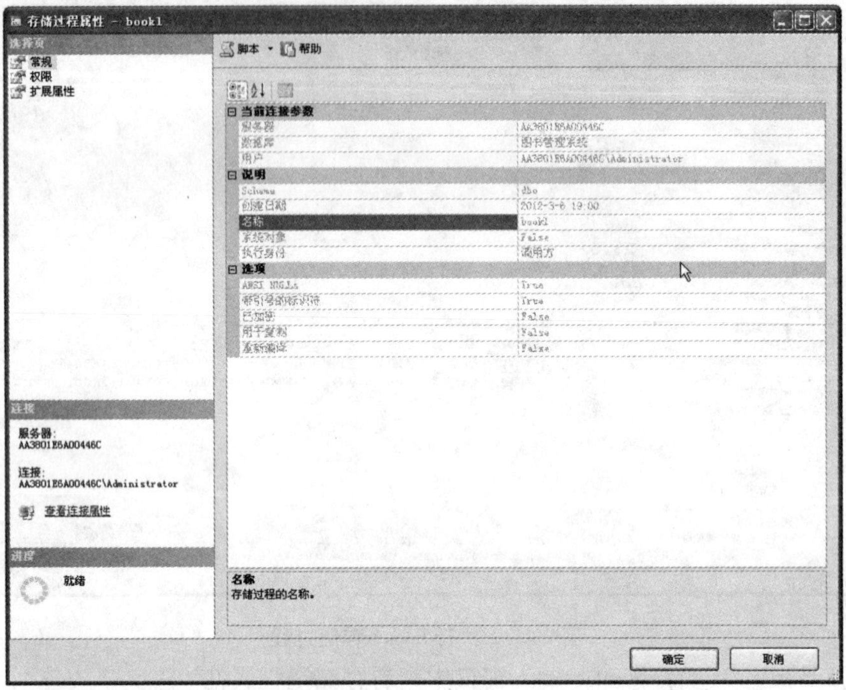

图 9 - 3　存储过程选项

(4)右击 book1 在弹出的快捷菜单中选择“修改”命令，如图 9 - 4 所示，可以在这里对存储过程的定义进行修改。

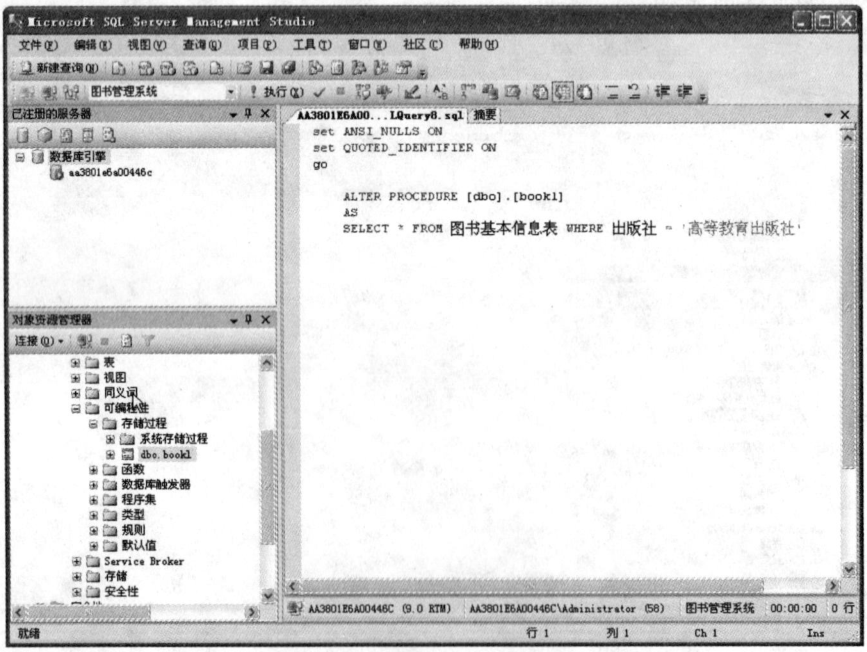

图 9 - 4　存储过程的定义

9.2.2 创建和执行带输入参数的存储过程

由于视图没有提供参数，对于行的筛选只能绑定在视图中定义，灵活性不大。而存储过程提供了参数，大大提高了系统开发的灵活性。

向存储过程设定输入、输出参数的主要目的是通过参数向存储过程输入和输出信息来扩展存储过程的功能。通过设定参数，可以多次使用同一存储过程并按用户要求查找所需的结果。

1. 带输入参数的存储过程

输入参数是指由调用程序向存储过程传递的参数，它们在创建存储过程语句中被定义，在执行存储过程中给出相应的变量值。为了定义接受输入参数的存储过程，需要在 CREATE PROCEDURE 语句中声明一个或多个变量作为参数。

其语法格式如下：

```
CREATE PROCEDURE procedure_name
@ parameter_name datatype = [ default]
[ with encryption]
[ with recompile]
AS
Sql_statement
```

其中，各参数的意义如下：

(1)@ parameter_name:存储过程的参数名，必须以符号@ 为前缀。

(2)Datatype:参数的数据类型。

(3)Default:参数的默认值，如果执行存储过程时未提供该参数的变量值，则使用 default 值。

在【例 9 - 1】中，存储过程 bookl 只能对“高等教育出版社”这个给定的出版社进行查询。要使用户能够按任意给定的出版社进行查询，查询的出版社应该是可变的。这时就要用到输入参数了。

【例 9 - 3】使用 TransacTransacTransact - SQL 语句在图书管理系统数据库中创建一个名为 booklcs 的存储过程。该存储过程能根据给定的出版社返回该出版社代码对应的图书基本信息表表中的记录。

分析:在【例 9 - 1】中 AS 后的语句 SELECT * FROM 图书基本信息表 WHERE 出版社 = ‘高等教育出版社’，将出版社“高等教育出版社”用变量代替为:SELECT * FROM 图书基本信息表 WHERE 出版社 = @ 出版社，其中变量名“@ 出版社”取代了值“高等教育出版社”。

由于使用了变量，所以需要定义该变量，我们把“出版社”的长度设为是40 位字符串，所以在 AS 之前定义变量@ 出版社 varchar(40)。

在 SQL Server Management Studio 查询窗口中运行如下命令：

```
CREATE PROCEDURE booklcs
@ 出版社 varchar(40)
AS
SELECT * FROM 图书基本信息表 WHERE 出版社 = @ 出版社
```

2. 执行含有输入参数的存储过程

(1)使用参数名传递参数值

在执行存储过程的语句中，通过语句@ parameter_name = value 给出参数的传递值。当存储过程含有多个输入参数时，参数值可以任意顺序设定，对于允许空值和具有默认值的输入参数可以不给出参数的传递值。

其语法格式如下：

```
EXEC procedure_name
[@ parameter_name = value]
```

【例 9-4】用参数名传递参数值的方法执行存储过程 book1cs，分别查询"科学出版社"和"海洋出版社"书的记录。

在 SQL Server Management Studio 查询窗口中运行如下指令：

```
EXEC booklcs @出版社 ='科学出版社'
GO
EXEC booklcs @出版社 = '海洋出版社'
GO
```

运行结果如图 9-5 所示。

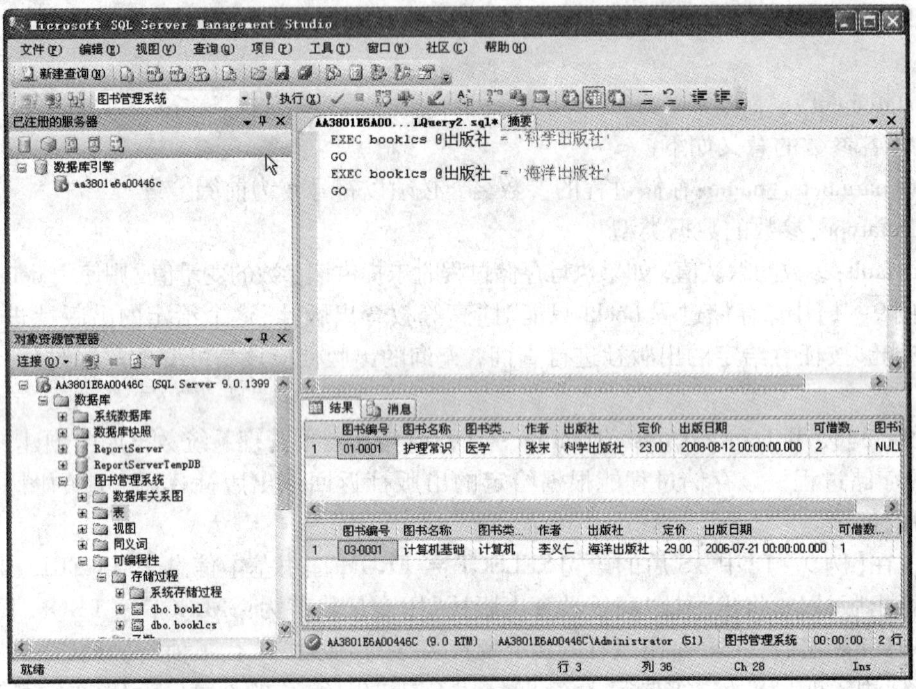

图 9-5　使用参数名传递参数值

图 9-5 显示了在执行带有不同参数时，该存储过程的返回结果。可以看出，在使用参数后，用户可以方便地根据需要查询所需要的信息。

(2)按位置传递参数值

在执行存储过程的语句中，不通过参数传递参数值而直接给出参数的传递值。当存储过程含有多个输入参数时，传递值的顺序必须与存储过程中定义的输入顺序相一致。按位置传递参数时，也可以忽略空值和具有默认值的参数，但不能因此破坏输入参数的设定顺序。比如，在一个含有 4 个参数的存储过程中，用户可以忽略第 3 和第 4 个参数，但无法在忽略第 3

个参数的情况下而指定第4个参数的输入值。

其语法格式如下：

EXEC procedure_name

[valuel, vslue2, ...]

【例9-5】用按位置传递参数值的方法执行存储过程book1cs，查询“科学出版社”和“海洋出版社”出版图书的记录。

在SQL Server Management Studio查询窗口中运行如下指令：

```
EXEC book1cs'科学出版社'
GO
EXEC book1cs'海洋出版社'
GO
```

运行结果如图9-6所示，可以看出，按位置传递参数值比按参数名传递参数值更简捷，比较适合参数值较少的情况。而按参数名传递的方法使程序的可读性增强。特别是参数数量较多时，建议使用按参数名传递参数的方法，这样的程序可读性与可维护性都要好一些。

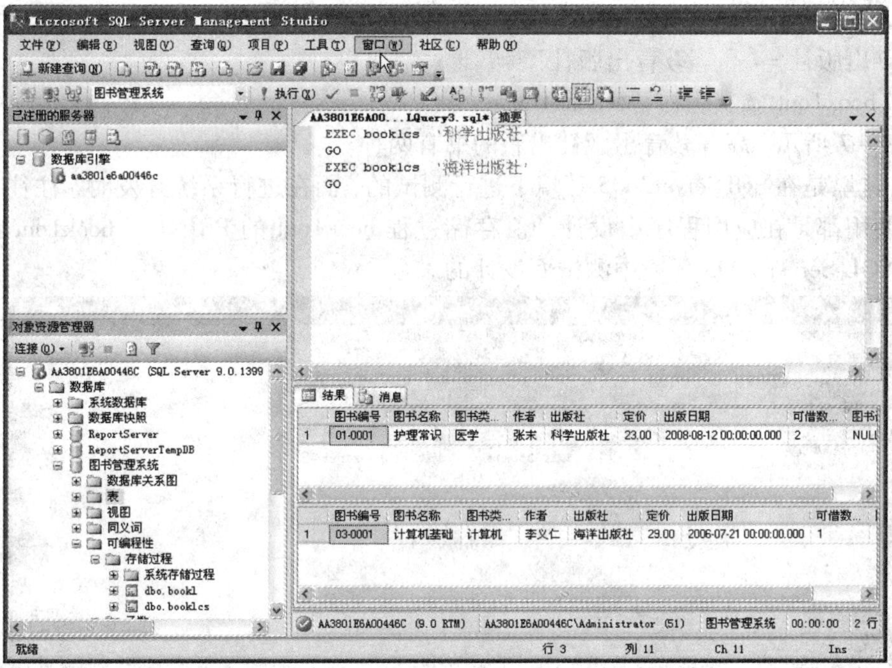

图9-6 按位置传递参数

9.2.3 创建和执行带输出参数的存储过程

如果需要从存储过程中返回一个或多个值，可以通过在创建存储过程的语句中定义输出参数来实现，为了使用输出参数，需要在CREATE PROCEDURE语句中指定OUTPUT关键字。

输出参数语法如下：

@parametername datatype = [default] OUTPUT

【例9-6】创建存储过程book1out，要求能根据用户给定的出版社，统计该出版的出书数量，并将数量以输出变量的形式返回给用户。

在 SQL Server Management Studio 查询窗口中运行如下指令：

```
CREATE PROCEDURE book1out
@出版社 VARCHAR(40), @book1out smallint output
AS
SET @book1out =
(
    SELECT COUNT(*) FROM 图书基本信息表 WHERE 出版社 =@出版社
)
PRINT @book1out
```

【例 9-7】执行存储过程 book1out。

由于在存储过程 book1out 中使用了参数@出版社和@book1out，所以，在测试时需要先定义相应的变量，对于输入参数@出版社需要赋值，而输出参数@book1out 无需赋值，它是从存储过程中获得返回值供用户进一步使用的。

在 SQL Server Management Studio 查询窗口中运行如下指令：

```
DECLARE @出版社 VARCHAR(40), @book1out SMALLINT
SET @出版社 ='高等教育出版社'
EXEC book1out @出版社, @book1out
```

如图 9-7 所示，高等教育出版社出版的书有两种。

说明：这里是在 SQLServer2005 环境下进行测试的，而在进行系统开发时，往往变量的定义、赋值、使用都是在应用程序中设计的。存储过程 book1out 的 PRINT @book1out 语句也只是为了在 SQL Server 2005 环境中测试而设计的。

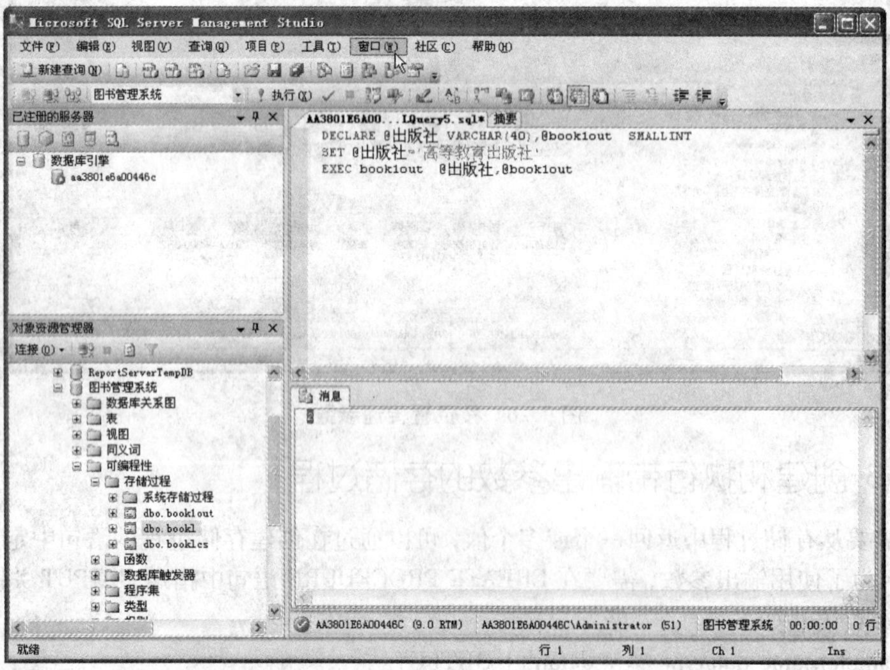

图 9-7 执行存储过程 book1out

9.3　子任务:管理存储过程

9.3.1 修改存储过程

修改存储过程是由 ALTER 语句来完成的，其语法如下：

ALTER　PROCEDURE　procedure_name
[WITH　ENCRYPTION]
[WITH　RECOMPILE]
AS
Sql - statement

【例9-8】使用 TransacTransacTransact - SQL 语句修改存储过程 book1cs，根据用户提供的作者名称进行模糊查询，并要求加密。

在 SQL Server Management Studio 查询窗口中运行如下指令：

ALTER PROCEDURE book1cs
@作者　VARCHAR(20)
WITH　encryption
AS
SELECT　图书名称，出版社 FROM 图书基本信息表 WHERE 作者 = @作者

9.3.2 存储过程重命名

1. 在 SQL Server Management Studio 窗口中打开“对象资源管理器”面板并展开“图书管理系统”选项。

2. 展开“可编程性”选项，在存储过程详细列表中，右击需要重命名的存储过程，在弹出的快捷菜单中，选择“重命名”命令，如图9-8所示。

3. 输入新的存储过程名称即可。

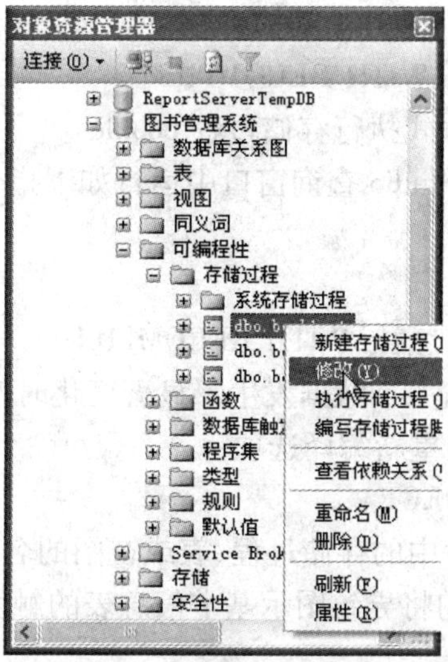

图9-8　重命名存储过程

9.3.3 重新编译存储过程

在存储过程中所用的查询只在编译时进行优化。对数据库进行索引或其他会影响数据库统计的更改后，可能会降低已编译的存储过程的效率。通过对存储过程进行重新编译，可以重新优化查询。

1. 在创建存储过程时使用 WITH RECOMPILE 子句

WITH RECOMPILE 子句可以指示 SQL Server 2005 不将该存储过程的查询计划保存在缓存中，而是在每次运行时重新编译和优化，并创建新的查询计划。

【例 9-9】使用 WITH RECOMPILE 子句创建【例 9-3】中的存储过程，使其在每次运行时重新编译和优化。

在 SQL Server Management Studio 查询窗口中运行如下指令：

```
USE 图书管理系统
GO
CREATE PROCEDURE book1cs
@出版社 VARCHAR(40)
WITH RECOMPILE
AS
SELECT * FROM 图书基本信息表 WHERE 出版社 = @出版社
```

这种方法并不常用，因为在每次执行存储过程时都要重新编译，在整体上降低了存储过程的执行速度，除非存储过程本身是一个比较复杂、耗时的操作。编泽的时间相对于执行存储过程的时间少。

2. 在执行存储过程时设定重新编译选项

通过在执行存储过程时设定重新编译，可以让 SQL Server 2005 在执行存储过程时重新编译该存储过程，在这一次执行后，新的查询计划又被保存在缓存中。

其语法格式如下：

```
EXECUTE   procedure_name WITH RECOMPILE
```

【例 9-10】以重新编译的方式执行存储过程 booklcs。

在 SQL Server Management Studio 查询窗口中运行如下指令：

```
USE   图书管理系统
GO
EXECUTE book1cs '海洋出版社' WITH RECOMPILE
```

此方法一般在存储过程创建后，数据发生了显著变化时使用。

(3) 通过系统存储过程设定重新编译选项

```
EXEC   sp_recompile   OBJECT
```

其中，OBJECT：当前数据库中的存储过程、表或视图的名称。

【例 9-11】执行下面的语句将导致图示基本信息表的触发器和存储过程在下次运行时将被重新编译。

```
EXEC   sp_recompile   图书基本信息表
```

9.3.4 删除存储过程

存储过程的删除是通过 DROP 语句来实现的。

【例 9-12】使用 TransacTransacTransact-SQL 语句来删除存储过程 book1。

在 SQL Server Management Studio 查询窗口中运行如下指令：

```
USE 图书管理系统
GO
DROD procedure bookl
```

【例 9-13】使用 SQL Server Management Studio 窗口删除存储过程 bookl。

首先在 SQL Server Management Studio 窗口中打开“对象资源管理器”面板“图书管理系统”选项。

然后展开“可编程性”选项，右击 dbo. book1，在弹出的快捷菜单中选择删除命令即可，如图 9-9 所示。

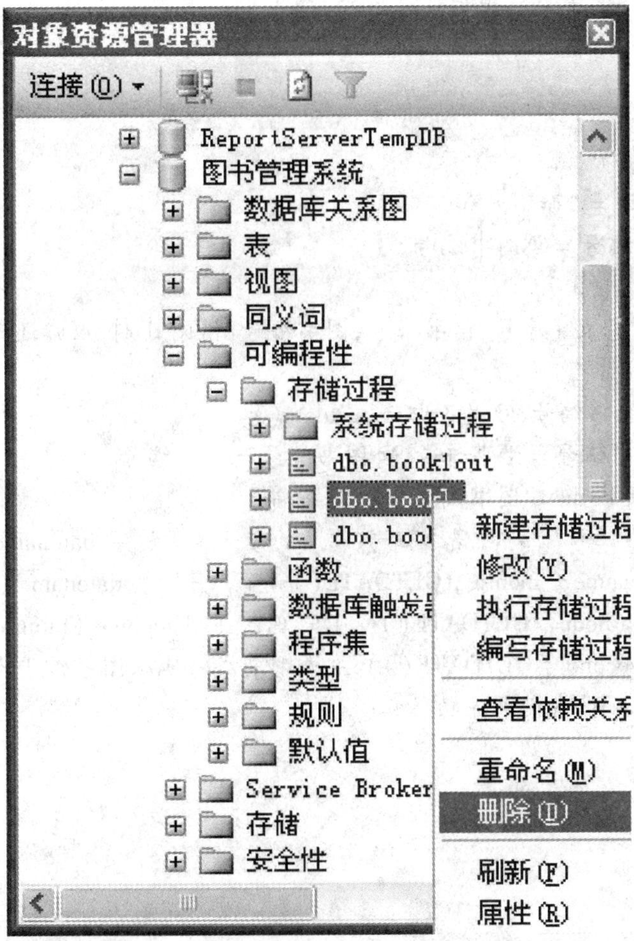

图 9-9　删除存储过程 book1

实训 9　实现图书管理系统的存储过程

创建一个图书管理系统读者借阅图书的存储过程：

```
use 图书管理系统
go
create procedure RBorrowBook
@图书编号 varchar(10),@是否归还 varchar(30)
as
if exists ( select * from 借阅信息表 where 图书编号=@图书编号 and 是否归还=@是否归还)
begin
    print'对不起，图书已借出!'
end
else
begin
    update Book
    set 是否归还='否'
    where 图书编号=@图书编号
    insert
    into 借阅信息表(序号,借书证号,图书编号,借阅日期,应归还日期,是否归还,归还日期,管理员编号)
    values (@图书编号,@是否归还,getdate())
    select @借书证号=借书证号,@图书编号=图书编号
from 借阅信息表 r where 图书编号=@图书编号
    select '借书证号' + @借书证号 + '的读者，于' + datename ( year , GETDATE()) +'年'+ datename ( month , GETDATE() ) + '月' + datename (day , GETDATE()) + '日'+ datename (hour , GETDATE()) + '时' + datename (minute , GETDATE()) + '分' + datename (second , GETDATE()) + '秒，成功地从图书馆借出图书编号' + @图书编号 + '图书!' as 读者借书成功信息
end
go
```

阅读材料　存储过程与数据库批处理

1. 存储过程的分类

(1)系统存储过程

存储过程在运行时生成执行方式，其后在运行时执行速度很快。SQL Server 2005 不仅提供用户自定义存储过程的功能，而且也提供许多可作为工具使用的系统存储过程。

系统存储过程(System Stored Procedures)主要存储在 master 数据库中，并以 sp 为前缀，并且系统存储过程主要是从系统表中获取信息，从而为系统管理员管理 SQL Server 2005 提供支持。通过系统存储过程，SQL Server 2005 中的许多管理性或信息性的活动(如了解数据库对象、数据库信息)都可以被有效地完成。尽管这些系统存储过程被放在在 master 数据库中，但是仍可以在其他数据库中对其进行调用，在调用时，不必在存储过程名前加上数据库名。而且当创建一个数据库时，一些系统存储过程会在新的数据库中被自动创建。

系统存储过程所能完成的操作多达千百项。例如，提供帮助的系统存储过程有 sp_helpsql 显示关于 SQL 语句、存储过程和其他主题的信息;sp_help 提供关于存储过程或其他数据库对象的报告;sp_helptext 显示存储过程和其他对象的文本;sp_depends 列举引用或依赖指定对象的所有存储过程。事实上，在前面的学习中就已使用过不少的系统存储过程，例如 sp_tables 取得数据库关于表和视图的相关信息;sp_renamedb 更改数据库的名称等。

SQL Server 2005 系统存储过程是为用户提供方便的，它们使用户可以很容易地从系统表中提取信息、管理数据库，并执行涉及更新系统表的其他任务。

系统存储过程中在 master 数据库中创建，由系统管理员管理。所有系统存储过程的名字均以 sp 开始。

如果过程以 sp 开始，又在当前数据库中找不到，SQL Server 2005 就在 master 数据库中寻找。以 sp 前缀命名的过程中引用的表如果不能在当前数据库中解析出来，将在 master 数据库查找。

当系统存储过程的参数是保留字或对象名，且对象名由数据库或拥有者名字限定时，整个名字必须包含在单引号中。一个用户可以在所有数据库中执行一个系统存储过程的许可权，否则在任何数据库中都不能执行系统存储过程。

(2)本地存储过程

本地存储过程(Local Stored Procedures)也就是用户自行创建并存储在用户数据库中的存储过程。事实上一般所说的存储过程指的就是本地存储过程。用户创建的存储过程是由用户创建并能完成某一特定功能的存储过程。

(3)临时存储过程

临时存储过程可分为以下两种:

①本地临时存储过程:不论哪一个数据库是当前数据库，如果在创建存储过程时，以井字号(#)作为其名称的第一个字符，则该存储过程将成为一个存放在 tempdb 数据库中的本地临时存储过程(例如，CREATE PROCEDURE #book_proc ...)。本地临时存储过程只有创建它的连接的用户才能够执行它，而且一旦这位用户断开与 SQL Server 的连接(也就是注销 SQL

Server 2005)，本地临时存储过程就会自动删除，当然，这位用户也可以在连接期间用 DROP PROCEDURE 命令删除他所创建的本地临时存储过程。由于本地临时存储过程的适用范围仅限于创建它的连接，团此，不需担心其名称会和其他连接所采用的名称相同。

②全局临时存储过程：不论哪一个数据库是当前数据库，只要所创建的存储过程名称是以两个井字号(##)开始，则该存储过程将成为一个存储在 tempdb 数据库中的全局临时存储过程(例如，CREATE PROCEDURE ## book_proc …)。全局临时存储过程一旦创建，以后连接到 SQL Server 2005 的任意用户都能执行它，而且不需要特定的权限。

当创建全局临时存储过程的用户断开与 SQL Server 2005 的连接时，SQL Server 2005 将检查是否有其他用户正在执行该全局临时存储过程，如果没有，便立即将全局临时存储过程删除；如果有，SQL Server 2005 会让这些正在执行中的操作继续进行，但是不允许任何用户再执行全局临时存储过程，等到所有未完成的操作执行完毕后，全局临时存储过程就会自动删除。

由于全局临时存储过程能够被所有的连接用户使用，因此，必须注意其名称不能和其他连接所采用的名称相同。不论创建的是本地临时存储过程还是全局临时存储过程，只要 SQL Server 2005 一停止运行，它们将不复存在。

(4)远程存储过程

在 SQL Server 2005 中，远程存储过程(Remote Stored Procedures)是位于远程服务器上的存储过程，通常可以使用分布式查询和 EXECUTE 命令执行一个远程存储过程。

(5)扩展存储过程

扩展存储过程(Extended Stored Procedures)是用户可以使用外部程序语言编写的存储过程。显而易见，通过扩展存储过程可以弥补 SQL Server 2005 的不足，并按需要自行扩展其功能。扩展存储过程在使用和执行上与一般的存储过程完全相同。可以将参数传递给扩展存储过程，扩展存储过程也能够返回结果和状态值。

为了区别，扩展存储过程的名称通常以 xp 开头。扩展存储过程是以动态链接库(DLLS)的形式存在，能让 SQLServer2005 动态地装载和执行。扩展存储过程一定要存储在系统数据库 master 中。

2. 数据库批处理

在 Windows 操作系统中，可以通过批处理程序来让操作系统执行一连串的操作。而 SQL server 数据库作为微软产品，在其中也实现了批处理的管理机制。简单地说，批处理就是应用程序发送到 SQL Server 数据库中并得以执行的一组单条或者多条 TransacTransacTransact－SQL 语句。数据库会将这个批处理的语句编译为单个可执行单元，即所谓的执行计划，然后加以执行。笔者这里主要说说在利用批处理来进行批次操作时需要注意的事项。

(1)批处理编译错误或者运行错误对数据库的影响

假设现在有一个批处理语句，其中有五条 TRANSACTRANSACT－SQL 语句。这个批处理语句传递到 SQL Server 数据库之后，数据库系统会先对这个语句进行编译。如果编译错误，那么对数据库会有什么影响呢？通常情况下，由于语法错误等因素导致的编译错误会使得可执行计划无法编译。也就是说，此时这个批处理语句中的任何语句都得不到执行。故在批处理语句编译错误的情况下，基本上不会对数据库产生任何影响。

如果批处理程序编译通过，但是在执行的过程中出现了问题，那么又会对数据库产生什么影响呢？如上面所说的一个批处理程序有五条语句，编译通过后，如果在执行过程中由于一些意外原因导致第三条语句执行失败，此时会对数据库产生什么样的影响？此时就需要根据不同的情况来对待。如果这个错误是因为违反约束所造成的，那么批处理程序仅仅停止执行当前语句，而继续执行批处理中的其他语句。也就是说，由于违反约束而导致批处理程序运行错误的话，那么只影响那条违反约束规则的语句，前面的与后面的语句仍然将得以执行。这对于数据库管理员可能是不喜欢看到的，因为这会破坏数据的一致性。除了违反约束这种情况外，大部分情况下运行时错误将停止执行批处理中当前语句和它之后的其他语句。也就是说，如果在执行第三条语句时发生了错误，则其后面的语句都将不执行。但是其前面已经执行的语句将不受到影响。

可见无论是违反约束这种错误情况，还是其他的错误情况，当遇到错误时，都有可能批处理中某些语句得到了有效的执行。这往往与数据库管理员或者应用程序开发者的设计意图相悖。因为他们之所以要设计这个批处理程序，往往是让它来实现一整套的功能。如果数据库无法实现这个功能的话，那么他们宁愿一条语句也不执行。如果只执行部分语句的话，会对数据库的一致性产生比较大的负面影响。为了保证批处理程序在遇到错误时，无论是什么错误，都不会对数据库造成负面影响，此时笔者建议数据库管理员或者程序开发者把批处理程序和事务结合起来使用。也就是说，将批处理程序放置在事务中。如此的话，当批处理程序在运行的过程中遇到错误的话，会导致事务回滚。如此的话，在所有运行的错误之前执行的未提交的数据修改都将被回滚。这就可以避免因为批处理程序运行错误而导致的数据损坏问题。

(2)养成以分号结束语句的习惯

在编写批处理程序时，最好能够以分号结束相关的语句。虽然这不是数据库中的强制要求，但是笔者还是强烈建议如此处理。一方面这有利于提高批处理程序的可读性。批处理程序往往用来完成一些比较复杂的成套的功能，而每条语句则完成一项独立的功能。为此有时一个比较复杂的批处理程序其往往有上百行的内容。此时为了提高其可读性，最好能够利用分号来进行语句与语句之间的分隔。二是与未来版本的兼容性。其实 SQL Server 数据库在设计的时候，一开始这方面就把关不严。现在大部分的标准程序编器都实现了类似的强制控制。根据宪梓微软官方提供的资料来看，在以后的 SQL Server 数据库版本中，这个规则可能会成为一个强执行的规则，即必须在每条语句后面利用分号来进行分隔。为了能够跟后续的 SQL Server 数据库版本进行兼容，最好从现在开始就采用分号来分隔批处理程序中的每条语句。

(3)批处理程序语句所处理对象不存在或不符合会如何处理

如现在某个批处理程序中有五条语句，其中第一条语句是创建表 User，第三条语句是往表 User 中插入数据(插入的数据与第一条语句中定义的数据类型不符合)。当应用程序把这个批处理程序发给 SQL Server 数据库的时候，系统会对这个批处理对象进行编译。注意此时只是编译，而没有执行。编译只要语法没有错误即可。最后这个批处理程序会被编译成功，但是没有执行，即没有创建 User 表。编译完成后，这个批处理程序会运行。第一条语句编译后运行没有错误，但是运行到第二条语句的时候由于需要插入的数据跟第一条语句中所建立的数据库对象不符合，则第三条语句会编译失败。此时批处理终止。笔者举这个例子是为了说明 2008 数据库版本的一个改善，即对于批处理程序中的语句，数据库是编译一条，而执行一条。

假设这个批处理程序放在2005版本的SQL Server数据库中，就会出现一个截然不同的结果。由于在2005版本中，对于批处理程序都是整篇编译的，在编译的时候就会发现这个对象不符的错误。具体哪一种处理机制好也是各人有各自的看法。笔者还是比较倾向于以前版本的处理方法，即整篇编译。这虽然可能会影响数据库的性能，但是影响不会很大；但是却可以提高批处理程序的正确性。或者说，由此带来的性能方面的损失，可能要比由此带来的对数据库数据的破坏性损失要小得多。不过在这方面各个数据库专家谁也说服不了谁。

(4)批处理程序书写的一些限制要求

由于批处理程序中往往需要完成一整套的功能，而且一旦批处理程序开始运行时，就会缺少用户的监督，或者说，互动性会比较差，如何保障批处理程序语句的有效性就显得尤其的重要。为此在书写批处理程序时，数据库设置了一些严格的规范。这些规范跟上面所提到的利用分号来分隔批处理程序语句不同。这里提到的规范具有强制性，即违反这个规则的话将会发生变异错误，批处理程序得不到执行。而上面提到的分号规则不具有强制性，其编辑时不会发生语法性错误，在没有其他错误的情况下可以正常执行这个批处理语句。

不能够在同一个批处理中更改表，然后引用新列。如在一个批处理程序中，有两条语句。第一条语句用来在一张表中插入一个字段，如在User表中插入员工的出生年月；第二条语句则用来引用这个列，如根据身份证号码来推算出这个员工的出生年月并把这个值赋值给这个第一条语句创建的出生年月字段。这个批处理程序是非法的。因为在第一条语句中其引用了第一条语句创建的新列。这是批处理文件书写中的一条红线，不得违背。但是注意，如果第一条语句不是增加了某个列，而是通过创建表的方式来创建列，那么后面的语句就可以引用这些列。也就是说，如果第一条语句创建了一个表User，其中有出生年月这个字段，则在第二条语句中就可以利用这个出生年月字段，如可以利用insert语句为其进行赋值。这个细小的差异要引起数据库管理员的注意。

通常情况下，一个批处理程序可以包含多条语句。但是在一些特定的情况下会有例外。如果在批处理程序中包含了一些特殊的语句，则此时批处理程序中只能够包含一条语句。如在批处理文件中利用Create View语句创建视图时，就不能够与其他语句组合使用。此时所有跟在该批处理后的其他语句都将被解释为第一个Create语句定义的一部分。另外需要注意的是，如果EXECUTE语句是批处理中的第一句，则不需要EXECUTE关键字。如果EXECUTE语句不是批处理中的第一条语句，则需要EXECUTE关键字。

以上这些都是强制性的规则，数据库管理员在书写批处理程序时必须无条件的遵守。另外笔者再强调一次，这个批处理程序最好能够跟事务结合使用，以防止部分语句执行错误时对数据以执行的破坏。同时最好能够在批处理程序中插入意外处理语句。即使批处理程序全部执行成功，也最好能够给前台客户端发送一些反馈信息，以提高批处理程序与用户之间的互动性。

习 题 九

1. 填空题

(1)应用程序与 SQL Server 数据库交互执行某些操作时，是在 SQL Server 中定义某个过程，每次应用程序只需调用该过程即可完成该操作。这种在 SQL Server 中定义的过程被称为 ________。

(2)系统的存储过程创建和保存在 ________ 数据库中，都以 ________ 为前缀，可以在任何数据库中使用存储过程。如果用户定义的存储过程与系统存储过程同名，则这个存储过程永远 ________ 被执行。

(3)一般情况下，系统存储过程返回 0 表示 ________ ;返回非 0 时，表示 ________。

(4)为了接收某一存储过程的输出参数值，需要一个变量来存放该值，在该存储过程的调用语句中，必须为这个变量加上 ________ 声明。

2. 选择题

(1)存储过程是 SQL Server 服务器的一组预先定义并(　)的 TRANSACT－SQL 语句。

A. 保存　　B. 编译　　C. 解释　　D. 编写

(2)下面有关存储过程的叙述错误的是(　)。

A. SQL Server 允许在存储过程创建时引用一个不存在的对象

B. 存储过程可以带多个输入参数，也可以带多个输出参数

C. 使用存储过程可以减少网络流量

D. 在一个存储过程中不可以调用其他存储过程

(3)使用 EXECUTE 语句执行存储过程时，在(　)可以省略该关键字。

A. CREATE 语句之后　　B. DECLARE 语句之后

C. 为批处理的第一条语句时　　D. 任何时候

3. 判断题

(1)存储过程提供了 SQL Server 服务器处理复杂任务的能力。(　)

(2)存储过程增强了 TRANSACT－SQL 语句代码的重用性和共享性。(　)

(3)存储过程减少了网络中数据的流量。(　)

(4)存储过程加快了 SQL Server 系统的运行速度。(　)

(5)存储过程加强了 SQL Server 系统的安全性。(　)

(6)ALTER PROCEDURE 语句修改存储过程时，会影响权限，但不影响相关的存储过程。(　)

4. 应用题

创建一个存储过程 Book_Search 实现查看图书是否被借出的功能。在该存储过程中指定了一个默认的查询参数值 Book_id(图书编号)为 07－0001，如果被借出则输出借出信息并返回 1，否则输出图书信息并返回 0。

任务 10　实现触发器

10.1　子任务:认识触发器

10.1.1 什么是触发器

在 SQL Server 2005 数据库系统中，存储过程和触发器都是 SQL 语句和流程控制语句的集合。就本质而言，触发器也是一种存储过程，它是一种在基本表被修改时自动执行的内嵌过程，主要通过事件进行触发而被执行，而存储过程可以通过存储过程名字而被直接调用。当对某一张表进行诸如:UPDATE、INSERT、DELETE 这些操作时，SQL Server 2005 就会自动执行触发器所定义的 SQL 语句。从而确保对数据的处理符合由这些 SQL 语句所定义的规则。触发器的主要作用是其能实现由主键和外键所不能保证的复杂的参照完整性和数据的一致性。除此之外，触发器还有其他许多不同的功能。

10.1.2 触发器优点

由于在触发器中可以包含复杂的处理逻辑，因此，应该将触发器用来保持低级的数据的完整性，而不是返回大量的查询结果。使用触发器主要可以实现以下操作:

1. 强制比 CHECK 约束更复杂的数据的完整性

在数据库中要实现数据的完整性的约束，可以使用 CHECK 约束或触发器来实现。但是在 CHECK 约束中不允许引用其他表中的列来完成检查工作，而触发器可以引用其他表中的列来完成数据的完整性的约束。

2. 使用自定义的错误提示信息

用户有时需要在数据的完整性遭到破坏或其他情况下，使用预先自定义好的错误提示信息或动态自定义的错误提示信息。通过使用触发器，用户可以捕获破坏数据的完整性的操作，并返回自定义的错误提示信息。

3. 实现数据库中多张表的级联修改

用户可以通过触发器对数据库中的相关表进行级联修改。

4. 比较数据库修改前后数据的状态

触发器提供了访问由 INSERT、UPDATE 或 DELETE 语句引起的数据前后状态变化的能力，因此用户就可以在触发器中引用由于修改所影响的记录行。

5. 维护规范化数据

用户可以使用触发器来保证非规范数据库中的低级数据的完整性。维护非规范化数据与表的级联是不同的。表的级联指的是不同表之间的主外键关系，维护表的级联可以通过设置表的主键与外键的关系来实现。而非规范数据通常是指在表中派生的、冗余的数据值，维护非规范化数据应该通过使用触发器来实现。

10.2 子任务:创建触发器

使用命令创建触发器基本语法如下:

```
CREATE   TRIGGER   trigger_name
ON{ table | view }
{ FOR | AFTER | INSTEAD OF } { [INSERT] , [UPDATE] , [DELETE] }
[WITH ENCRYPTION]
AS
IF   UPDATE ( cotumn - name )
[ { and | or }   UPDATE ( column_name )…
Sql_statesments
```

其中,部分子句、参数的含义如下:

1. trigger_name:是触发器的名称,用户可以选择是否指定触发器所有者名称。

2. table | view:是执行触发器的表或视图,可以选择指定表或视图的所有者名称。

3. AFTER:是指在对表的相关操作正常操作后,触发器被触发。如果仅指定 FOR 关键字,则 AFTER 是默认设置。

4. INSTEAD OF:指定执行触发器而不是执行触发语句,从而替代触发语句的操作。可以为表或视图中的每个 INSERT、UPDATE 或 DELETE 语句定义一个 INSTEAD OF 触发器。如果在对一个可更新的视图定义时,使用了 WITH CHECK OPTION 选项,则 INSTEAD OF 触发器不允许在这个视图上定义。用户必须用 ALTER VIEW 删除选项后,才能定义 INSTEAD OF 触发器。

5. { [INSERT] , [UPDATE] , [DELETE] }:是指在表或视图上执行哪些数据修改语句时激活触发器的关键字。这其中必须至少指定一个选项。在触发器定义中允许使用以任意顺序组合的关键字。如果指定的选项多于一个,需要用逗号分隔。对于 INSTEAD OF 触发器,不允许在具有 ON DELETE 级联操作引用关系的表上使用 DELETE 选项。同样,也不允许在具有 ON UPDATE 级联操作引用关系的表上使用 UPDATE 选项。

6. ENCRYPTION:是加密含有 CREATE TRIGGER 语句正文文本的 syscomments 项,这是为了满足数据安全的需要。

7. sql_statesments:定义触发器被触发后,将执行数据库操作。它指定触发器执行的条件和动作。触发器条件是除引起触发器执行的操作外的附加条件;触发器动作是指当前用户执行激发触发器的某种操作并满足触发器的附加条件时,触发器所执行的动作。

8. IF UPDATE:指定对表内某列的内容进行增加或修改时,触发器才起作用,它可以指定两个以上列,列名前可以不加表名。IF 子句中多个触发器可以放在 BEGIN 和 END 之间。

10.2.1 INSERT 触发器

【例 10-1】在图书管理系统数据库的图书基本信息表上创建一个 book_information 触发器,当执行 INSERT 操作时,该触发器被触发(即向所定义触发器的表中插入数据时触发器被触发)。

在 SQL Server Management Studio 查询窗口中运行如下指令：

USE 图书管理系统

GO

CREATE TRIGGER book_information

ON 图书基本信息表

FOR INSERT

AS

PRINT‘数据插入成功’

GO

当用户向图书基本信息表中插入数据时将触发触发器，如下记录内容：

INSERT INTO 图书基本信息表

VALUES (‘08 -0002’,‘SQL Server 2005 基础’,‘计算机’,‘张三’,‘内蒙古化工学院出版社’, 55 , 2011 -6 -10 , 6 ,”)

运行结果如图 10 -1 所示，并给出了提示信息。

用户可以用“SELECT * FROM 图书基本信息表”语句查看表的内容，可以发现上述记录已经插入到图书基本信息表中。如图 10 -2 所示。这是由于在定义触发器时，指定的是 FOR 选项，因此 AFTER 是默认设置。此时，触发器只有在触发 SQL 语句的 INSERT 中指定的所有操作都已成功执行后才能激发。因此，用户仍能将数据插入到图书基本信息表中。

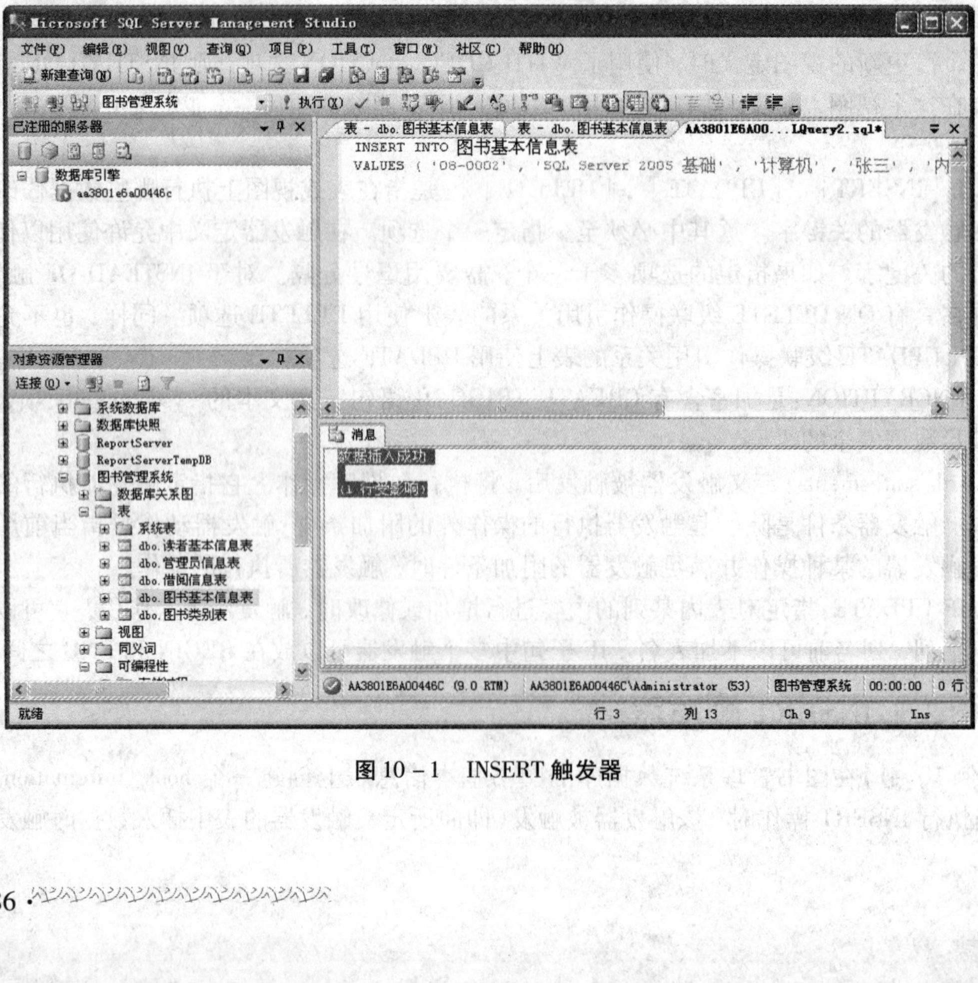

图 10 -1　INSERT 触发器

	图书编号	图书名称	图书类...	作者	出版社	定价	出版日期	可借数...	图书说明
1	01-0001	护理常识	医学	张末	科学出版社	23.00	2008-08-12 00:00:00.000	2	NULL
2	03-0001	计算机基础	计算机	李义仁	海洋出版社	29.00	2006-07-21 00:00:00.000	1	NULL
3	03-0002	C语言	计算机	王维新	高等教育出版社	33.00	2009-09-12 00:00:00.000	1	NULL
4	03-0003	Java	计算机	刘芝	铁道出版社	28.00	2008-03-24 00:00:00.000	2	NULL
5	03-0004	编程笔记	计算机	刘新新	新新工作室	30.00	2009-09-09 00:00:00.000	1	NULL
6	07-0001	会计实务	经济	张静	高等教育出版社	33.00	2008-07-18 00:00:00.000	1	NULL
7	08-0002	SQL Server 2005 基础	计算机	张三	内蒙古化工学院出版社	55.00	2012-06-10 00:00:00.000	6	

图 10－2　INSERT 触发器验证

10.2.2 DELETE 触发器

【例 10－2】在图书管理系统数据库的图书基本信息表上建立一个名为 book_Dinformation 的 DELETE 触发器，如果无法删除，该触发器将对图书基本信息表中删除记录的操作给出提示信息，并取消当前的删除操作。

在 SQL Server Management Studio 查询窗口中运行如下指令：

```
USE 图书管理系统
GO
CREATE TRIGGER book_Dinformation
ON 图书基本信息表
FOR DELETE
AS
BEGIN
  RAISERROR（'不合法的操作!'，10，1）
  ROLLBACK  TRANSACTION
END
```

建好触发器后，在 SQL Server Management Studio 查询窗口中运行如下命令：

```
DELETE
FROM 图书基本信息表
WHERE 图书编号 ='08－0004'
```

运行结果如图 10－3 所示。

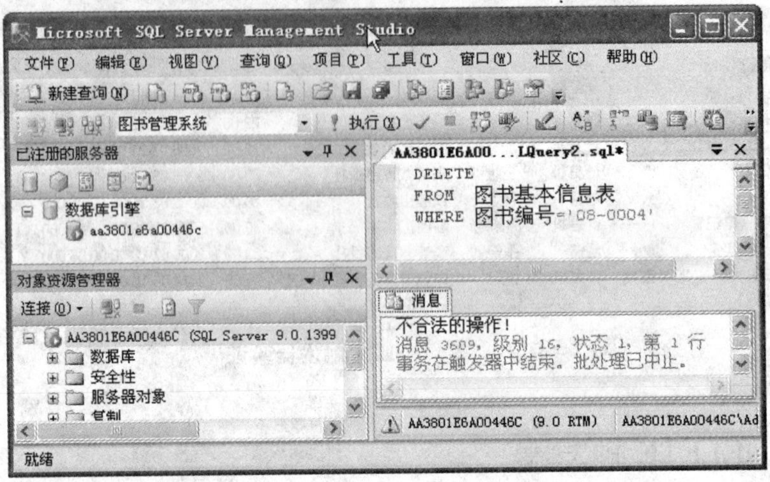

图 10－3　DELETE 触发器

10.2.3 UPDATE 触发器

在带有 UPDATE 触发器的表上执行 UPDATE 语句时，将触发 UPDATE 触发器。使用 UPDATE 触发器时，用户可以通过定义 IF UPDATE(column name)语句来实现。当特定列被更新时触发触发器，而不管更新影响的是表中的一行还是多行。如果用户需要实现多个特定列中的任意一列被更新时触发器触发，可以在触发器定义中通过使用多个 IF UPDATE (column name)语句来实现。

【例 10－3】在图书管理系统库的图书基本信息表上新建一个名为 book_ Uinformation 的触发器，该触发器将被 UPDATE 操作激活，该触发器将不允许用户修改表的"定价"列(本例将不使用 INSTEAD OF，而是通过 ROLLBACK TRANSACTION 子句恢复原来数据的方法，来实现字段不被修改)。

建好触发器后试着执行 UPDATE 操作，如果运行结果显示:"无法升级数据!"，说明操作无法进行，触发器起到保护作用。

在 SQL Server Management Studio 查询窗口中运行如下指令:

```
USE 图书管理系统
GO
CREATE TRIGGER book_Uinformation
ON 图书基本信息表
FOR UPDATE
AS
IF UPDATE (定价)
BEGIN
  RAISERROR ( '无法升级数据!' , 10 , 1 )
  ROLLBACK   TRANSACTION
END
```

在触发器建立后，在 SQL Server Management Studio 查询窗口中运行如下指令：

```
USE 图书管理系统
GO
UPDATE 图书基本信息表
SET 定价 = 5000
WHERE 图书编号 = '08 -0002'
```

运行结果如图 10 -4 所示，可以发现上述更新操作不能实现对表中“定价”列的更新。

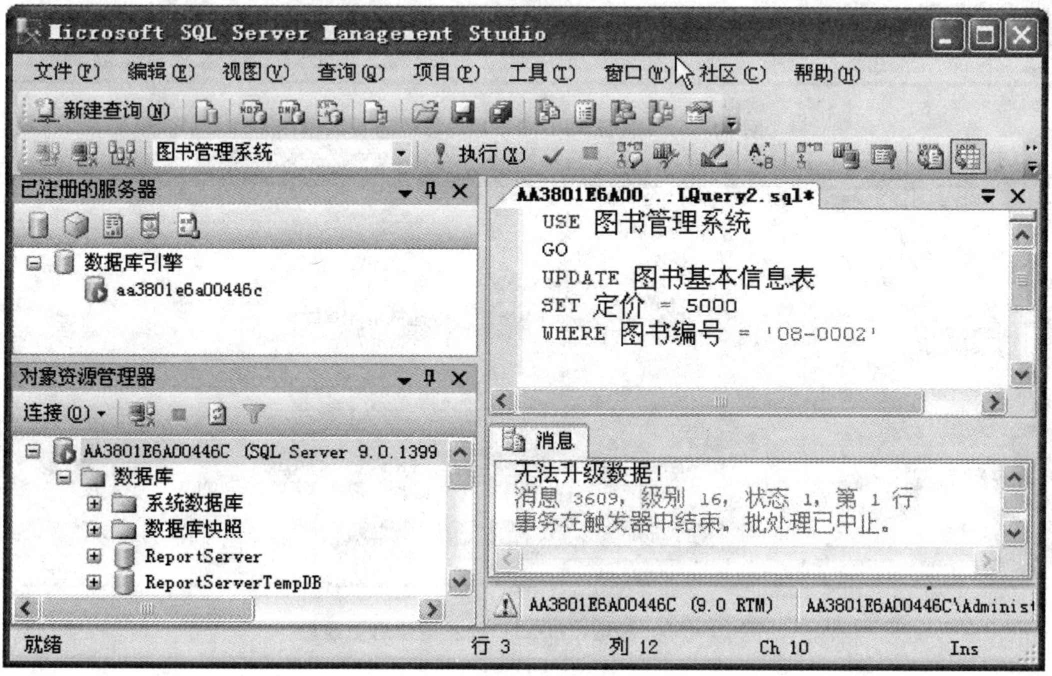

图 10 -4　UPDATE 触发器

但是 UPDATE 操作可以对没有建立保护性触发的其他列进行更新，而不会激发触发器，在 SQL Server Management Studio 查询窗口中运行如下指令：

```
UPDATE 图书基本信息表
SET 出版社 = '内化院 '
WHERE   图书编号 = '03 -0004'
```

执行后返回的消息“所影响的行数为 1 行”。

在 SQL Server Management Studio 查询窗口中运行如下指令：

```
USE 图书管理系统
SELECT * FROM 图书基本信息表 WHERE 图书编号 = '03 -0004'
```

如图 10 -5 所示，查询图书基本信息表可以看到“出版社”列的内容确实已被更新。

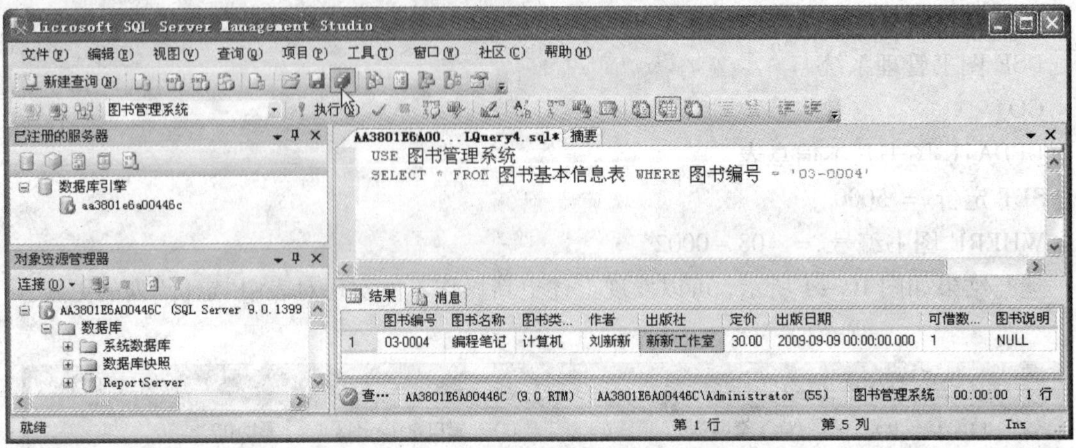

图 10-5a　验证 UPDATE 触发器信息更改前

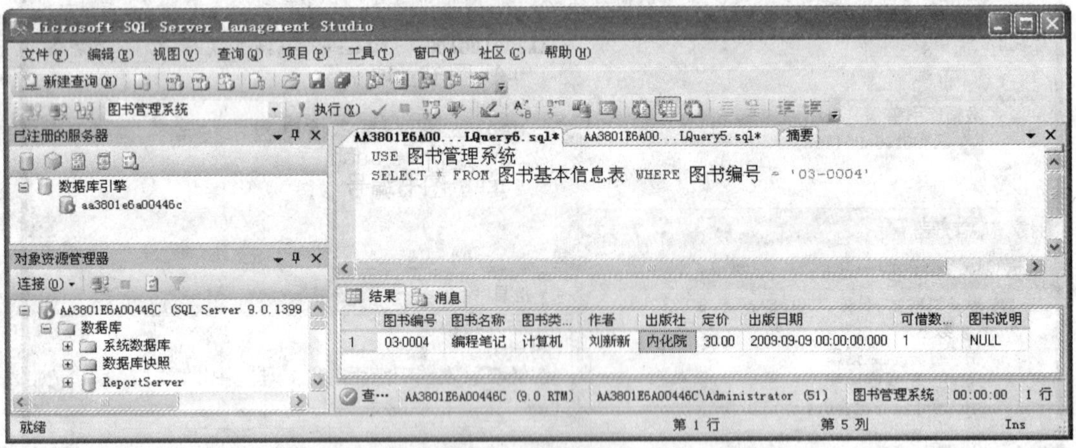

图 10-5b　验证 UPDATE 触发器信息更改后

10.2.4 INSTEAD OF 触发器

在【例 10-1】中有什么办法能实现在触发器被执行的同时，取消触发器的 SQL 语句的操作呢？答案是可以使用 INSTEAD OF 关键字来实现，如【例 10-4】。

【例 10-4】在图书管理系统数据库的图书基本信息表上创建一个 book_Dinformation2 触发器，当执行 DELETE 操作时触发器被触发，且要求触发触发器的 DELETE 语句在执行后被取消，即删除不成功。

在 SQL Server Management Studio 查询窗口中运行如下指令：

```
USE 图书管理系统
CREATE TRIGGER book_Dinformation2
ON 图书基本信息表
INSTEAD OF DELETE
AS
PRINT'删除数据不成功!'
```

GO

在图书基本信息表中删除图书编号为03－0004的记录。

在SQL Server Management Studio查询窗口中运行如下指令：

DELETE FROM 图书基本信息表 WHERE 图书编号 ＝ '03－0004'

运行结果如图10－6所示。

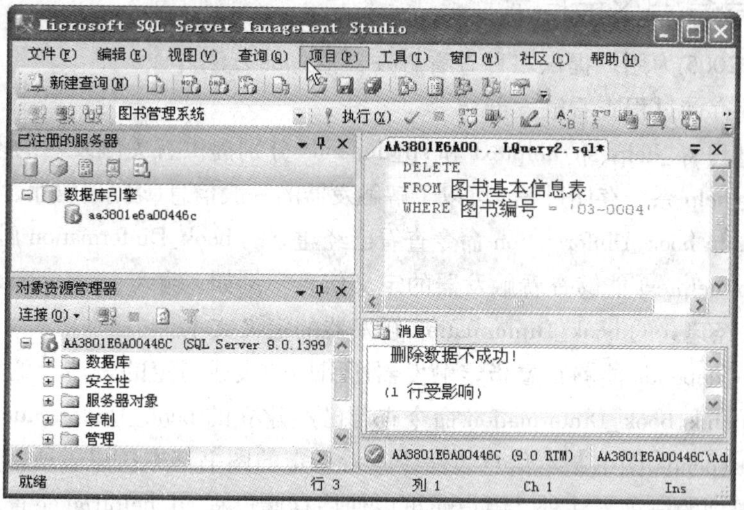

图10－6 指定DELETE触发器但拒绝执行DELETE语句

再运行如下语句来验证刚才是不是真的删除了数据。

在SQL Server Management Studio查询窗口中运行如下指令：

USE 图书管理系统

SELECT ＊ FROM 图书基本信息表

如图10－7所示，用户此时可以发现上例被删除的记录仍然保留在图书基本信息表中，可见在定义触发器时，定义的INSTEAD OF选项取消了触发book_Dinformation2的DELETE操作，所以该记录未被删除。

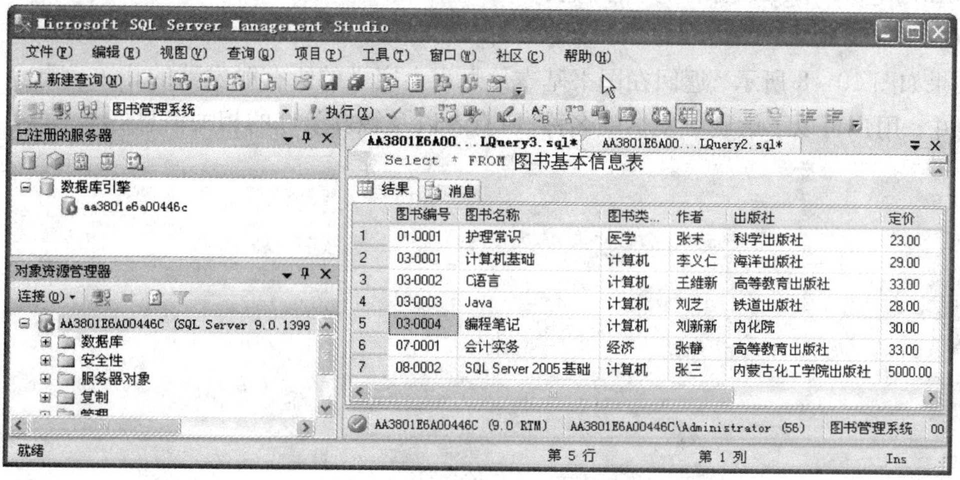

图10－7 验证DELETE触发器触发

10.3 子任务:管理触发器

10.3.1 查看触发器信息

SQL Server 2005 为用户提供多种查看触发器信息的方法。

1.使用系统存储过程查看触发器

系统存储过程 sp_help、sp_helptext 和 sp_depends 分别提供有关触发器的不同信息。

(1)通过 sp_help 系统存储过程，可以了解触发器的一般信息(名字、属性、类型、创建时间)。例如，输入 sp_help book_Dinformation 命令查看已经建立的 book_Dinformation 触发器信息。

(2)通过 sp_helptext 能够查看触发器的定义信息。例如，输入 sp_helptext book_Dinformation 命令查看已经建立的 book_Dinformation 触发器的定义文本。

(3)通过 sp_depends 能够查看指定触发器所引用的表或指定的表涉及的所有触发器。例如，输入 sp_depends book_Dinformation 命令查看已经建立的 book_Dinformation 触发器所涉及的表，输入 sp_depends 图书基本信息表命令查看指定的图书基本信息表所涉及的触发器。

除了上面提到的三种方法外，用户还可以使用存储过程 sp_helptrigger 查看某张特定表上存在的触发器的某些相关信息，命令的语法格式如下：

EXEC sp_helptrigger table_name

【例 10-5】使用系统存储过程 sp_helptrigger 查看图书基本信息表上存在的所有触发器的相关信息。

在 SQL Server Management Studio 查询窗口中运行如下指令：

```
USE 图书管理系统
GO
EXEC sp_helptrigger 图书基本信息表
GO
```

结果如图 10-8 所示，返回在图书基本信息表上定义的所有触发器的相关信息。从返回的信息中，用户可以了解到触发器的名称、所有者以及触发条件的相关信息。

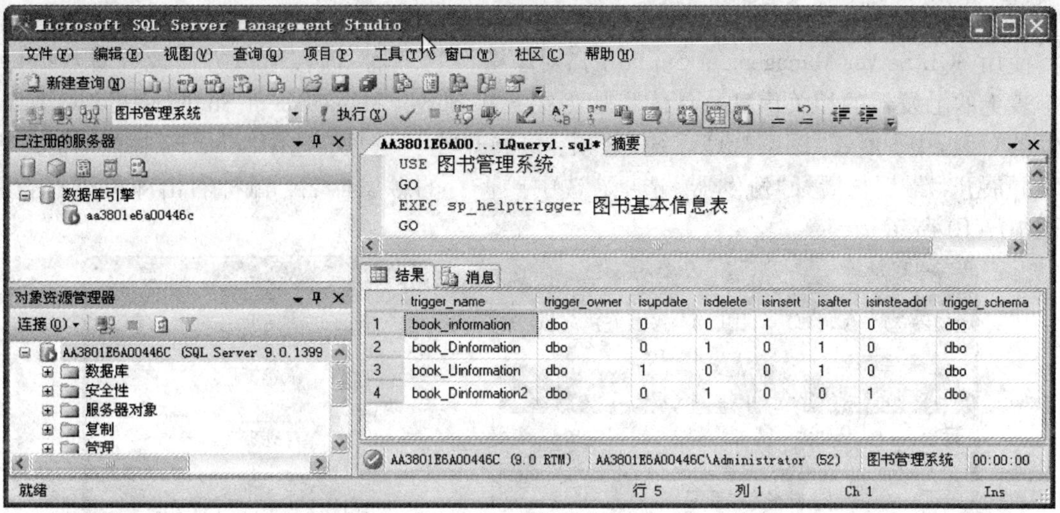

图 10－8　系统过程 sp_helptrigger 查看触发器

2. 使用系统表查看触发器

用户还可以通过查询系统表 sysobjects 得到触发器的相关信息。

【例 10－6】使用系统表 sysobjects 查看数据库图书管理系统上存在的所有触发器的相关信息。

在 SQL Server Management Studio 查询窗口中运行如下代码：

```
USE 图书管理系统
GO
SELECT name
FROM sysobjects
WHERE type = 'TR'
GO
```

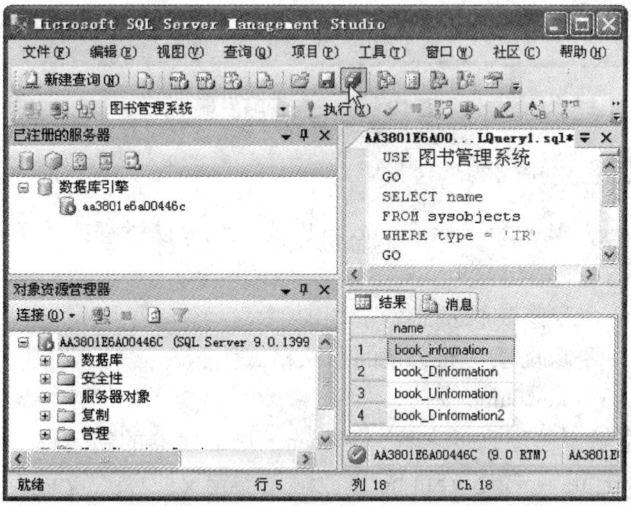

图 10－9　系统表 sysobjects 查看触发器

3. 在 SQL Server Management Studio 中查看触发器

使用 SQL Server Management Studio 的“对象资源管理器”面板可以方便地查看数据库中某个表上的触发器的相关信息。具体步骤为在 SQL Server Management Studio 中的“对象资源管理器”面板中，展开“图书管理系统”选项，再展开“表”选项，选中“dbo. 图书基本信息表”选项并展开，最后再展开“触发器”选项，选中要查看的触发器名，鼠标右击即可进行查看，如图 10－10 所示。

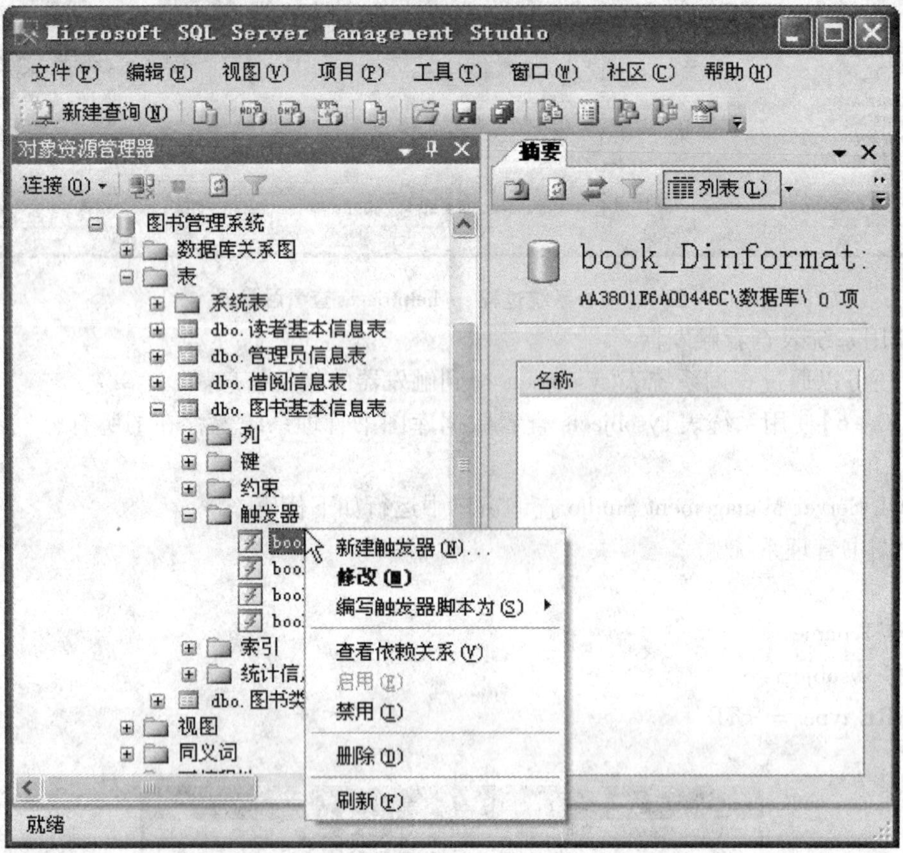

图 10－10 查看触发器

10.3.2 修改触发器

通过使用 SQL Server Management Studio 窗口或系统存储过程或 Transact_SQL 命令可以修改触发器的名字和正文。

1. 使用 sp_rename 命令修改触发器名字

使用 sp_rename 命令修改触发器名字的语法格式为：

sp_rename oldname ，newname

其中，oldname 指触发器原来的名称，newname 指触发器的新名称。

2. 通过 SQL Server Management Studio 修改触发器定义

通过 SQL Server Management studio 窗口修改触发器定义的操作步骤与查看触发器信息一样，如图 10－11 所示。

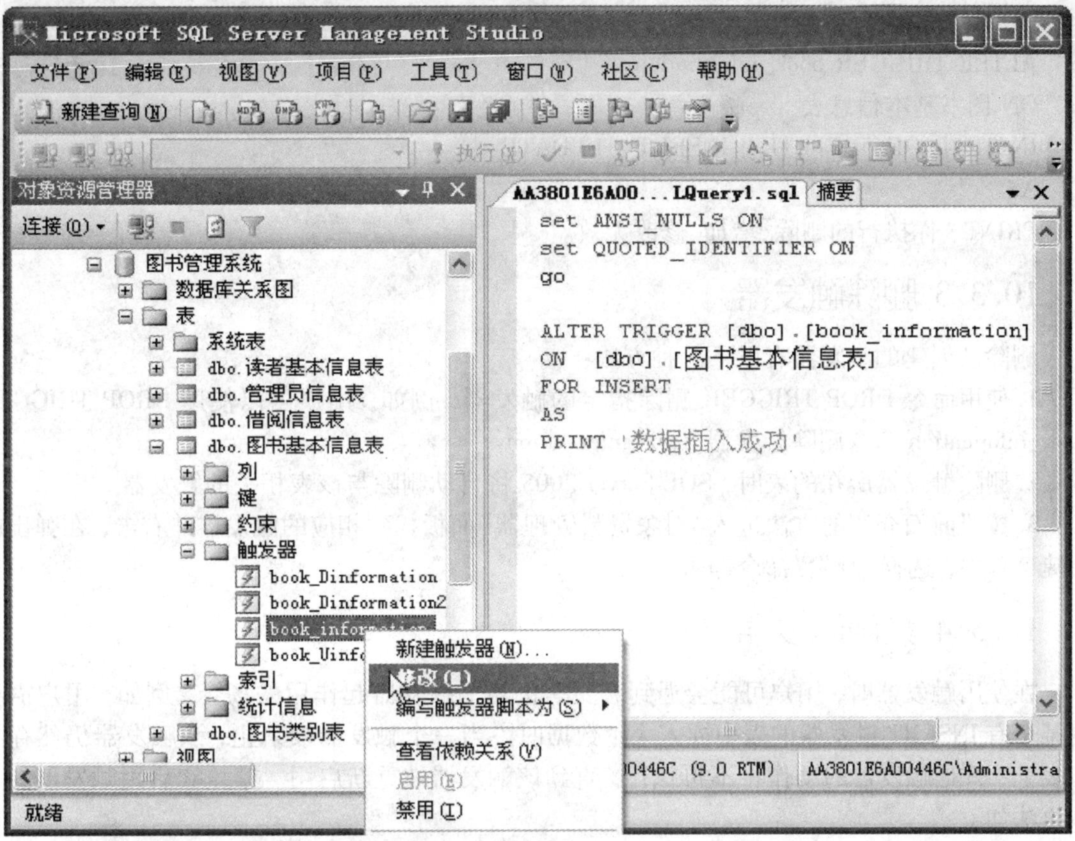

图10－11 修改触发器

3. 通过ALTER TRIGGER命令修改触发器的正文

在实际应用中，用户可能需要改变一个已经存在的触发器，可以通过使用SQL Server 2005提供的ALTER TRIGGER语句来实现。SQL Server 2005可以在保留现有触发器名称的同时，修改触发器的触发动作和执行内容。修改触发器的具体语法如下：

```
ALTER TRIGGER trigger_name
ON { table | view}
{ FOR | ALTER | INSTEAD OF } { [ INSERT ] , [ UPDATE ] , [ DELETE ] }
[ WITH ENCRYPTION ]
AS
IF  UPDATE ( cotumn_name )
[ { and | or } UPDATE( column_name ) … ]
Sql_statements
```

其中，各参数的意义与建立触发器语句中参数的意义相同，这里就不赘述了。

【例10－7】在图书管理系统数据库中，修改图书基本信息表上建立的触发器book_information使得用户执行删除、增加、修改操作时，自动给出错误提示信息，撤销此次操作。

在SQL Server Management Studio查询窗口中运行如下指令：

USE 图书管理系统

```
GO
ALTER TRIGGER book_information
ON 图书基本信息表
INSTEAD OF  DELETE , INSERT , UPDATE
AS
PRINT '你执行的删除、增加、修改无效。'
```

10.3.3 删除触发器

删除已创建的触发器有以下三种方法：

1. 使用命令 DROP TRIGGER 删除指定的触发器，例如，用户可以使用 DROP TRIGGER book_information 命令删除触发器 book_information。

2. 删除触发器所在的表时，SQL Server 2005 将自动删除与该表相关的触发器。

3. 按照前面介绍的方法进入"对象资料管理器"面板找到相应的触发器并右击，在弹出的快捷菜单中，选择"删除"命令即可。

10.3.4 禁用触发器

在使用触发器时，用户可能会遇到需要禁止某个触发器起作用的场合，例如，用户需要向某个有 INSERT 触发器的表中插入大量数据时。当一个触发器被禁止，该触发器仍然存在于表上，只是触发器的动作将不再执行，直到该触发器被重新启用。禁止和启用触发器的具体语法如下：

```
ALTER TABLE table_name
{ ENABLE | DISABLE } TRIGGER
{ ALL | trigger_name [ ,... n ] }
```

其中，{ ENABLE | DISABLE } TRIGGER 指定启用或禁止 trigger_name。当一个触发器被禁止时，它对表的定义依然存在；然而，当在表上执行 INSERT、UPDATE 或 DELETE 语句时，触发器中的操作将不执行，除非重新启用该触发器。ALL 指定启用或禁止表中所有的触发器；trigger_name 指定要启用或禁止的触发器名称。

【例 10－8】禁止或启用在图书管理系统数据库中图书基本信息表上创建的所有触发器。

在 SQL Server Management Studio 查询窗口中运行如下指令：

```
ALTER  TABLE  图书管理系统  DISABLE  TRIGGER  ALL
ALTER  TABLE  图书管理系统  ENABLE  TRIGGER  ALL
```

用户可以自己尝试禁止或启用在数据库图书管理系统中图书基本信息表上创建某个触发器。

实训10 实现图书管理系统的触发器

```
USE 图书管理系统
GO
——借书要求(书本没有库存，则无法进行借书操作)——
CREATE TRIGGER Book_borrow_information
ON 图书基本信息表
FOR update
AS
DECLARE @rest int,
SELECT @rest = 可借数量 from insertedo
IF ( @rest < = 0)
    BEGIN
    rollback transaction
    print '借阅失败!'
    print'对不起，此书已经没有库存，无法进行本次借书操作!'
    END
GO

USE 图书管理系统
GO
——借书要求(读者最多借阅量，假定每人只能借两本)——
CREATE TRIGGER create trigger book_reader_ borrow_information
ON 借阅信息表
FOR insert
AS
DECLARE @readernum char(10),@num int
——统计教师借书总量并做相应处理
BEGIN
    SELECT @num = count( * )
    FROM 借阅信息表
    WHERE 借书证号 =@readnum
    IF ( @num > 10 )
    BEGIN
        rollback transaction
        print '借阅失败!'
        print'对不起，你的借阅总量已经达到最大，无法进行本次借书操作!'
    END
END
```

阅读材料 约束和触发器

约束和触发器在特殊情况下各有优势。触发器的主要好处在于它们可以包含使用 Transact－SQL 代码的复杂处理逻辑。因此，触发器可以支持约束的所有功能；但它在所给出的功能上并不总是最好的方法。实体完整性总应在最低级别上通过索引进行强制，这些索引或是 PRIMARY KEY 和 UNIQUE 约束的一部分，或是在约束之外独立创建的。假设功能可以满足应用程序的功能需求，域完整性应通过 CHECK 约束进行强制，而引用完整性（RI）则应通过 FOREIGN KEY 约束进行强制。在约束所支持的功能无法满足应用程序的功能要求时，触发器就极为有用。

例如：除非 REFERENCES 子句定义了级联引用操作，否则 FOREIGN KEY 约束只能以与另一列中的值完全匹配的值来验证列值。

CHECK 约束只能根据逻辑表达式或同一表中的另一列来验证列值。如果应用程序要求根据另一个表中的列验证列值，则必须使用触发器。约束只能通过标准的系统错误信息传递错误信息。如果应用程序要求使用（或能从中获益）自定义信息和较为复杂的错误处理，则必须使用触发器。

触发器可通过数据库中的相关表实现级联更改；不过，通过级联引用完整性约束可以更有效地执行这些更改。触发器可以禁止或回滚违反引用完整性的更改，从而取消所尝试的数据修改。当更改外键且新值与主键不匹配时，此类触发器就可能发生作用。例如，可以在 titleauthor. title_id 上创建一个插入触发器，使它在新值与 titles. title_id 中的某个值不匹配时回滚一个插入。不过，通常使用 FOREIGN KEY 来达到这个目的。

如果触发器表上存在约束，则在 INSTEAD OF 触发器执行后但在 AFTER 触发器执行前检查这些约束。如果约束破坏，则回滚 INSTEAD OF 触发器操作并且不执行 AFTER 触发器。

触发器到底可不可以在视图上创建？在 SQL Server 2005 联机丛书中，没有说触发器不能在视图上创建，并且在语法解释中表明：在 CREATE TRIGGER 的 ON 之后可以是视图。然而，事实似乎并不是如此，很多专家也说触发器不能在视图上创建。笔者也专门做了测试，的确如此，不管是普通视图还是索引视图，都无法在上面创建触发器。

深刻理解 FOR CREATE TRIGGER 语句的 FOR 关键字之后可以跟 INSERT、UPDATE、DELETE 中的一个或多个，也就是说在其他情况下是不会触发触发器的，包括 SELECT、TRUNCATE、WRITETEXT、UPDATETEXT。

相关内容：一个有趣的应用。我们看到许多注册系统在注册后都不能更改用户名，但这多半是由应用程序决定的，如果直接打开数据库表进行更改，同样可以更改其用户名，在触发器中利用回滚就可以巧妙地实现无法更改用户名。触发器内部语句出错时，前面对数据的更改操作将会无效。举个例子，在表中插入数据时触发触发器，而触发器内部此时发生了运行错误，那么将返回一个错误值，并且拒绝刚才的数据插入。触发器中可以使用大多数 T－SQL 语句，但如下一些语句是不能在触发器中使用的。

CREATE 语句，如：CREATE DATABASE、CREATE TABLE、CREATE INDEX 等。

ALTER 语句，如：ALTER DATABASE、ALTER TABLE、ALTER INDEX 等。

DROP 语句，如：DROP DATABASE、DROP TABLE、DROP INDEX 等。

DISK 语句，如：DISK INIT、DISK RESIZE。

LOAD 语句，如:LOAD DATABASE、LOAD LOG。

RESTORE 语句，如:RESTORE DATABASE、RESTORE LOG。

习　题　十

一、填空题

1. 触发器的主要作用有__________，__________，__________，__________。

2. SQL Server 2005 提供了两类触发器：__________和__________。

二、选择题

1. 在下列选项中不属于触发器的应用范围的是(　　)。

A. 级联修改数据库中所有的相关表

B. 撤销或回滚违反引用完整性的操作，防止非法修改数据

C. 增强代码的重用性和共享性

D. 查找在数据修改前后，表状态之间的差别，并根据差别来采取相应的措施

2. 关于触发器的操作语句，下列选项不正确的是(　　)。

A. CREATE TRIGGER　　B. ALTER TRIGGER

C. INSERT TRIGGER　　D. DROP TRIGGER

3. 下面有关触发器的叙述错误的是(　　)。

A. 触发器是一个特殊的存储过程

B. 触发器不可以引用所在数据库以外的对象

C. 在一个表上可以定义多个触发器

D. 触发器在 check 约束之前执行

4. SQL Server 为每个触发器创建两个临时表的操作语句是(　　)。

A. selected deleted　　B. deleted updated

C. inserted updated　　D. inserted deleted

三、判断题

1. 触发器不能够对数据库进行级联修改。(　　)

2. 实现比 CHECK 约束更为复杂的限制。(　　)

3. 强制表的修改不需要符合业务规则。(　　)

四、操作题

创建一个 INSERT 触发器 TR_BOOK_INSERT，当在图书基本信息表中插入一条新记录时，触发该触发器，并给出提示。

任务 11　访问数据库

在实际的数据库应用系统中，SQL Server 本身是作为一种数据库服务而存在的，通常，使用程序设计语言为应用系统设计用户界面，作为前台，通过 SQL Server 2005 应用程序接口(API)与后台的数据库建立连接，向 SQL Server 服务器发送 SQL 语句，从而实现对数据库的访问。

11.1　子任务:认识数据库应用程序接口

SQL Server 2005 提供了多种 API，使得数据库应用程序能够连接和访问数据库。这些 API 被称为数据库访问 API。数据库访问 API 允许应用程序执行一段 T－SQL 语句来访问数据库中的数据并返回访问结果。

常用的 API 有 ODBC，OLE DB，ADO 等。此外，还可以直接在可视化开发环境中，使用数据访问控件(如 DataGridview，数据浏览控件)来访问数据库。这种方法不需要编写程序代码，就可以很容易地访问数据库。

1. ODBC(Open DatabaseConnectivity):即开放式数据库互连。是一个标准的访问数据库的编程接口，内嵌在所有 Windows 操作系统中。通过 ODBC API，应用程序可以访问多种不同数据存储格式 DBMS 中的数据，包括 SQL Server，Access，Oracle，Excel 等。

2. OLE DB:是一个低层的数据访问接口，也可以访问各种数据源，包括传统的关系型数据库。

3. ADO(Active Data Objects):即 Active 数据对象，也称数据库对象接口。是微软最新的数据库访问技术，提供通用数据访问。使用 ADO 数据访问接口，用户只需要简单创建几个数据对象，就可以连接数据源，获取所需要的数据，进行数据访问后的存取操作。

实质上，ADO 是一个在简化了的数据模型中封装的 OLE DB API，设计为一种极简单的格式，通过 ODBC 的方法同数据库接口。使用 ADO 进行开发要比使用 OLE DB 开发的速度快，OLE DB 是使用 ADO 的基础，ADO 是基于 OLE DB 之上的技术。ADO 通过其内部的属性和方法提供统一的数据访问接口方法，可以编写 OLE DB 提供者对数据库中数据访问和操作的应用程序。其特点是易于使用、性能好、占用内存小。

ADO 可以适用于任何一种 ODBC 数据源，即，不止适用于 SQLServer、Oracle、Access 等数据库应用程序，也适用于 Excel 表格、文本文件、图形文件和无格式的数据文件。ADO 可以在 VB，VC 和 ASP 等应用程序中使用。

如果对 SQL Server 数据库进行通用数据访问，建议首选 ADO。

ADO 主要有三个对象成员:Connection(连接)对象、Command(命令)对象、Recordset(记录集)对象。其功能如下:

●Connection(连接)对象:是 ADO 对象连接数据库的第一步，通过 Connection 与 sql server 2005 数据库建立连接。

●Command(命令)对象:通过 Connection 与数据库建立连接后，Command 对象承担数据库查询的任务，查询请求通过 sql 语句来描述。首先指定 Command 对象的 CommandString 属性为 sql 语句字符串，然后执行数据库查询动作，查询以后，将结果存储在 recordset 对象中。

●Recordset(记录集)对象:在执行数据库查询后，结果保存在 recordset 对象中，然后利用程序设计语言来处理 recordset 对象中的记录。

11.2　子任务:使用数据访问控件访问 SQL Server 数据库

【例 11 -1】在 VB 中使用 DataGridview 数据访问控件浏览图书管理系统数据库。

操作步骤如下:

(1)新建一个 VB 项目，在当前窗体 form1 中添加一个 DataGridview 数据浏览控件;

(2)单击 DataGridview 控件右上角的▶按钮，将出现【DataGridview 任务】菜单;

(3)单击菜单中下拉列表框【选择数据源】右侧的下拉箭头，选择【添加项目数据源】，弹出如图 11 -1 所示的【数据元配置向导】对话框;

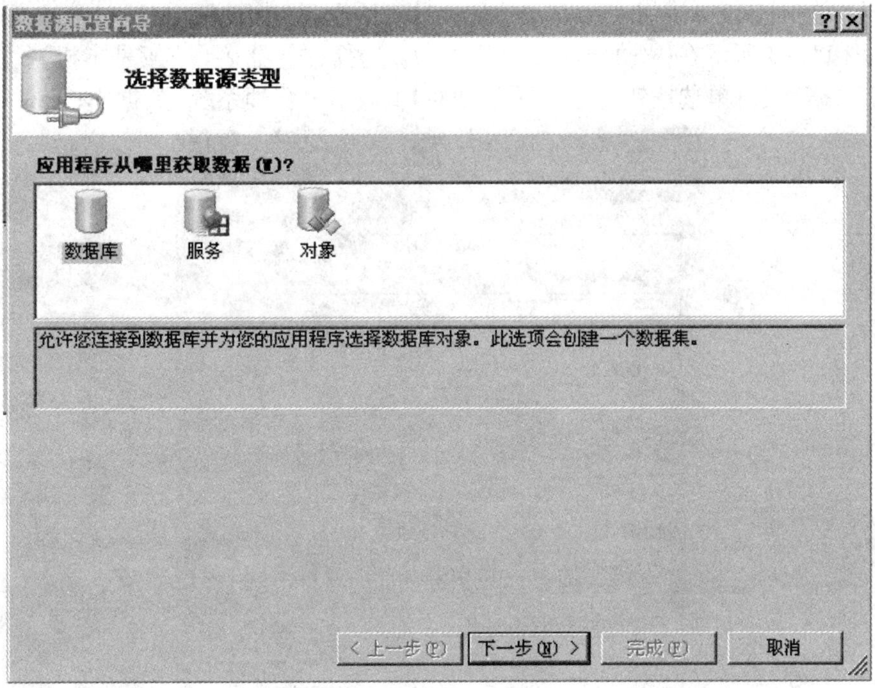

图 11 -1　数据源配置向导

(4)单击下一步，进入选择数据连接界面，单击【新建连接】按钮，弹出【添加连接】对话框，如图 11 -2 所示;

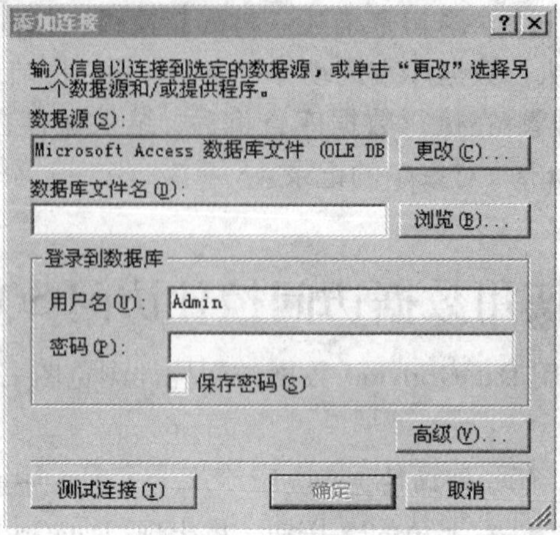

图 11－2　添加连接对话框

(5)单击【更改】按钮，弹出【更改数据源】对话框。在【数据源】列表框中，选择“Microsoft SQL Server”，单击【确定】按钮，返回【添加连接】对话框；

(6)如图 11－3 所示在【添加连接】对话框中，选择服务器名(一般是本机)，选中【选择或输入一个数据库名】单选按钮，选择下拉列表中的“图书管理系统”数据库；

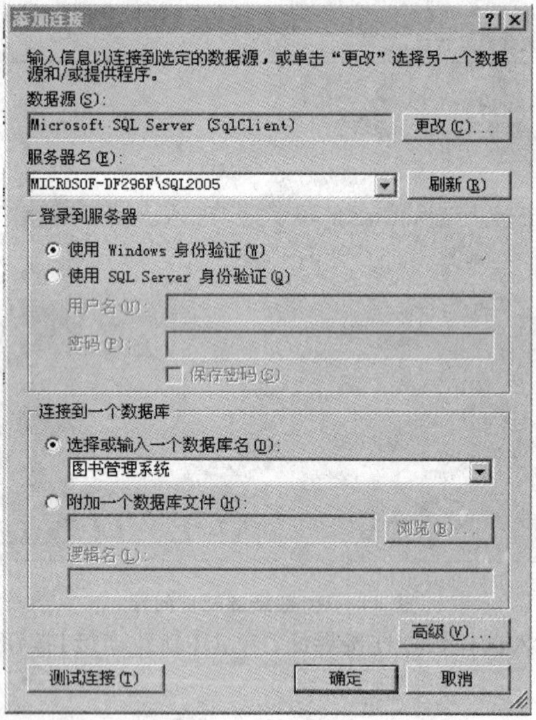

图 11－3　添加连接对话框设置

(7)单击【测试连接】按钮，弹出“测试连接成功”窗口后，单击【确定】按钮；

(8)单击下一步，将连接字符串保存到应用程序配置文件中；

(9)再单击下一步，选择数据集中需要包含的数据库对象，如:表、视图、存储过程、函数。我们这里全选。可以看到，数据集 DataSet 名称默认修改为“图书管理系统 DataSet”；

（10）单击【完成】按钮，返回【DataGridview 任务】菜单，在菜单中选择【其他数据源】下面的“图书管理系统 DataSet”，并选中其中一张表，如“图书基本信息表”，我们就会发现，DataGridview 数据浏览控件中显示出了“图书基本信息表”的表结构信息；

（11）启动调试当前 VB. NET 项目，DataGridview 数据浏览控件中将显示出“图书基本信息表”，如图 11－4 所示。如果字段和记录较多，控件窗口显示不完整，则会自动添加水平或垂直滚动条。

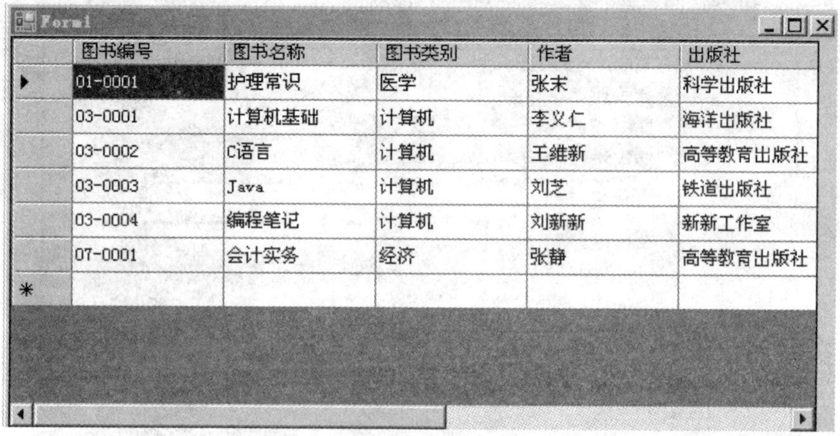

图 11－4　在数据浏览控件 DataGridview 中显示数据

11.3　子任务：使用 ADO 对象访问 SQL Server 数据库

【例 11－2】在 VB 中使用 ADO 对象连接访问图书管理系统数据库。

操作步骤如下：

（1）在 VB 中新建一个项目，在当前窗体 form1 中添加一个 ADODC 控件（如果控件工具箱中没有此控件，单击工程－部件菜单，选中 Microsoft ADO Data Control 控件）；

（2）在 ADODC 控件上单击右键，弹出属性页窗口，如图 11－5 所示；

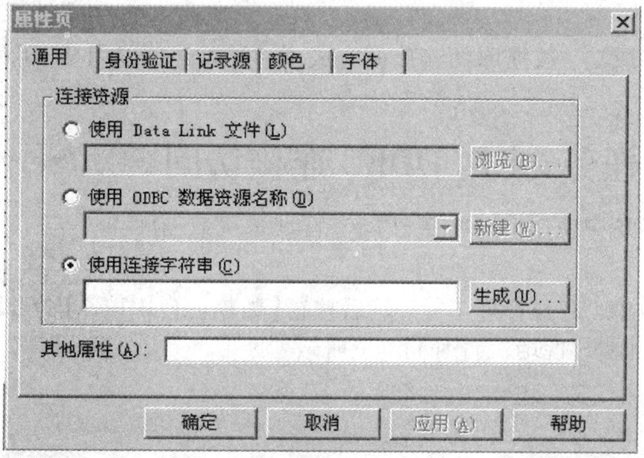

图 11－5　属性页对话框

（3）点击【生成】按钮，在【数据连接属性】对话框中选择【Microsoft OLE DB Provider for

SQL Server】，单击下一步按钮；

(4)如图 11－6 所示，在出现的【连接】选项卡窗口的下拉列表中选择或输入数据库服务器名称；

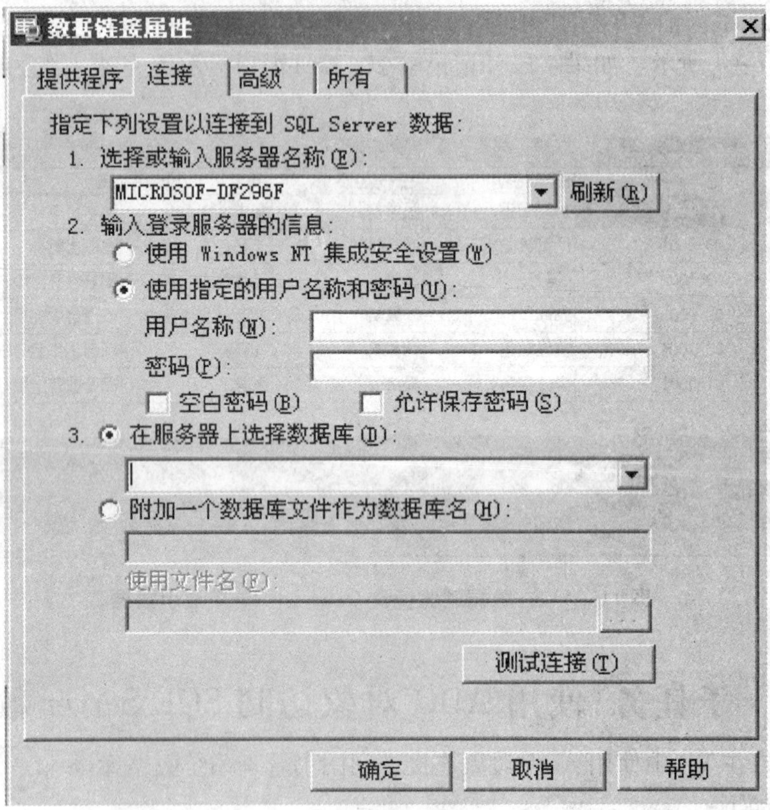

图 11－6　数据连接属性的设置

(5)在【输入登录服务器的信息】选项中根据数据库服务器验证模式选择相应选项；

(6)在【在服务器上选择数据库】下拉列表框中选择要连接到的数据库，单击【测试连接】按钮；

(7)若测试连接成功，数据库的连接就完成了，下面就可以用 ADO 对象操作数据库了。

11.4　子任务:使用 ODBC 连接访问 SQL Server 数据库

【例 11－3】在 VB 中使用 ODBC 连接图书管理系统数据库。

操作步骤如下：

(1)在控制面板中，打开管理工具，然后执行【数据源(ODBC)】命令，打开数据源管理器对话框，选择【系统 DSN】选项，如图 11－7 所示；

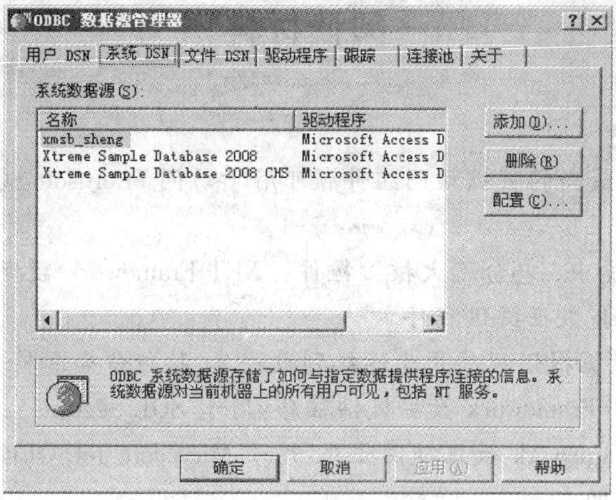

图11－7 ODBC 数据源管理器

(2)单击【添加】按钮，打开【创建新数据源】对话框，选择 SQL Server，单击【完成】按钮，打开【创建到 SQL Server 的新数据源】对话框，输入数据源名称“图书管理系统”和数据源描述，选择要连接的服务器(一般为本机)，如图11－8所示；

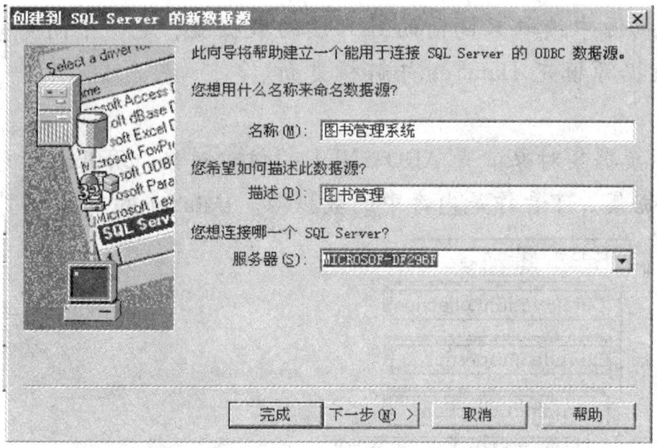

图11－8 创建到 SQL Server 的新数据源

(3)单击下一步按钮，选择验证登录方式，再单击下一步按钮，选择【更改默认的数据库】，选择服务器上的数据库“图书管理系统”；

(4)单击下一步按钮，完成数据源的其他设置，单击【完成】按钮，打开【Microsoft ODBC SQL Server 安装】对话框，可以查看数据源的设置；

(5)单击【测试数据源】按钮，则返回测试结果，完成后返回【ODBC 数据源管理器】对话框，可以查看刚刚创建的数据源“图书管理系统”。

【例11－4】在 VB 中使用 ADO 对象连接 ODBC 数据源。

操作步骤如下：

(1)在 VB 窗体中右击 ADO 控件，在弹出的菜单中选择“属性”，打开属性页窗口；

(2)选择【使用 ODBC 数据源名称】选项，在下拉列表中选择已经创建好的 ODBC 数据源；

(3)单击【确定】按钮，就可以完成数据源的连接，通过 ADO 对象对数据库进行操作了。

阅读材料

1. ADO .NET 概述

ADO .NET 是微软最新的数据访问组件，可用于访问 Microsoft SQL Server、Oracle、Access 等流行的数据库。

ADO. NET 包含的类中，包含两大核心控件:. NET Framework 数据提供程序和 DataSet。

(1). NET Framework 数据提供程序

. NET Framework 数据提供程序用于连接到数据库、执行命令和检索结果，常用的有 2 个:

●SQL Server . NET Framework 数据提供程序:用于 SQL Server;

●OLEDB . NET Framework 数据提供程序:用于 Microsoft. Jet. OLEDB. 4.0，该类位于 System. Data. OleDb 命名空间。

. NET 数据提供程序提供了四个核心对象，分别是 Connection、Command、DataReader 和 DataAdapter 对象。这些对象功能如下:

Connection 用于建立与特定数据源的连接。

Command 对数据源执行命令。

DataReader 从数据源中读取只向前的且只读的数据流，是一个简易的数据集。

DataAdapter 用数据源填充 DataSet 并解析更新。

(2) DataSet 对象

DataSet 对象又称数据集对象。是 ADO .NET 的核心对象，用来表示包括相关表、约束和表间关系在内的整个数据集，可看作是内存中的数据源。DataSet 的对象模型如图 11 -9 所示。

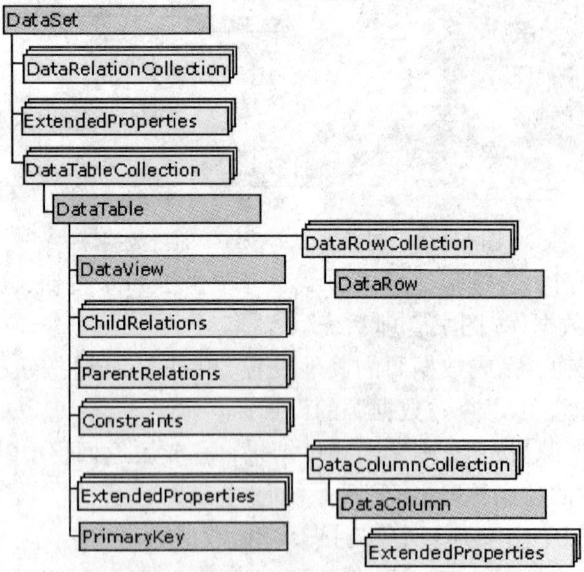

图 11 -9　DataSet 的对象模型

DataSet 对象模型中各主要对象的关系如下:

DataTable 对象表示数据表，在 DataTable 对象中又包含了字段(列，Column)和记录(行，Row)。在 DataSet 中可以包含一个或多个 DataTable 对象，多个 DataTable 又组成了 DataTableCollection 集合对象。多个表之间可能存在一定的关系，表间的关系用 DataRelation 对象来表示，该对象通常表示表间的主外键关系。多个表之间可能存在多个关系，因此 DataSet 对象可以包含一个或多个 DataRelation 对象，多个 DataRelation 对象又组成了 DataRelationCollection 集合对象。

参考文献

[1]（美）耐特（Knight,B.）,（美）弗尔曼（Veerman,E.）著,冯飞译.《SQL Server 2005 Integration Services 专家教程》. 北京：清华大学出版社,2008.

[2] 胡百敬,姚巧玫.《SQL Server 2005 数据库开发详解》. 北京：电子工业出版社,2006.

[3] 刘志成主编.《SQL Server 2005 实例教程》. 北京：电子工业出版社,2008.

[4] 范秀平,尚武.《SQL 语法范例手册》. 北京：科学出版社,2007.

[5] 李建中，王珊编.《数据库系统原理（第二版）》. 北京：电子工业出版社,2008.

[6] 姜桂洪，张龙波等编.《SQL Server 2005 数据库应用与开发》. 北京：清华大学出版社，2010.

[7] Vidya · Vrat · Agarwal James · Huddleston 等编，沈洁，杨华译.《C# 2008 数据库入门经典（第四版）》. 北京：清华大学出版社,2009.

[8] Solid · Quality · Learning 编，施平安译.《SQL Server 2005 实现与维护（MCTS 教程）》. 北京：清华大学出版社,2007.

[9] SQL Server 2005 联机丛书

[10] 徐守祥.《数据库应用技术——SQL Server 2005 篇（第 2 版）》[M]. 北京：人民邮电出版社,2008 年.

[11] 陈明忠.《数据库原理与应用项目化教程》[M]. 北京：中国海洋大学出版社,2010 年.

[12] 王珊,萨师煊.《数据库系统概论（第 4 版）》[M]. 北京：高等教育出版社,2006 年.

[13] 赵森,苏庆,肖蓉.《中文 SQL Server 2005 程序设计教程》[M]. 北京：冶金工业出版社,2006.

[14] 牟江涛.《SQL Server2005 案例教程》[M]. 北京：北京交通大学出版社,2008.

[15] 蒋文沛.《SQL Server2005 实用教程》[M]. 北京：人民邮电出版社,2009.

习题一答案

一、填空题

1. DBMS

2. 表

3. 多对多

4. 数据库管理系统

5. 主关键字

6. 主关键字

7. 1：1、1：m、m：n

8. 数据库管理系统

二、选择题

1. A　2. A　3. A　4. A　5. A　6. D　7. A　8. B

三、判断题

1. √　2. √　3. √

四、操作题

1.

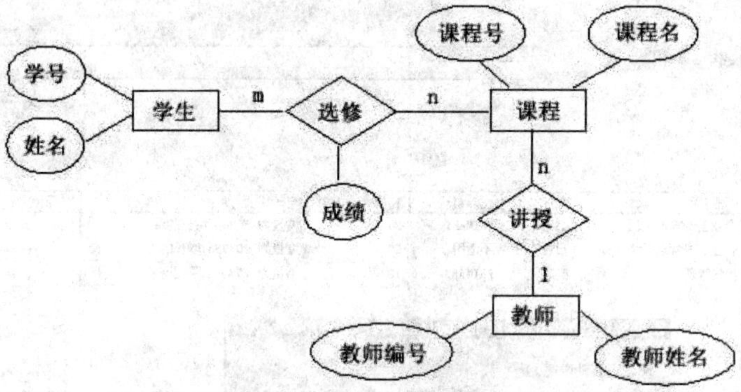

图 1－20　任务一操作题第 1 小题答案

2. (1) 它的所有候选码：课程名

(2) 函数依赖关系：F =（课程名 －＞教师名，教师名 －＞教师地址，课程名 －＞教师地址）

(3) 根据函数依赖关系，它属于：2NF（第二范式）

习题二答案

一、填空题

1. 表、视图、索引、存储过程
2. 结构化查询语言
3. ALTER DATABASE、DROP DATABASE
4. 物理数据库、逻辑数据库
5. 主数据文件、辅助数据文件、事务日志文件、主文件组、次文件组
6. 主数据文件
7. 主数据文件、事务日志文件
8. 可选项

二、选择题

1. B 2. B 3. C 4. B 5. A 6. B

三、判断题

1. × 2. × 3. √

四、操作题

1. 创建界面如图 2－7 所示：

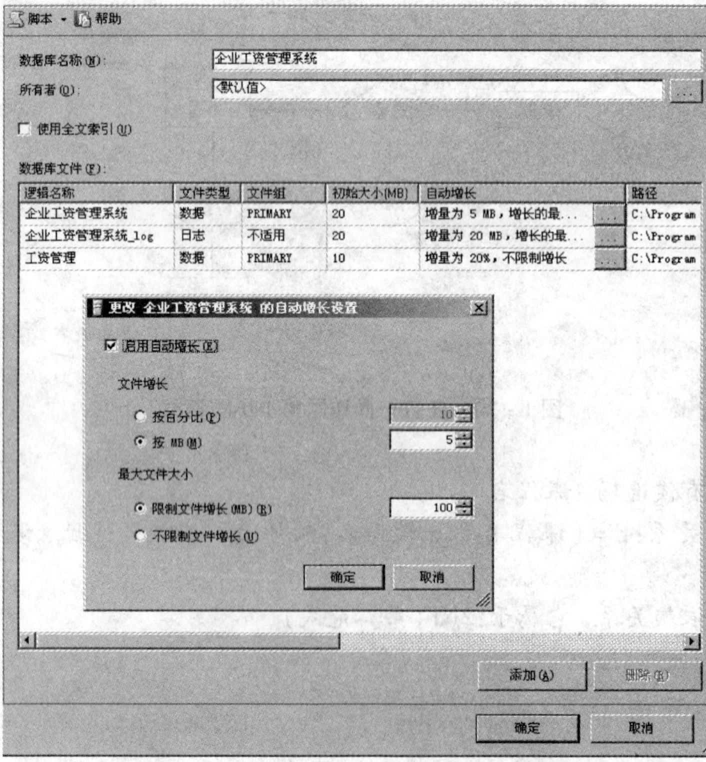

图 2－7 任务二操作题第 1 小题操作界面

2. 程序清单如下：

```
ALTER DATABASE 公司人事管理系统
ADD FILE
( NAME = 'com'
FILENAME ='C:\Program Files\Microsoft SQL Server\MSSQL.1\MSSQL\Data\com_data.ldf',
SIZE = 6MB,
MAXSIZE = UNLIMITED,
FILEGROWTH = 10%
)
GO
```

习题三答案

一、填空题

1. 字段

2. drop table table_name

二、选择题

1. A　2. A　3. C　4. C

三、判断题

1. ×　2. √　3. ×

四、操作题

1. Create table cs(

```
Id char(10) primary key,
Name char(16) not null,
Sex char(2) check(sex = '男' or sex = '女')
Tel char(11) unique,
Addr char(50) default 'unkown'
)
```

2. create table cm(

```
id char(12) primary key,
name char(20),
manuf char(20),
price decimal(4,2)
)
```

3. create table book (

```
csid char(10) ,
smid char(12),
count int check(count >0),
primary key(csid,smid),
foreign key(csid) references cs(id) ,
foreign key(cmid) references cm(id)
)
```

习题四答案

一、填空题

1. SELECT、FROM、WHERE、GROUP BY、HAVING、ORDER BY

2. 在 SELECT 关键字之后列出表中所有列的名称、用 SQL 中提供的符号“ * ”来表示选择表中所有的列

3. FROM

4. 结果

二、选择题

1. B　2. A　3. A

三、判断题

1. √　2. ×　3. ×　4. √

四、操作题

1. SELECT SNO FROM SPJ WHERE JNO = ‘J1’;

2. SELECT SNO FROM SPJ WHERE JNO = ‘J1’ AND PNO = ‘P1’;

3. SELECT SNO FROM SPJ, P WHERE SPJ. PNO = P. PNO AND P. COLOR = ‘红’ AND JNO = ‘J1’;

4. SELECT JNO FROM SPJ, P, S WHERE S. SNO = SPJ. SNO AND SPJ. PNO = P. PNO AND CITY < >‘天津’AND COLOR < >‘红’

习题五答案

一、填空题

1. INSERT、UPDATE、DELETE

2. 原子性、一致性、隔离性、持久性

3. BEGIN TRANSACTION、COMMIT TRANSACTION、ROLLBACK TRANSACTION

二、选择题

1. A　2. A

三、判断题

1. ×　2. √

四、操作题

1. INSERT INTO 读者基本信息表 VALUES('000007','李刚','男','信息系','计算机2班','13889947114')

2. UPDATE 读者基本信息表 SET 联系方式 ='13236538638' WHERE 借书证号 ='000007'

3. DELETE FROM 读者基本信息表 WHERE 借书证号 ='000002'

习题六答案

一、填空题

1. 用来加快从表或视图中检索数据行的速度

2. DROP INDEX

3. 查询、修改、删除

二、选择题

1. C　2. D　3. C

三、判断题

1. √　2. ×

四、操作题

1. USE 图书管理系统

CREATE INDEX index1 ON 图书基本信息表(图书名称)

2. USE 图书管理系统

CREATE INDEX index2 ON 图书基本信息表(定价 Desc)

3. 略

4. USE 图书管理系统

GO

CREATE VIEW view1

AS

SELECT 借书证号, 姓名, 班级

FROM 读者基本信息表

5. SELECT * FROM view1 WHERE 班级 = '计算机 1 班'

习题七　答案

一、填空题

1. 登录验证
2. Windows 身份验证模式
3. 登录账户
4. BUILTIN\Administrators。

二、选择题

1. A　2. A　3. C　4. B　5. C

三、判断题

1. √　2. √　3. √　4. √

四、操作题

1.

```
USE master
GO
CREATE LOGIN USER1 WITH PASSWORD = 'ABC! @#123'
```

2.

```
USE 图书管理系统
GO
GRANT CREATE TABLE TO USE1
GO
```

习题八答案

一、填空题

1. 备份、数据库备份
2. 完整、事务日志、文件和文件组
3. 磁盘、磁带

二、选择题

1. C　2. D　3. A　4. B　5. B

三、判断题

1. √　2. √　3. X　4. √　5. X

四、操作题

1.
```
USE 图书管理系统
    GO
    BACKUP DATABASE 图书管理系统
    TO DISK = N'D:\sql-program\bak'
    WITH EXPIREDATE = N'1/22/2012 00:00:00',
    NAME = N'图书管理系统备份',
    STATS = 10
    GO
```

2.
```
RESTORE DATABASE 图书管理系统
    FROM DISK = N'D:\sql-program\bak'
        WITH FILE = 2,NORECOVERY,NOUNLOAD,
        STATS = 10
    GO
```

习题九答案

一、填空题

1. 存储过程
2. master、sp_、不会
3. 成功、有错误发生
4. output

二、选择题

1. B 2. D 3. C

三、判断题

1. √ 2. √ 3. √ 4. √ 5. √ 6. ×

四、操作题

```
USE 图书管理系统
GO
CREATE PROCEDURE Book_Search
@Book_id  int = 07 -0001
AS
  IF EXISTS (SELECT 图书编号 FROM 借阅信息表 WHERE 图书编号 =@Book_id)
        BEGIN
            SELECT * FROM 借出信息 WHERE 图书编号 =@Book_id
            RETURN(1)
        END
  ELSE
        BEGIN
            SELECT * FROM 图书基本信息表 WHERE 图书编号 =@Book_id
            RETURN(0)
        END
GO
```

习题十答案

一、填空题

1. 强化约束、跟踪变化、级联运行、存储过程调用

2. DML 触发器、DDL 触发器

二、选择题

1. C　2. C　3. B　4. D

三、判断题

1. ×　2. √　3. ×

四、操作题

1.
```
USE 图书管理系统
GO
CREATE TRIGGER TR_BOOK_INSERT
ON 图书基本信息表
FOR INSERT , UPDATE
AS
IF UPDATE ( 可借数量)
PRINT ‘AFTER 触发器开始执行’
BEGIN
        DECLARE @ bookvalue real
        SELECT @ bookvalue  = ( SELECT 可借数量 from 图书基本信息表 )
         IF @ bookvalue < =0
             Print‘没有可借阅的图书!’
End
GO
```

读者反馈意见

亲爱的读者：

感谢您对《SQL Server数据库案例与实训教程》的支持和热爱，为了今后为您提供更好的服务，请您抽出宝贵的时间来填写下面的意见反馈表，以便我们更好地对本教材做进一步的改进，同时如果您在使用本教材的过程中遇到了什么问题，或者有什么好的建议，也请您来信、来电告诉我们。

地址：北京市丰台区科学城南极星大厦108室

电话：010－83794590/83794403

电子邮箱：caikai6223@263.net　　QQ：649319527　1694299827

网址：WWW.KFHWH.CN

教材名称：《SQL Server数据库案例与实训教程》

个人资料：

姓名：__________年龄：__________所在院校/专业__________________

文化程度：____________通讯地址：______________________________

联系电话：____________电子信箱：______________________________

您使用本书是作为：□指定教材□选用教材□辅导教材

您对封面设计的满意度：

□很满意□满意□一般□不满意□改进建议________________________

您对本书印刷质量的满意度：

□很满意□满意□一般□不满意□改进建议________________________

您对本书的总体满意度：

从语言质量角度看：□很满意□满意□一般□不满意□

从科技含量角度看：□很满意□满意□一般□不满意□

本书最令您满意的是：

□指导明确□内容充实□讲解详尽□实例丰富

您认为本书在哪些地方应进行修改？（可附页）

____

____

您希望本书在哪些方面可进行改进？（可附页）

____

____